U0263750

先驱体转化陶瓷纤维与复合材料丛书

高温吸波结构材料

High-Temperature Structural Materials for Microwave Absorption

刘海韬　黄文质　周永江　等　著

科 学 出 版 社

北　京

内 容 简 介

高温吸波结构材料特指可承受热、力载荷，具备吸波功能，并可维持装备外形的一类结构、功能一体化材料。高温吸波结构材料是破解目前新一代军事飞行器高温部件隐身问题的重要出路，对于提升武器装备的突防与生存能力具有重要的军事意义。本书深入总结了作者十余年来在高温吸波结构材料方面的研究成果，系统阐述了高温吸波结构材料需求和应用、高温吸波结构材料体系组成及制备方法、传统和超材料吸波材料的结构形式及设计方法、典型高温吸波结构材料与构件制备及性能等内容。

本书可为从事高温隐身材料相关领域的高校师生，高温隐身材料研究、开发和生产相关人员，以及从事航空航天、动力等武器装备设计和应用相关人员提供可靠的参考资料。

图书在版编目(CIP)数据

高温吸波结构材料／刘海韬等著. —北京：科学出版社，2017.6
(先驱体转化陶瓷纤维与复合材料丛书)
ISBN 978-7-03-053600-6

Ⅰ.①高… Ⅱ.①刘… Ⅲ.①高温结构材料—吸波材料 Ⅳ.①TB35

中国版本图书馆 CIP 数据核字(2017)第 132571 号

责任编辑：徐杨峰
责任印制：谭宏宇／封面设计：殷 靓

科学出版社 出版
北京东黄城根北街 16 号
邮政编码：100717
http://www.sciencep.com
南京展望文化发展有限公司排版
广东虎彩云印刷有限公司印刷
科学出版社发行 各地新华书店经销
*
2017 年 6 月第 一 版 开本：720×1000 1/16
2025 年 3 月第十八次印刷 印张：16 1/2
字数：269 000

定价：95.00 元

(如有印装质量问题，我社负责调换)

《先驱体转化陶瓷纤维与复合材料丛书》

编辑委员会

丛 书 序

在陶瓷基体中引入第二相复合形成陶瓷基复合材料，可以在保留单体陶瓷低密度、高强度、高模量、高硬度、耐高温、耐腐蚀等优点的基础上，明显改善单体陶瓷的本征脆性，提高其损伤容限，从而增强抗力、热冲击的能力，还可以赋予单体陶瓷新的功能特性，呈现出“1+1>2”的效应。以碳化硅（SiC）纤维为代表的陶瓷纤维在保留单体陶瓷固有特性的基础上，还具有大长径比的典型特征，从而呈现出比块体陶瓷更高的力学性能以及一些块体陶瓷不具备的特殊功能，是一种非常适合用于对单体陶瓷进行补强增韧的第二相增强体。因此，陶瓷纤维和陶瓷基复合材料已经成为航空航天、武器装备、能源、化工、交通、机械、冶金等领域的共性战略性原材料。

制备技术的研究一直是陶瓷纤维与陶瓷基复合材料研究领域的重要内容。1976 年，日本东北大学 Yajima 教授通过聚碳硅烷转化制备出 SiC 纤维，并于 1983 年实现产业化，从而开创了从有机聚合物制备无机陶瓷材料的新技术领域，实现了陶瓷材料制备技术的革命性变革。多年来，由于具有成分可调且纯度高、可塑性成型、易加工、制备温度低等优势，陶瓷先驱体转化技术已经成为陶瓷纤维、陶瓷涂层、多孔陶瓷、陶瓷基复合材料的主流制备技术之一，受到世界各国的高度重视和深入研究。

20 世纪 80 年代初，国防科学技术大学在国内率先开展陶瓷先驱体转化制备陶瓷纤维与陶瓷基复合材料的研究，并于 1998 年获批设立新型陶瓷纤维及其复合材料重点实验室（Science and Technology on Advanced Ceramic Fibers and Composites Laboratory，简称为 CFC 重点实验室）。三十多年来，CFC 重点实验室在陶瓷先驱体设计与合成、连续 SiC 纤维、氮化物透波陶瓷纤维及复合材料、纤维增强 SiC 基复合材料、纳米多孔隔热复合材料、高温隐身复合材料等方向上取得一系列重大突破和创新成果，建立了以先驱体转化技术为核心的陶瓷纤维和陶瓷基复合材料制备技术体系。这些成果原创性强，丰富和拓展了先驱体转化技术领域的内涵，为我国新一代航空航天飞行器、高性能武器系统的发展提供了强有力支撑。

CFC重点实验室与科学出版社合作出版《先驱体转化陶瓷纤维与复合材料丛书》，既是对实验室过去成绩的总结、凝练，也是对该技术领域未来发展的一次深入思考。相信通过这套丛书的出版，能够很好地普及和推广先驱体转化技术，吸引更多科技工作者以及应用部门的关注和支持，从而促进和推动该技术领域长远、深入、可持续地发展。

中国工程院院士
北京理工大学教授

2016年9月28日

前 言

随着世界新军事革命的加速推进,武器装备远程精确化、智能化、隐身化、无人化趋势更加显著,隐身性能已经成为新一代武器装备的典型特征和重要能力。特别是随着各类预警探测和拦截打击系统间组网能力的提升,使军事飞行器在未来信息化战争中面临着多平台、多传感器的预警探测和拦截武器的组网威胁,隐身性能成为飞行器生存与突防的关键。

长久以来,隐身技术研究人员最为关注的是飞行器的前向与侧向隐身性能,更加注重的是飞行器的突防能力,但随着现代战争攻防转换速度的加快以及组网、立体化侦察打击威胁的加剧,包括尾向在内的全方位隐身已经成为重要的发展方向。发动机以及后体结构作为飞行器尾向最主要的雷达散射源,一方面受制于动力条件约束,外形隐身设计余地有限;另一方面受制于高温条件约束,发展相对成熟的以磁损耗吸波材料为代表的常温吸波材料无法应用。因此,高温吸波材料技术成为解决飞行器尾向高温部件隐身问题的重要出路。此外,对于新一代高速飞行器,由于高速运动产生的气动热使装备表面温度较高,而受气动外形设计约束,外形隐身设计受到较大限制,其前向与侧向隐身性能也极大地受制于高温吸波材料的研制水平。

高温吸波结构与涂层是高温吸波材料的两种重要形式。高温吸波结构材料特指可承受热、力载荷,具备吸波功能,并可维持装备外形的一类结构功能一体化材料。与高温吸波涂层相比,高温吸波结构材料的典型特征是具备承载功能,将之替代金属部件后,可在满足部件热、力使用性能要求的前提下赋予其雷达隐身功能,并且不会增加装备重量,从而产生显著的军事效益。本书重点针对高温吸波结构材料展开讨论。

高温吸波结构材料在某种程度上可以认为是在热结构材料基础上发展起来

的,在热结构材料热、力性能约束的基础上,增加了电性能约束,导致其在设计、选材、制备、性能测试等方面的难度更大。目前国内外针对高温吸波结构材料开展了大量研究工作,但现阶段尚未获得广泛应用,主要原因在于诸多科学、技术以及工程难题尚未得到有效解决,主要表现在以下几方面:高温吸波结构材料约束边界条件多,设计与选材限制大;电性能设计空间小,宽频吸波实现困难;材料电性能随温度变化规律复杂,机制尚不清晰;成本高,制备工艺复杂;性能测试标准不健全,试验平台不成熟,性能考核耗资高等。

国防科学技术大学自"八五"期间即开展了碳化硅吸波纤维以及高温吸波材料的相关研究工作,在武器装备预研、军品配套科研、国家自然科学基金等项目的长期支持下,在结构材料隐身设计、碳化硅吸波纤维制备及产业化、先驱体转化工艺制备高温吸波结构材料及构件、高温吸波超材料等方面取得了一系列重要突破,已研制出耐温 1 000℃、覆盖 2~18 GHz 频段、具备承载功能的高温吸波结构材料,并具备了结构件研制能力,可制备 1 m 量级轴对称、双曲面、翼面类等复杂形状构件,并通过了典型环境考核。

本书重点总结作者十余年在高温吸波结构材料领域的研究成果,系统阐述高温吸波结构材料需求和应用、高温吸波结构材料体系组成和制备方法、传统及超材料吸波材料的结构形式以及设计方法、典型高温吸波结构材料与构件制备和性能等内容。

本书共5章:第1章高温吸波结构材料需求及应用,由刘海韬和黄文质执笔,主要介绍高温吸波结构材料概念与内涵、军事需求、研究现状与应用、研制难点等;第2章高温吸波结构材料体系组成以及制备方法,由刘海韬和黄文质执笔,主要介绍高温吸波结构材料体系组成、SiC/SiC 复合材料和 Oxide/Oxide 复合材料两种重要高温吸波结构材料体系的特性以及制备方法,重点阐述连续纤维增强陶瓷基复合材料体系的热、力、电特性以及工艺对材料电性能的影响;第3章传统雷达吸波材料结构形式及其优化设计方法,由刘海韬和周永江执笔,主要介绍传统结构形式雷达吸波材料的设计方法,并重点对常用的 Salisbury 屏吸收体、单层吸波材料、多层阻抗匹配吸波材料、Jaumann 吸收体和夹层结构吸波材料的电性能设计方法和吸波特性进行阐述;第4章超材料吸波材料结构形式及其优化设计方法,由刘海韬、周永江、孙良奎和庞永强执笔,主要介绍电磁超材料在吸波技术中的应用概况、超材料吸波材料优化设计方法、电阻型和导体型超材料吸波材料等内容;第 5 章典型高温吸波结构材料与构件制备及性能,由刘海韬执笔,主要针对单层结构、双层结构、夹层结构三种传统结构形式高温吸波结构材料,以及基于高温电阻型超材料、基于导体型无序超材料两种新型高温吸波结构材料的制备方法及性能进行阐述,最后简要介绍典型高温吸波结构件的制备及其性能验证。全书由刘海韬统稿并审校。

本书内容涵盖了刘海韬、周永江、孙良奎、庞永强、王义、田浩博士论文的部分研究内容,在此感谢他们为本书编写提供的宝贵资料。同时感谢中国航天科工集团、中国航空工业集团和中国航空发动机集团等单位对高温吸波结构材料提供的应用支持。

鉴于作者的学识和水平有限,书中难免存在疏漏和不足之处,敬请读者批评指正。

刘海韬

2017 年 3 月 28 日

目　录

第1章　高温吸波结构材料需求及应用

1.1　高温吸波结构材料概念与内涵

雷达吸波材料(简称吸波材料)的发展可以追溯到第二次世界大战期间。近几十年来,随着雷达探测与反探测技术的飞速发展以及外形隐身技术的日趋成熟,吸波材料技术已逐渐成为提升当代武器装备雷达隐身性能的重要技术途径。特别是高速飞行器和动力系统,因其受气动外形以及功能限制,外形隐身设计受到很大局限,吸波材料技术已成为提升其雷达隐身性能的重要出路。

经过多年的发展,吸波材料已衍生出多种类型。按照损耗机制可以分为电损耗与磁损耗型;按照吸收频段可以分为窄频(1~2 波段)与宽频(3 波段以上)型;按照是否具备承载功能可分为涂覆与结构型;按照服役温度可以分为常温(<100℃)、中温(100~400℃)与高温(>400℃)型。各类吸波材料的定义与特点可参考相关著作与文献[1-8]。本书重点探讨可服役于高温环境、具备承载功能的高温吸波结构材料。

高温吸波结构材料特指可承受热、力载荷,具备吸波功能,并可维持装备外形的一类结构、功能一体化材料。与高温吸波涂层相比,高温吸波结构材料具有承载功能,将之替代金属部件后,可在满足部件热、力使用性能要求的前提下赋予其雷达隐身功能,并且不会增加装备重量,从而产生显著的军事效益。

高温吸波结构材料在某种程度上可以认为是在热结构材料基础上发展起来的,其与热结构材料的最大差异体现在吸波功能上。具体到材料属性,主要体现在电性能上,包括直流电性能(电阻率)与交流电性能(微波电磁参数)。材料的电性能决定了电磁波与材料的相互作用关系,主要包括吸收、透射和反射。材料与电磁波的相互作用比较复杂,并且与材料宏观结构特性密切相关(如层状结构特性、周期结构特性等)。为直观说明不同电性能材料与电磁波的相互作用关系,图 1.1 简单列出不同电阻率单层均质材料对电磁波的作用特性。

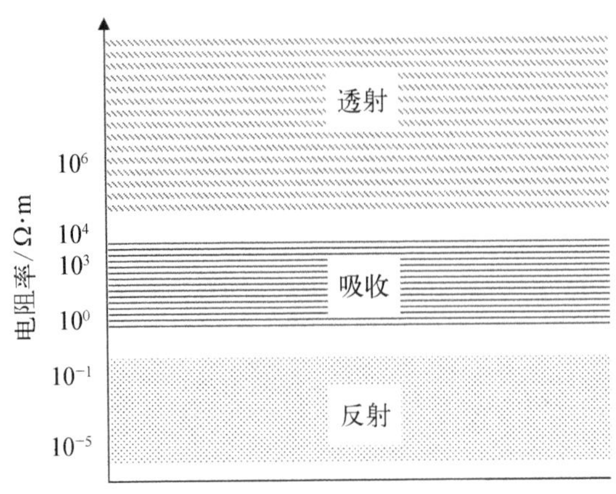

图 1.1　不同电阻率材料对电磁波的作用特性

需要说明的是,图 1.1 中不同电阻率材料对电磁波的透射、吸收以及反射作用仅体现其主要功能特性,并不是严格意义上的物理说明。对于任何材料,这三种现象往往是同时存在的,只是哪种作用占主导的问题,并且与材料的厚度、电磁波频率也密切相关。当电阻率小于 10^{-1} Ω · cm,材料对电磁波主要呈现反射特性。当电阻率大于 10^{6} Ω · cm,材料对电磁波主要呈现透射特性。需要说明的是,材料的透射特性与材料的厚度密切相关,往往也会由于厚度的因素导致材料的输入阻抗与自由空间不匹配而造成对电磁波的部分反射作用。而对于吸波材料,电阻率可以在较广的范围内分布,这是因为吸波材料的结构形式多种多样,每种结构形式的吸波材料的电性能要求各不相同。以多层阻抗匹配吸波材料为例,一般由匹配层、损耗层以及反射层构成,各功能层根据阻抗匹配特性要求对材料的电性能要求不尽相同。反射层一般要求具有较低的电阻率以实现对电磁波的完全反射;匹配层一般要求具有较高的电阻率以实现与自由空间的阻抗匹配;损耗层一般要求具有适中的电阻率以实现损耗与阻抗匹配的协调统一。

通过以上分析可以发现,由于高温吸波结构材料对电性能的特殊要求,在热结构材料热、力约束的基础上,增加了电性能约束,导致其在设计、选材、制备、性能测试等方面与热结构材料有显著差异,研制的难度更大。此外,需要说明的是,目前研制的热结构材料一般不具备吸波功能,比如高温合金的电阻率低于 10^{-5} Ω · cm,碳/碳(C/C)复合材料、碳纤维增强碳化硅(C/SiC)复合材料的电阻率一般低于 10^{-3} Ω · cm,以上材料对电磁波主要呈现反射特性;而用于热结构材料的碳化硅纤维增强碳化硅(SiC/SiC)复合材料由于未考虑电性能约束条件,往往也不具备吸波性能或者吸波性能很差[9-12]。

本节重点阐述了高温吸波结构材料的概念与内涵，下节就武器装备对高温吸波结构材料需求进行简要分析。

1.2　高温吸波结构材料的军事需求

随着世界新军事革命的加速推进，武器装备远程精确化、智能化、隐身化、无人化趋势更加明显，隐身性能已经成为武器装备的重要能力。特别是随着各类预警探测和拦截系统间组网探测与协同打击能力的提升，使军事飞行器在未来信息化战争中面临着多平台、多传感器的预警探测和拦截武器的组网威胁，隐身性能成为飞行器生存与突防的关键[4]。

以美国为代表的军事强国自 20 世纪 50 年代即针对战机、导弹等军事飞行器开展了隐身技术的系统研究和应用，包括早期的 U-2、SR-71 和 D-21 侦察机，20 世纪 70 年代的 F-117A 和 B-2 轰炸机，20 世纪 80～90 年代的 F-22 和 F-35 战斗机，到了 21 世纪，又出现了以 X-47 为代表的隐身无人机（图 1.2）。经过几十年的发展，通过综合应用隐身外形与材料技术，飞行器的隐身性能已经取得重大突破。据报道，美国 F-22 战斗机的前向与侧向雷达散射截面（RCS）已经低于 0.1 dBsm，较常规飞机的 RCS 低近三个数量级[4]，相应的，根据雷达探测方程（1.1）[2,4]，其相对常规飞行器可探测距离降低 80% 以上，显著提升了突防与生存能力。

$$R_{\max} = \left(\frac{P_t A^2 \sigma}{4\pi \lambda^2 S_{\min}} \right)^{1/4} \tag{1.1}$$

式中，$R_{\max}$为雷达最大探测距离；P_t为发射机功率；A 为天线有效截面；σ 为雷达散射截面；λ 为波长；$S_{\min}$为雷达可接收最小信号。

长久以来，隐身飞行器设计人员更为关注的是飞行器的前向与侧向隐身性能，更加注重的是飞行器的突防能力。但随着现代战争攻防转换速度的加快以及组网、立体化侦察打击能力的提升，包括尾向在内的全方位隐身已经成为重要的发展方向以及隐身工程师的研究目标[4]。发动机以及后体结构作为飞行器尾向最主要的雷达散射源，受制于动力条件约束，外形隐身设计余地有限，应用高温吸波材料成为解决尾向高温部件隐身问题的重要出路。此外，对于新一代高速飞行器，由于高速运动产生的气动热使装备的表面温度较高，而

(a) U-2　(b) SR-71

(c) D-21　(d) F-117

(e) B-2　(f) F-22

(g) F-35

图 1.2　美军主要隐身飞行器

受气动外形约束，其前向与侧向隐身性能也极大地受制于高温吸波材料的研制水平。

本节后续内容将重点从武器装备侦察预警威胁、拦截威胁、武器装备高温部件工况及暴露征候三个方面具体分析高温吸波材料的军事需求。

1.2.1　侦察预警威胁

侦察预警系统可通过一系列传感、遥测手段发现、定位、识别威胁目标。侦察预警探测系统在现代高技术战争中首当其冲、首当其用，是战场决策的重要情报来源，是掌握战争主动权的必要前提。预警探测系统是国家防御体系的重要组成部分，可由天基、空基、陆基、海基平台搭载光学、红外、雷达等传感器实施侦察预警功能，并且不同侦察预警平台间已逐渐形成了组网探测能力。在当前以及未来一段时间内，战机、导弹主要的探测威胁仍来自各种天基、空基、陆基和海基雷达系统，比例占到 60%左右[4]。

以美国为例，其目前主要雷达侦察预警系统性能如表 1.1 所示，从表中可以看出，现阶段美国侦察预警雷达系统以相控阵和合成孔径雷达为主。相控阵雷达最大探测距离可以达到约 5 000 km，合成孔径雷达的最高成像分辨率优于 0.3 m。雷达的主要工作频段覆盖 UHF 至 X 波段，因此要求武器装备具备宽频段隐身功能。预警探测平台呈现陆、海、空、天多维一体化特性，对不同作战功能的飞行器提出了全方位隐身要求。现有雷达侦察预警系统呈现出的宽频域、全天时、立体化特征使未采取隐身措施的战机、导弹等武器装备在雷达组网探测下面临较大的暴露威胁。图 1.3 列出了代表性雷达侦察预警系统。

表 1.1　美国主要侦察预警雷达性能水平

雷达名称	雷达类型	工作频段	主要技术参数
Lacrosse	星载合成孔径雷达	X、L	标准模式分辨率：<1 m 精扫模式分辨率：<0.3 m
AN/APY-3	机载多孔径相控阵雷达	X	探测距离：>250 km
AN/APY-1	机载脉冲多普勒雷达	S	探测距离：>320 km
AN/APS-145	机载相控阵雷达	UHF	探测距离：>270 km
AN/APG-77	机载合成孔径雷达	X	最大分辨率：0.3 m
AN/SPY-1	舰载无源相控阵雷达	S	探测距离：>370 km
SBX	海基有源相控阵雷达	X	探测距离：>4 800 km
Pave raws	陆基有源相控阵雷达	UHF	探测距离：>4 800 km

(a) Lacrosse

(b) F-8 联合星AN/APY-3

(c) E-3 望楼AN/APY-1

(d) E-2C鹰眼AN/APS-145

(e) F-22 AN/APG-77

(f) 宙斯盾AN/SPY-1

(g) SBX

(h) Pave raws

图 1.3　美国代表性雷达侦察预警系统

1.2.2　拦截威胁

目前对战机、导弹的拦截威胁主要来自防空反导系统，各军事强国已将防空反导技术作为战略发展方向，致力于构建多层次、全方位、覆盖全球的防御系统。现阶段针对弹道导弹、巡航导弹、战机等武器装备分别发展了不同平台、制导机制以及战斗部的拦截系统，并且与侦察预警系统逐渐形成了组网能力，对战机、导弹等武器装备的拦截威胁与日俱增，美国典型组网拦截系统工作流程如图1.4所示。

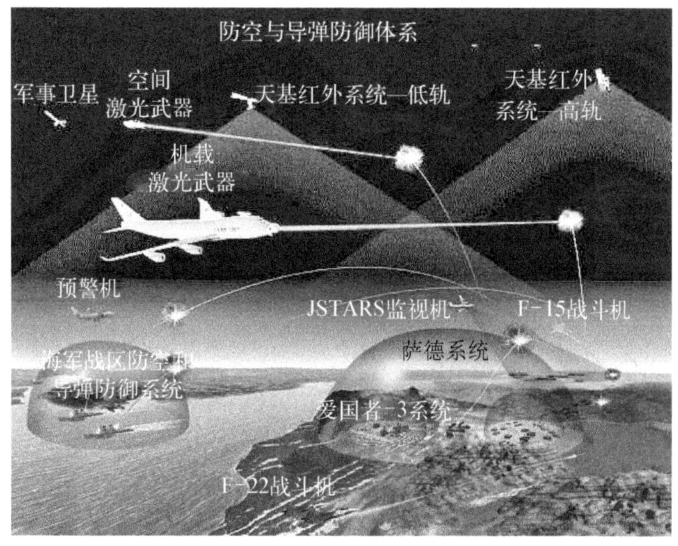

图1.4　美国典型组网拦截系统示意图

拦截系统的导引模式主要有红外制导、雷达制导、激光制导、GPS制导、电视制导等，但目前雷达制导武器仍然是战机、导弹等飞行器面临的主要拦截威胁。现阶段世界主要雷达制导拦截导弹性能如表1.2所示[13,14]。目前中远程防空反导系统均以雷达制导为主，搜索与制导雷达工作波段从L波段延伸至毫米波波段，拦截对象包括高、中、低、超低空各类战机、巡航与弹道导弹，拦截空间可以延伸至大气层外，对战机、导弹等武器装备的生存能力提出严峻挑战。

表1.2　国外主要雷达制导拦截导弹性能

系统名称	国别	最大作战距离/km	最大作战高度/km	最大马赫数
SA-10	俄罗斯	200	27	5.9
SA-20	俄罗斯	400	30	5.9

续表

系统名称	国别	最大作战距离/km	最大作战高度/km	最大马赫数
PAC-1	美国	160	24	5
PAC-2	美国	70	24	5
PAC-3	美国	20	15	6
SM-1(中程)	美国	38	19.8	2
SM-2(中程)	美国	70	19.8	>3
HAWK	美国	32	13.7	2.5
THAAD	美国	300	150	>7

在这里要特别对几种重要的拦截系统进行说明(图1.5)。目前,萨德(THAAD)反导系统和爱国者(PAC-3)防空系统是两种最为重要的陆基反导系统,其中萨德系统采用X波段制导,爱国者系统采用C波段雷达制导(末制导为Ka波段)。宙斯盾反导系统是目前最重要的海基防空系统,其采用S波段制导。由此可以看出,目前针对拦截威胁最重要的是S、C和X波段,兼顾以上波段的隐身是武器装备应该关注的重点。

(a) PAC-3

(b) THAAD

(c) 宙斯盾

图1.5　代表性雷达制导拦截系统

1.2.3 武器装备高温部件工况及暴露征候分析

1. 航空发动机工况及暴露征候

航空发动机是军事飞行器的心脏,是飞行器最重要的高温部件。随着第四、五代航空动力系统的研制,发动机的推重比进一步增加,涡轮前温度进一步升高,战斗机用航空发动机总体性能见表1.3[15]。

表1.3 战斗机用军用航空发动机总体性能

性能参数	第三代	第四代	第五代
推重比	7~8	9~10	12~15
涡轮前温度/K	1 600~1 750	1 800~2 000	2 000~2 250
平均级增压比	1.3~1.4	1.45~1.50	2.0~2.5
涵道比	0.3~1.1	0.2~0.4	≤0.3
总压比	21~35	26~35	≈40
冷却量	17%~18%	15%~17%	12%~15%

以推重比为9~10的第四代动力系统为例,其典型部件温度见表1.4。由表可见,第四代航空发动机主要热端部件为金属材料且温度较高,发动机会对雷达波形成腔体等强烈散射,是飞机后向最主要的雷达散射源。现阶段,正在研发的新一代战机对发动机提出了以隐身性能为代表的“5S”特性要求(隐身性、超声速巡航、短距起降、超机动性、高维修性),已将隐身性能列为第四、五代军用航空发动机的典型特征与能力,足见隐身性能对新一代军用航空发动机的重要性。

表1.4 第四代军用航空发动机典型部件特性

部件	温度/℃	材料体系
喷管密封片/调节片	>700	高温合金
隔热屏	>900	高温合金
涡轮叶片	>900	单晶高温合金
加力内锥	>900	高温合金

相对于战机、导弹的常温部件,发动机隐身又是飞行器隐身工作的难点和瓶颈。工作温度、载荷、转速极端多变的工作状态及复杂恶劣的工作环境,推力损失、空间尺寸、质量等限制以及长寿命、高可靠性要求等,均给发动机隐身技术研究及工程应用带来巨大难度和挑战[4]。尤其是受制于动力条件约束,外形、遮挡

等成熟有效的隐身措施很难高效应用于发动机隐身设计上，高温吸波材料技术是现阶段以及未来相当一段时间内解决发动机雷达隐身问题的重要出路。

2. 高速飞行器高温部件及暴露征候

武器装备的高速化是未来发展的重要趋势，高速飞行器在大气层中飞行时，由于黏滞作用，飞行器表面的气体受到压缩使其动能转换为热能，导致飞行器蒙皮温度升高。从美国 M735 高速动能弹在大气中飞行的仿真结果来看，当飞行马赫数为 3.78 时，大面积弹体温度可以达到 700～800℃，翼面温度可以达到 800℃以上，当飞行速度超过 4 Ma 时，温度将会进一步升高（图 1.6）[16]。

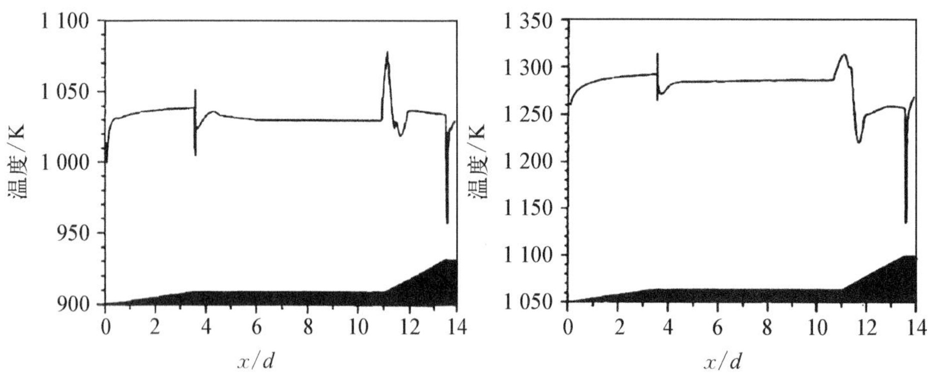

图 1.6　美国 M735 动能弹表面温度分布（x/d：弹身到弹顶点距离与参考长度相比的无量纲值）

尽管高速飞行器可以利用速度优势提高突防能力，但往往由于其飞行路径、航时的特点牺牲了地海杂波的掩护，仍然面临较大的被探测与攻击威胁。同时，由于高速飞行器受气动外形约束，隐身外形技术应用受到很大限制，高温部位的雷达暴露征候较为显著。比如大面积弹体易产生镜面散射，翼面易产生角散射，以吸气式发动机为动力系统的进气道易产生腔体散射。高速飞行器采取隐身措施后，可大大压缩敌方预警与拦截反应时间，相对于单纯依靠提升速度的突防方式，采取隐身措施对武器装备带来的动力、热防护、制导等系统的代价更低，效能更加显著。

综上，在目前立体化、组网探测与拦截威胁下，高温部件具有显著雷达暴露征候的战机与高速飞行器均面临严峻的突防与生存威胁，并且受制于动力、气动等条件约束，外形隐身技术可用余地有限，高温吸波材料技术成为破解目前飞行器高温部件隐身难题的重要出路。

1.3　高温吸波材料研究现状与应用

外形隐身与高温吸波材料技术是解决目前武器装备高温部位雷达隐身问题的两个主要技术途径,尽管外形隐身技术受到动力、气动等诸多条件限制,但仍有部分武器装备上采用了相应技术。如 F-22 战斗机上采用的大宽高比的二元矢量喷管、F-35 战斗机喷管裙边的锯齿修形处理、X-45A 验证机 V 型喷管的采用,均可有效降低尾向 RCS(图 1.7)。

(a) F-22

(b) F-35

(c) X-45A

图 1.7　隐身飞机尾向外形隐身措施

高温吸波材料技术是解决目前武器装备高温部位雷达隐身问题的重要技术途径,本节后续内容重点对国内外高温吸波材料的研究与应用现状做简要评述。

目前国内发表的几篇关于高温吸波材料研究现状的综述性文章[17-21],披露美国洛克希德 · 马丁公司研制出可承受 1 093℃的陶瓷基吸波材料,法国马特拉防御公司开发的 Matrabsorb 系列高温吸波材料可在 1 000℃ 条件下使用等。但本书作者针对这些评述均未能找到权威的出处，其情报的可靠性有待进一步考证。由于高温吸波材料的研制与应用属于高度敏感军事信息，很难通过权威的公开渠道掌握国外的真实情况。但从国外对主战飞行器发动机以及高速飞行器隐身性能的重视程度看，高温吸波材料应该有所应用，但具体情况不详。后续内容重点从基础研究角度对国外公开报道的高温吸波材料研究现状进行评述。

1.3.1 国外高温吸波材料

1. 欧洲

1996 年法国航空航天研究院（ONERA）Colomban 等人以明确的高速飞行器的高温吸波材料需求为背景开展了碳化硅纤维和铝硅酸盐纤维增强 Nasicon 复合材料的研究工作[22]。研究工作分别选取了具有半导体特性的碳化硅纤维和介质特性的铝硅酸盐（3M Nextel 440）纤维为增强体，选取电阻率具有 4 个数量级调控范围的 Nasicon[$Na_{1+x}Zr_2Si_xP_{3-x}O_{12}$($0 \leqslant x \leqslant 3$)，$x$ 值不同，制备的材料电阻率不同]为基体材料，采用浆料浸渍-热压烧结工艺制备了复合材料。为改善复合材料的界面特性，采用液相法在复合材料中制备了 Zr-Si-P-B 界面相，并系统研究了复合材料力学与介电性能。制备的碳化硅纤维增强复合材料三点弯曲强度为 100～200 MPa，ε'为 16～40，ε''为 40～50（10 GHz）。本书对制备的复合材料的电性能做了进一步分析，在 10 GHz 频点，材料厚度在 1～3 mm 的情况下，由于材料的介电常数较大，其反射率均大于-3 dB，材料对电磁波主要呈现出反射特性。主要原因是在复合材料高温制备过程中，碳化硅纤维与 Nasicon 基体发生反应并在复合材料中形成富碳界面相。ONERA 报道的这一研究工作尽管吸波性能不佳，但通过这一公开报道可得到以下信息：① ONERA 的重要使命在于面向应用，所有的课题研究都是为提高航空航天和防务工业的竞争力与创造力而设计的，由此可见，以法国为代表的欧洲国家早在 20 世纪 90 年代即开展了高温吸波结构材料的研究工作，实际开展研究工作的时间可能更早，足见西方发达国家对高温吸波结构材料研究工作的重视程度；② 西方发达国家将连续纤维增强陶瓷基复合材料作为高温吸波结构材料的主要发展思路以及研究方向，增强纤维以具有半导体特性的碳化硅纤维或者介质特性的铝硅酸纤维为主，这对我国的高温吸波结构材料体系研究具有借鉴意义；③ 以碳化硅纤维为增强相、玻璃为基体的热压工艺制备的复合材料会产生富碳界面相，这在研制高温吸波材料过程中需要注意。

随后,1998 年法国国家科研中心(CNRS)的 Chollon 等人以控制复合材料的雷达信号为研究背景开展了不同种类碳化硅纤维(表 1.5)的电性能研究工作[23]。研究表明,不同工艺制备的碳化硅纤维的组成与微观结构具有明显差异,导致其电阻率显著不同。这里需要说明的是,碳化硅纤维只是一种习惯性的说法,采用先驱体转化工艺制备的碳化硅纤维的主要原料是聚碳硅烷聚合物(PCS, $—CH_2—SiHCH_3—$),经过熔融纺丝-不熔化-高温烧成工艺制备而成。从制备碳化硅纤维的先驱体组成可以发现,原料中的碳元素含量明显高于硅元素,因此制备出的碳化硅纤维常常富碳。如果采用有氧不熔化工艺会在纤维中引入一定量的氧,因此最终制备出的碳化硅纤维具有非常复杂的组成,并不是仅仅为碳化硅。一般而言,碳化硅纤维中主要存在三种相:碳化硅微晶、Si—O—C 无定形相以及游离碳。根据纤维最终烧成温度的不同,游离碳相的电阻率在 $10^{-2}\sim10^{0}$ Ω·cm 范围内。碳化硅纤维中的碳化硅微晶的电阻率难以直接测量,但其电阻率明显高于游离碳。Si—O—C 无定形相具有高电阻率特性,一般会大于 10^{4} Ω·cm。通过以上分析,不同制备工艺获得的碳化硅纤维成分与结构有显著差异,会造成纤维内部电性能差异较大的各相的含量与分布显著不同,因此不同工艺制备的碳化硅纤维的电阻率范围较广,这也为高温吸波结构材料的设计与制备提供了较广阔的空间。关于碳化硅纤维的电性能将在第 2 章详细讨论。

表 1.5　法国 CNRS 研究的碳化硅纤维化学组成

牌　号	Si/at%	C/at%	O/at%	Ti/at%	C/Si 原子比	Free C/at%	电阻率/(Ω·cm)
NL 200	39.5	48.6	12.0	—	1.23	14.9	$10^3\sim10^4$
GC 1400	40.0	57.0	3.0	—	1.43	18.5	$\approx10^0$
Hi-Nicalon	41.0	58.0	1.0	—	1.41	17.1	$\approx10^0$
Tyranno Lox-E	36.0	57.0	6.0	0.9	1.58	23.2	$10^0\sim10^1$
Nicalon (0.91)	52.4	47.6	≈0	—	0.91	0	$10^4\sim10^5$
Nicalon (1.23)	44.8	55.2	≈0	—	1.23	10.4	$\sim10^4$
Nicalon (1.38)	42.0	58.0	≈0	—	1.38	16.0	$10^0\sim10^1$

2002 年欧洲联合研究中心 Scholz 等人对不同类型的碳化硅纤维增强碳化硅复合材料的高温电性能开展了研究工作,研究的复合材料参数如表 1.6 所示,不同温度的电导率如图 1.8 所示[24]。由图可见,不同类型复合材料的电导率随温度的升高均呈增加趋势,含有碳界面相的复合材料比不含碳界面相的电导率高几个数量级,含有碳界面相的复合材料的电导率达到 10^2 S/m,单层的此类材料对电磁波将主要呈现反射特性,因此碳界面相不适合应用于高温吸波材料体

系。此外,通过对不同类型碳化硅纤维以及不同工艺制备的 SiC/SiC 复合材料电性能分析可以发现,主要考虑热结构性能而制备的 SiC/SiC 复合材料电导率往往偏高或偏低,难以直接作为高温吸波材料使用。

表 1.6 欧洲联合研究中心制备的 SiC/SiC 复合材料特性

样品名称	纤维类型	织物结构	界面相	制备工艺
2D SEP, CG Nicalon	CG Nicalon NL207	二维	碳	CVI
3D SEP, CG Nicalon	CG Nicalon NL207	三维	碳	CVI
2D SEP, Hi Nicalon	Hi Nicalon	二维	碳	CVI
2D PIP, CG Nicalon	CG Nicalon NL207	二维	无	PIP

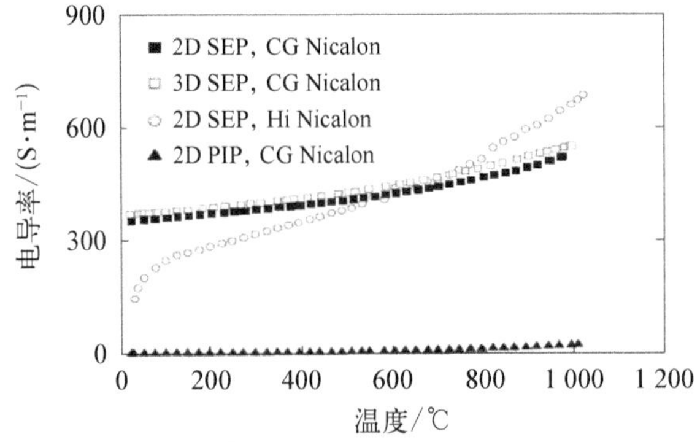

图 1.8 欧洲联合研究中心制备的 SiC/SiC 复合材料高温电导率

2. 美国

1996 年美国 Ronald Belardinelli 的博士学位论文 *Processing and properties of Blackglas™ ceramic matrix composites reinforced with Nextel™ 312 (BN) fabric*[25]中对连续纤维增强陶瓷基复合材料应用于高温吸波材料做了相应阐述:“特别对于国防部,他们关心的另一个领域是连续纤维增强陶瓷基复合材料用于雷达波段的透波以及吸波应用。陶瓷基复合材料的电性能对于高温天线罩、透波窗以及用于隐身飞机或其他飞行器某些部件的高温吸波材料是非常关键的。”可以看出美国早在 1996 年就将连续纤维增强陶瓷基复合材料作为隐身战机与飞行器高温隐身部件的重要材料体系开展了研究工作。

3. 苏联/俄罗斯

早在 20 世纪 60~70 年代,苏联就开始了高温吸波材料的研究工作,并指出碳化硅是最有前途的高温吸波材料之一。俄罗斯电磁理论与应用研究所对飞机排气装置、加力燃烧室进行陶瓷吸波材料覆盖，这种吸波材料由绝缘体、金属及半导体粉末在空气中采用等离子喷涂工艺制备而成，该发动机已经通过了飞行测试。据报道，俄罗斯 1995 年公布的隐身导弹“投标者”选用了新型材料和特殊涂层，可减少弹体雷达散射截面，具有较好的隐身效果。俄、印联合研发的布拉莫斯超声速巡航导弹在弹体表面也采用了高温吸波材料以增强导弹的隐身性能。

1.3.2　国内高温吸波材料

相比国外，国内的研究工作起步较晚，但近十年来，从公开报道的资料看，国内在高温吸波材料领域取得了显著进步，性能上获得了重要突破，形成了针对不同背景需求的高温吸波材料体系。目前国内研究的材料体系比较多，开展较为系统深入研究工作的主要有西北工业大学、中南大学以及国防科学技术大学。

西北工业大学周万城教授课题组的研究工作主要集中在以下几个方面。

① 掺杂碳化硅（掺杂 N、Al、B 等元素）、ZnO、Ti_3SiC_2等高温吸收剂的合成与电磁性能研究[26-37]。

② 在吸收剂的基础上，开展了 SiCN/LAS、Nb/Al_2O_3、NiCrAlY/Al_2O_3、FeCrAl/Al_2O_3、ZnO/Al_2O_3、TiB_2/Al_2O_3、ZnO/Mullite 等高温吸波涂层的研究工作[38-44]。

③ 开展了碳纳米管、短切碳纤维、碳化硅纤维、不完全碳化碳纤维增强复合材料的研究工作，研究了不同复合材料体系的力、电性能[45-51]。

总体而言，周万城教授课题组在高温吸波材料领域的研究工作主要集中在高温吸收剂以及吸波涂层方面，从目前公开的成果看，吸波频段主要集中在高频，高温吸波涂层在 8~18 GHz 频段范围有−5 dB 左右的吸收效果。

西北工业大学殷小玮教授课题组在“十二五”期间开展了高温吸波材料的研究工作，研究重点集中在以下方面。

① 研究了先驱体转化工艺制备的 SiC、SiCN、SiBCN、Si_3N_4等陶瓷材料的电磁性能，研究了微观结构、元素组成与材料电磁特性间关系，可以制备出厚度 3 mm 左右、X 波段吸波性能达到 8~10 dB 的单体吸波陶瓷材料[52-64]。此类材料主要利用有机先驱体高温裂解产生的游离碳与碳化硅微晶实现吸波功能，若产生以上组分，先驱体的裂解温度一般要高于 1 200℃，甚至 1 400℃以上。作为一种典型的单体陶瓷材料，固有的脆性限制了其应用。

② 为克服单体吸波陶瓷存在的脆性问题，开展了 SiC/Si(B)CN 复合材料的研究工作。采用高 C/Si 比的碳化硅纤维为增强体[Si：57.43%(质量分数)，C：40.75%(质量分数)，O：1.82%(质量分数)，C/Si 原子比为 1.66]，以先驱体转化工艺制备的低损耗 SiBCN 为陶瓷基体，以 CVD 工艺制备的 BN 为界面相，制备了 SiC/SiBCN 复合材料(电阻率约为 6.5 Ω · cm)，材料厚度为 3.2 mm 的情况下、8～18 GHz 范围内有 2～3 dB 的吸波效果。在此基础上，在材料表面制备了厚度约为 0.8 mm 的吸波涂层，8～18 GHz 频段范围内反射率为-3～-12 dB。此外，以低 C/Si 比的碳化硅纤维为增强体[Si：67.81%(质量分数)，C：30.29%(质量分数)，O：1.90%(质量分数)，C/Si 原子比为 1.04]，以 CVI 工艺制备的高损耗 SiC-Si_3N_4复相陶瓷为基体，制备了 SiC/SiC-Si_3N_4复合材料(电阻率约为 29 Ω · cm)，材料厚度为 3.2 mm 情况下，8～18 GHz 范围内有 4～5 dB 的吸波效果[65]。

③ 为克服单层碳化硅纤维增强的复合材料吸波性能较差的问题，采用多层电性能匹配方案研制了一种三层结构纤维增强的高温吸波结构材料，其中表层采用 3M Nextel 610 氧化铝纤维布(设计厚度为 1.1 mm)，中间层采用日本宇部兴产的 Tyranno ZMI-SiC 纤维布(设计厚度为 0.6 mm)，内层采用厦门大学的 Amosic-SiC 纤维布(设计厚度为 1.3 mm)，以 CVD 工艺制备的 BN 为界面相，采用聚氮硅烷为 SiCN 陶瓷先驱体，利用先驱体转化工艺制备了三层结构的复合材料，在 8～18 GHz 频段范围内反射率可低于-8 dB，但未报道其高温吸波性能[66]。

中南大学肖鹏教授课题组开展了改性碳基吸波材料的研究工作，在这里需要说明的是，传统的碳材料对电磁波呈现高反射特性，需要在结构设计以及材料改性方面做相应的工作才能使之具备吸波功能。目前研究主要集中在以下几方面[7,67-70]。

① 研究了平行、随机、阵列等排布方式碳纤维的电磁响应特性，并通过 BN、SiC 等表面改性工艺调控了碳纤维电性能。

② 研究了碳基体的电磁特性，并通过 BN 包覆以及 SiO_2掺杂工艺对碳基体的电性能进行了改性。

③ 采用凝胶-注模工艺制备了碳纤维阵列/碳化硅复合材料，并采用硅溶胶后致密化工艺获得碳纤维阵列/碳化硅-氧化硅复合材料，其中碳纤维阵列中纤维轴向与电磁波入射方向平行。评估了复合材料的吸波性能，材料厚度约为 5 mm 的情况下，室温反射率在 8～18 GHz 频段为-3～-6.1 dB(吸收峰出现在 17.4 GHz 处)，1 000℃条件下 8～18 GHz 频段为-4～-6.7 dB。但该材料可能会

存在两个问题：一是纤维的取向主要在 Z 向，因此对材料面内强度贡献较小；二是碳纤维的氧化问题导致高温性能不稳定。

④ 在以上工作的基础上，开展了多层结构 C/Si_3N_4 复合材料的研究工作。材料采用凝胶-注模工艺制备，采用一层 Si_3N_4、一层短切碳纤维的结构方式，其中 Si_3N_4 共 4 层，短切碳纤维共 3 层，材料总厚度约为 5 mm。制备的材料反射率在 8～18 GHz 频段呈现出单吸收峰特性，常温下吸收峰出现在 13 GHz 左右，8 GHz 反射率约为−3 dB，18 GHz 约为−6 dB，在 10.5～18 GHz 频段内反射率可低于−6 dB。在 1 000℃ 条件下，吸波性能出现较为明显的恶化，在 12.5～16.4 GHz 频段内反射率可低于−6 dB，并且吸收峰强度显著减弱。对于该复合材料，主要以单体 Si_3N_4 陶瓷为承载相，因此脆性可能是该材料存在的较大缺点。

北京理工大学曹茂盛教授课题组开展了可应用于高温环境的吸波材料研究工作[71-73]，工作重点包括 ZnO、氧化石墨烯等新型吸收剂，短切碳纤维以及碳纳米管增强氧化硅复合材料高温电磁特性等研究工作，尤其是在材料高温电性能演变机制方面开展了较为深入的基础研究工作。

国防科学技术大学自“八五”期间即开展了高温吸波材料的相关研究工作，研究初期工作主要集中在不同电磁特性碳化硅纤维制备方面，近十年来，主要致力于高温吸波结构材料研究工作，研究重点集中在以下几个方面。

① 对碳化硅吸波纤维开展了系统深入的研究，重点研究了掺杂 Fe、Al 等元素碳化硅纤维，一步烧成、二步烧成碳化硅纤维，异形截面碳化硅纤维的电性能，系统研究了纤维组成、结构与电性能间关系，可制备出电阻率在 10^{-1}～$10^{6}\Omega\cdot cm$ 可调的碳化硅纤维系列产品，并形成了批量生产能力，为高温吸波结构材料研究工作奠定了坚实基础。

② 在碳化硅吸波纤维研究工作的基础上，采用多种吸波材料结构方案设计并制备了耐温可达到 1 000℃ 的高温吸波结构材料，吸波频段可以覆盖 2～18 GHz 频段，并具备较好的力学性能。

③ 具备了高温吸波构件研制能力，可制备 1 m 量级轴对称、双曲面、翼面类等复杂形状构件。关于国防科学技术大学在高温吸波结构材料领域的研究情况，将在本书第 5 章中做详细阐述。

1.4 高温吸波结构材料的难点

现阶段国内外针对高温吸波结构材料开展了大量研究工作，但尚未得到广泛应用,主要原因在于有很多科学、技术以及工程难题尚未得到有效解决,笔者根据自身体会,认为主要集中在以下几个方面。

1. 约束边界条件多,设计与选材限制大

高温吸波结构材料同时受到热、力、电边界条件约束,相对于热结构材料引入了电性能约束,相对于常温吸波材料,引入了热的约束,而研制出性能优异的热结构材料或常温吸波材料已属不易,研制高温吸波结构材料的难度更大。受边界条件约束,高温吸波结构材料的设计与选材所受限制大。

在设计方面,高温吸波结构材料涉及热、力、电多场耦合问题,相对热结构材料或常温吸波材料多了一个维度约束,设计工作量与难度显著增大。在选材方面,高温吸波结构材料受到热、力、电等条件约束,可选材料体系受到极大限制。例如在热结构材料中应用较成熟的碳纤维,由于低电阻率特性导致其无法像在热结构材料中那样以高体积含量、连续方式应用于高温吸波结构材料中;在常温吸波材料中应用较为广泛的磁性吸收剂,由于受居里温度限制难以在高温条件下发挥磁损耗功能。对于高温吸波结构材料,必须选择耐高温、介电性能优异、高温性能稳定、具备承载能力的材料体系,同时根据具体使用工况要求,还需要满足抗氧化、耐冲刷、耐振动、耐冲击等耐环境性能要求,因此选材受到极大限制。

2. 电性能设计空间小,宽频吸波实现困难

高温吸波结构材料受选材限制,电性能设计空间小,实现宽频吸波困难。传统结构形式吸波材料实现宽频吸波的必要前提是吸收剂电磁参数要具有较好的频散特性,即吸波材料的电磁参数随频率增加要有明显的下降趋势,这一要求在常温吸波材料中主要靠磁性吸收剂磁导率较好的频散特性来满足。但对仅能采用电损耗机制的高温吸波结构材料,现阶段尚未找到在宽频域范围内具有较好电性能频散特性的吸收剂来解决这一问题。目前解决电损耗吸波材料宽频吸波问题的主要技术途径是采用多层阻抗匹配方案降低对各层材料的电性能频散特性要求,但要实现 3 个频段以上的宽频强吸收仍非易事。近年发展起来的人工电磁周期结构(超材料)由于引入宏观尺度上的周期结构使之具有奇特的电磁特性,目前在常温宽频吸波材料应用方面已经取得重要进展,可以在一定程度上摆脱对材料电性能频散特性的限制,展现出巨大的潜力,为宽频段高温吸波结构材料的实现提供了重要的技术途径。相关内容将在本书第 4 章做系统阐述。

3. 材料性能随温度变化规律复杂，机制尚不清晰，诸多科学问题尚未解决

高温吸波结构材料力、电性能会随温度发生变化，这种变化可以归结为两类，一类是可逆的，另一类是不可逆的。高温吸波结构材料性能随温度的变化规律，以及如何控制或利用这种变化是高温吸波结构材料的重要研究内容。

高温吸波结构材料性能随温度的变化，主要涉及材料在高温条件下的化学与物理变化。对于化学变化，包括高温含氧条件下的氧化、含水汽条件下的腐蚀以及材料内部各组分之间发生的扩散或化学反应，这类变化会导致材料性能随温度的不可逆变化，一般是有害的，要尽量避免。另一类是材料随温度发生的物理变化，相对化学变化，物理变化规律的获取以及控制更为困难，其中很多机制尚不清晰，有诸多科学问题尚未解决。如果说高温吸波结构材料在高温下的化学变化还是可以通过材料体系与结构设计尽量避免的话，物理变化则是材料本身的属性，无法避免，我们能做的工作就是获取这种规律，并在一定程度上通过材料组分与结构的调控加以控制与利用，将其限制在能够接受的范围之内，或者将材料的最优性能调控至使用温度范围。

涉及力学性能随温度的变化，例如材料本身微观力学量(模量、韧性等)随温度的变化、材料残余应力随温度的变化均会导致材料宏观力学性能随温度发生变化，这种变化有可逆的，也有不可逆的，对材料的力学性能也是有利有弊。大量的研究表明，对于材料本身微观力学量随温度的变化，只要没有超过材料最高的服役温度，材料性能随温度的变化一般是可逆的；而残余应力随温度的变化一般是不可逆的，但有的残余应力变化使材料力学性能变好，有的则使之变差。因此，高温吸波结构材料力学性能随温度的变化规律是非常复杂的，尤其是现阶段微观力学量以及残余应力的高温测量与计算手段还不成熟，导致材料力学性能随温度的变化机制以及控制问题尚未得到很好解决。

涉及电性能随温度的变化，这一问题更为复杂。材料电性能随温度的变化主要由载流子与偶极子的温度响应特性决定，同时还涉及载流子与偶极子不同温度下的频率响应特性。到目前为止，不同温度下的载流子浓度、激发与跃迁过程、频率响应特性，以及不同温度下的偶极子浓度、弛豫特性等物理机制与测量技术很不完善，描绘一种简单物质电性能的温度特性并非易事，对于成分与结构非常复杂的高温吸波结构材料更为困难。高温吸波结构材料中涉及多种材料组分与物相，也就涉及了不同的载流子与偶极子，研究清楚每一种组分与物相的载

流子与偶极子的温度与频率响应特性及其对宏观电性能的贡献是目前高温吸波结构材料研究的最大科学难题之一。

4. 成本高,制备工艺复杂

高温吸波结构材料考虑使用性能要求,一般使用连续纤维增强陶瓷基复合材料体系,所用原材料涉及连续碳化硅、氧化物等陶瓷纤维,各类陶瓷先驱体、粉体等基体原料,原材料成本较高。陶瓷基复合材料涉及高温烧结或处理过程,设备与工艺成本高。陶瓷基复合材料硬度大,由此带来的刀具以及设备的加工成本较高。此外,高温吸波结构材料制备工艺复杂,具体涉及纤维预制件制备、界面涂层制备、陶瓷基体烧结、多次机械加工等流程,制备流程多、周期长。另外,区别于热结构陶瓷基复合材料,为实现高温吸波结构材料的宽频吸波性能,往往需要将之制备成电性能梯度分布的多层材料结构形式,这又给制备工艺带来新的挑战。

5. 性能测试标准不健全,试验平台不成熟,性能考核耗资高

目前高温吸波结构材料的测试标准不健全,涉及高温电磁参数、高温反射率、高温 RCS 等关键性能的测试标准不健全或空白,这导致在材料研制与评价过程中产生随意性与不可比较性,给材料研制带来诸多不便。另外,与测试标准不健全紧密相关的,目前试验平台不成熟,且试验成本较高。例如用于测试高温电磁参数的波导系统、高温反射率测试系统均存在测试精度偏低、系统种类繁多、不规范的问题,造成材料性能评价困难。同时用于评价材料各种高温使用性能的测试平台较昂贵,且测试资源稀少,例如发动机试车台、风洞等。以上问题严重制约了材料性能表征的科学化、规范化,对材料研制以及工程化应用造成较大困难。

以上是目前高温吸波结构材料研制过程中存在的主要难题。随着国家对高温吸波结构材料研究投入力度的加大,以上问题正在解决中,相信通过广大科研管理、总体、材料以及测试人员的共同努力,所有问题将被逐步解决。

参考文献

[1] 董长军,胡凌云,管有勋.聚焦隐身战机[M].北京: 蓝天出版社,2005.
[2] 阮颖铮,等.雷达截面与隐身技术[M].北京: 国防工业出版社,1998.

[3] 杨照金,等.军用目标伪装隐身技术概论[M].北京：国防工业出版社,2014.
[4] 桑建华.飞行器隐身技术[M].北京：航空工业出版社,2013.
[5] 孙敏,于名讯.隐身材料技术[M].北京：国防工业出版社,2013.
[6] 刘顺华,刘军民,董星龙,等.电磁波屏蔽及吸波材料[M].北京：化学工业出版社,2014.
[7] 肖鹏,周伟.耐高温吸波结构碳纤维复合材料制备及性能研究[M].长沙：中南大学出版社,2016.
[8] 孙昌,曹晓非,孙康宁.低频吸波材料及应用[M].北京：化学工业出版社,2015.
[9] 刘海韬.夹层结构 SiC_f/SiC 雷达吸波材料设计、制备及性能研究[D].长沙：国防科学技术大学,2010.
[10] Liu H T, Cheng H F, Wang J, et al. Dielectric properties of the SiC fiber-reinforced SiC matrix composites with the CVD SiC interphases [J]. Journal of Alloys and Compounds, 2010, 491(1-2): 248-251.
[11] Yu X M, Zhou W C, Luo F, et al. Effect of fabrication atmosphere on dielectric properties of SiC/SiC composites [J]. Journal of Alloys and Compounds, 2009, 479: L1-L3.
[12] Ding D H, Shi Y M, Wu Z H, et al. Electromagnetic interference shielding and dielectric properties of SiC_f/SiC composites containing pyrolytic carbon interphase [J]. Carbon, 2013, 60: 552-555.
[13] 北京航天情报与信息研究所.世界防空反导导弹手册[M].北京：中国宇航出版社,2010.
[14] 梁志静,黄莉茹,等.国际防空导弹竞争性产品手册[M].北京：中国宇航出版社,2007.
[15] 刘勤,周人治,王占学.军用航空发动机特性分析[J].燃气涡轮试验与研究,2014,27(2): 59-62.
[16] 陈新虹,周志超,赵润祥,等.高速动能弹温度场数值模拟[J].计算物理,2010,27(6): 861-868.
[17] 丁冬海,罗发,周万城,等.高温雷达吸波材料研究现状与展望[J].无机材料学报,2014,29(5): 461-469.
[18] 刘海韬,程海峰,王军,等.高温结构吸波材料综述[J].材料导报,2009,23(10): 24-27.
[19] 李智敏,杜红亮,罗发,等.碳化硅高温吸收剂的研究现状[J].稀有金属材料与工程,2007,36(S3): 94-99.
[20] 李鹏,周万城,贺媛媛.高温吸波材料研究应用现状[J].航空制造技术,2008,6: 26-29.
[21] 张亚君,殷小玮,张立同,等.吸波型 SiC 陶瓷材料的研究进展[J].航空制造技术,2014,6: 113-118.
[22] Mouchon E, Colomban P H. Microwave absorbent: preparation, mechanical properties and r.f.- microwave conductivity of SiC (and/or mullite) fibre reinforced Nasicon matrix composites [J]. Journal of Materials Science, 1996, 31: 323-334.
[23] Chollon G, Pailler R, Canet R, et al. Correlation between microstructure and electrical properties of SiC-based fibres derived from organosilicon precursors [J]. Journal of the European Ceramic Society, 1998, 18: 125-133.
[24] Scholz R, Dos Santos Marques F, Riccardi B. Electrical conductivity of silicon carbide composites and fibers [J]. Journal of Nuclear Materials, 2002, (307-311): 1098-1101.
[25] Belardinelli R. Processing and properties of Blackglas™ ceramic matrix composites reinforced

with Nextel™ 312 (BN) fabric [D]. Arlington: The University of Texas at Arlington, 1996.

[26] Luo F, Liu X K, Zhu D M, et al. Effect of aluminum doping on microwave permittivity of silicon carbide powders [J]. Journal of the American Ceramic Society, 2008, 91(12): 4151-4153.

[27] Zhao D L, Luo F, Zhou W C. Microwave absorbing property and complex permittivity of nano SiC particles doped with nitrogen [J]. Journal of Alloys and Compounds, 2010, 490(1-2): 190-194.

[28] 赵东林.耐高温雷达波吸收剂的制备及其性能研究[D].西安：西北工业大学,1999.

[29] Su X L, Zhou W C, Xu J, et al. Preparation and dielectric property of Al and N co-doped SiC powder by combustion synthesis [J]. Journal of the American Ceramic Society, 2012, 95(4): 1388-1393.

[30] Li Z M, Zhou W C, Su X L, et al. Preparation and characterization of aluminum-doped silicon carbide by combustion synthesis [J]. Journal of the American Ceramic Society, 2008, 91(8): 2607-2610.

[31] Li Z M, Zhou W C, Su X L, et al. Dielectric property of aluminum-doped SiC powder by solid-state reaction [J]. Journal of the American Ceramic Society, 2009, 92(9): 2116-2118.

[32] Su X L, Zhou W C, Xu J, et al. Preparation and dielectric property of B and N-codoped SiC powder by combustion synthesis [J]. Journal of Alloys and Compounds, 2013, 551: 343-347.

[33] Su X L, Zhou W C, Li Z M, et al. Preparation and dielectric properties of B-doped SiC powders by combustion synthesis [J]. Materials Research Bulletin, 2009, 44(4): 880-883.

[34] Su X L, Zhou W C, Luo F, et al. A cost-effective approach to improve dielectric property of SiC powder [J]. Journal of Alloys and Compounds, 2009, 476(1-2): 644-647.

[35] Li Z M, Zhou W C, Lei T M, et al. Microwave dielectric properties of SiC(B) solid solution powder prepared by sol-gel [J]. Journal of Alloys and Compounds, 2009, 475(1-2): 506-509.

[36] Liu Y, Luo F, Zhou W C, et al. Dielectric and microwave absorption properties of Ti_3SiC_2 powders [J]. Journal of Alloys and Compounds, 2013, 576: 43-47.

[37] Wang Y, Luo F, Zhang L, et al. Microwave dielectric properties of Al-doped ZnO powders synthesized by coprecipitation method [J]. Ceramics International, 2013, 39: 8723-8727.

[38] Luo F, Zhu D M, Zhou W C. A two-layer dielectric absorber covering a wide frequency range [J]. Ceramics International, 2007, 33(2): 197-200.

[39] Zhou L, Zhou W C, Chen M L, et al. Dielectric and microwave absorbing properties of low power plasma sprayed Al_2O_3/Nb composite coatings [J]. Materials Science and Engineering B, 2011, 176: 1456-1462.

[40] Li P, Zhou W C, Zhu J K, et al. Influence of TiB_2 content and powder size on the dielectric property of TiB_2/Al_2O_3 composites [J]. Scripta Materialia, 2009, 60: 760-763.

[41] Zhou L, Zhou W C, Su J B, et al. Effect of composition and annealing on the dielectric properties of ZnO/mullite composite coatings [J]. Ceramics International, 2012, 38: 1077-

1083.

[42] Wei P, Zhu D M, Huang S S, et al. Effects of the annealing temperature and atmosphere on the microstructures and dielectric properties of ZnO/Al_2O_3 composite coatings [J]. Applied Surface Science, 2013, 285: 577-582.

[43] Zhou L, Zhou W C, Luo F, et al. Microwave dielectric properties of low power plasma sprayed NiCrAlY/Al_2O_3 composite coatings [J]. Surface & Coatings Technology, 2012, 210: 122-126.

[44] Zhou L, Zhou W C, Su J B, et al. Plasma sprayed Al_2O_3/FeCrAl composite coatings for electromagnetic waveabsorption application [J]. Applied Surface Science, 2012, 258: 2691-2696.

[45] Mu Y, Zhou W C, Hu Y, et al. Temperature-dependent dielectric and microwave absorption properties of SiC_f/SiC-Al_2O_3 composites modified by thermal cross-linking procedure [J]. Journal of the European Ceramic Society, 2015, 35: 2991-3003.

[46] Wang X Y, Luo F, Yu X M, et al. Influence of short carbon fiber content on mechanical and dielectric properties of C_{fiber}/Si_3N_4 composites [J]. Scripta Materialia, 2007, 57: 309-312.

[47] Huang Z B, Zhou W C, Kang W B, et al. Dielectric and microwave-absorption properties of the partially carbonized PAN cloth/epoxy-silicone composites [J]. Composites: Part B, 2012, 43: 2980-2984.

[48] Huang Z B, Kang W B, Qing Y C, et al. Influences of SiC_f content and length on the strength, toughness and dielectric properties of SiC_f/LAS glass-ceramic composites [J]. Ceramics International, 2013, 39: 3135-3140.

[49] Huang S S, Zhou W C, Luo F, et al. Mechanical and dielectric properties of short carbon fiber reinforced Al_2O_3 composites with MgO additive [J]. Ceramics International, 2014, 40: 2785-2791.

[50] Qing Y C, Zhou W C, Huang S S, et al. Microwave absorbing ceramic coatings with multi-walled carbon nanotubes and ceramic powder by polymer pyrolysis route [J]. Composites Science and Technology, 2013, 89: 10-14.

[51] Qing Y C, Mu Y, Zhou Y Y, et al. Multiwalled carbon nanotubes-$BaTiO_3$/silica composites with high complex permittivity and improved electromagnetic interference shielding at elevated temperature [J]. Journal of the European Ceramic Society, 2014, 34: 2229-2237.

[52] Ye F, Zhang L T, Yin X W, et al. Dielectric and microwave-absorption properties of SiC nanoparticle/SiBCN composite ceramics [J]. Journal of the European Ceramic Society, 2014, 34(2): 205-215.

[53] Li X M, Zhang L T, Yin X W, et al. Effect of chemical vapor infiltration of SiC on the mechanical and electromagnetic properties of Si_3N_4-SiC ceramic [J]. Scripta Materialia, 2010, 63(6): 657-660.

[54] Zheng G P, Yin X W, Liu S H, et al. Improved electromagnetic absorbing properties of Si_3N_4-SiC/SiO_2 composite ceramics with multi-shell microstructure [J]. Journal of the European Ceramic Society, 2013, 33(11): 2173-2180.

[55] Li M, Yin X W, Zheng G P, et al. High-temperature dielectric and microwave absorption

properties of Si_3N_4-SiC/SiO_2 composite ceramics [J]. Journal of Materials Science, 2015, 50(3): 1478-1487.

[56] Ye F, Zhang L T, Yin X W, et al. Fabrication of Si_3N_4-SiBC composite ceramic and its excellent electromagnetic properties [J]. Journal of the European Ceramic Society, 2012, 32(16): 4025-4029.

[57] Liu X F, Zhang L T, Liu Y S, et al. Microstructure and the dielectric properties of SiCN-Si_3N_4 ceramics fabricated via LPCVD/CVI [J]. Ceramics International, 2014, 40(3): 5097-5102.

[58] Li X M, Zhang L T, Yin X W, et al. Mechanical and dielectric properties of porous Si_3N_4-SiC(BN) ceramic [J]. Journal of Alloys and Compounds, 2010, 490(1-2): L40-L43.

[59] Ye F, Zhang L T, Yin X W, et al. Dielectric and EMW absorbing properties of PDCs-SiBCN annealed at different temperatures [J]. Journal of the European Ceramic Society, 2013, 33(8): 1469-1477.

[60] Zhang Y J, Yin X W, Ye F, et al. Effects of multi-walled carbon nanotubes on the crystallization behavior of PDCs-SiBCN and their improved dielectric and EM absorbing properties [J]. Journal of the European Ceramic Society, 2014, 34(5): 1053-1061.

[61] Duan W Y, Yin X W, Li Q, et al. Synthesis and microwave absorption properties of SiC nanowires reinforced SiOC ceramic [J]. Journal of the European Ceramic Society, 2014, 34(2): 257-266.

[62] Li Q, Yin X W, Feng L Y. Dielectric properties of Si_3N_4-SiCN composite ceramics in X-band [J]. Ceramics International,2012, 38: 6015-6020.

[63] Li Q, Yin X W,Duan W Y, et al. Dielectric and microwave absorption properties of polymer derived SiCN ceramics annealed in N_2 atmosphere [J]. Journal of the European Ceramic Society, 2014, 34: 589-598.

[64] Li Q, Yin X W, Duan W Y, et al. Improved dielectric and electromagnetic interference shielding properties of ferrocene-modified polycarbosilane derived SiC/C composite ceramics [J]. Journal of the European Ceramic Society, 2014, 34: 2187-2201.

[65] 叶昉.结构吸波型 SiC_f/Si(B)CN 的设计/制备基础与性能优化[D].西安: 西北工业大学,2015.

[66] 李权.PDCs-SiC(N)陶瓷及其复合材料的电磁吸波特性及优化[D].西安: 西北工业大学,2015.

[67] Zhou W, Xiao P, Li Y. Preparation and study on microwave absorbing materials of boron nitride coated pyrolytic carbon particles [J]. Applied Surface Science, 2012, 258: 8455-8459.

[68] Zhou W, Xiao P, Li Y, et al. Dielectric properties of BN modified carbon fibers by dip-coating [J]. Ceramics International, 2013, 39(6): 6569-6576.

[69] 周伟,肖鹏,李杨,等.热解炭(PyC)/BN 复合粉的制备及其吸波性能[J].无机材料学报, 2013, 28(5): 479-484.

[70] 周伟.耐高温炭基吸收剂的调控、结构及性能研究[D].长沙: 中南大学, 2014.

[71] Cao M S, Song W L, Hou Z L, et al. The effects of temperature and frequency on the

dielectric properties, electromagnetic interference shielding and microwave-absorption of short carbon fiber/silica composites [J]. Carbon, 2010, 48(3): 788-796.

[72] Song W L, Cao M S, Hou Z L, et al. High dielectric loss and its monotonic dependence of conducting-dominated multiwalled carbon nanotubes/silica nanocomposite on temperature ranging from 373 to 873 K in X-band [J]. Applied Physics Letters, 2009, 94(23): 233110.

[73] Cao M S, Shi X L, Fang X Y, et al. Microwave absorption properties and mechanism of cagelike ZnO/SiO_2 nanocomposites [J]. Applied Physics Letters, 2007, 91(20): 203110.

第 2 章　高温吸波结构材料体系组成以及制备方法

2.1　高温吸波结构材料体系组成

高温吸波结构材料需要具备耐高温、承载以及吸波功能。可以同时具备耐温和承载功能的材料种类众多,比如金属、陶瓷及其复合材料等,但要具备吸波功能,其电性能必须要满足一定条件。当电磁波入射到单层均质材料表面时,其反射系数可由式(2.1)表示。

$$r = (Z - Z_0)/(Z + Z_0) \tag{2.1}$$

式中,Z 为材料输入阻抗;Z_0为自由空间波阻抗,其值为 377 Ω。

金属材料阻抗约为 0,因此其反射系数约等于-1,即入射的电磁波被完全反射,不具备吸波功能。对于低损耗材料,由于其损耗较小,入射材料的电磁波将主要发生透射以及由于阻抗不匹配产生的反射,材料对电磁波的吸收作用较小,因此也不能单独作为吸波材料使用。

通过以上分析,高温吸波结构材料除了要具备耐温以及承载功能外,还必须具备合适的电性能才能实现吸波功能:一是要具备合适的阻抗,使电磁波能够进入材料内部;二是尽量大的损耗,使进入材料的电磁波被损耗。但这两个条件往往是相互矛盾的,因为大的损耗一般会导致材料与自由空间阻抗的失配而造成电磁波的反射,金属材料即是此类典型代表;而与自由空间阻抗匹配良好的材料往往又存在损耗不足的问题。吸波材料电性能研究的一个主要课题就是如何通过材料电性能调控以及材料结构设计缓解两者矛盾,这一矛盾解决的好坏直接决定着吸波材料吸波性能的优劣。

为实现高温吸波结构材料良好的综合性能,首先需要解决在热、力、电性能约束条件下的高温吸波结构材料的体系选择问题,其次需要解决高温吸波结构材料的结构形式问题。本章重点针对第一个问题展开讨论,结构形式的问题将在第 3、4 章中详细讨论。

高温吸波结构材料按照各组分所承担功能的不同，主要可以分为承载功能相与吸波功能相。需要说明的是，承载与吸波功能相在材料中可能是两种组分，也可能是同一组分。本节分别从承载功能相与吸波功能相角度对高温吸波结构材料体系组成进行分析。

2.1.1　承载功能相

正如本书 1.1 中所述，高温吸波结构材料从某种程度上可以认为是在热结构材料基础上发展起来的，目前较为成熟的热结构材料主要包括金属、陶瓷以及连续纤维增强陶瓷基复合材料（CFRCMC，后面简称 CMC）。根据高温吸波结构材料热、力、电综合性能要求，金属材料的电性能不满足要求，而陶瓷材料的脆性大、可靠性低，两者均不适合作为高温吸波结构材料的承载功能相使用。CMC 具有耐高温、低密度、力学性能优异等优点，更为重要的是通过连续纤维的引入可以克服单体陶瓷材料固有的脆性，大大提高陶瓷材料的韧性，从而提高材料的抗热震、振动、冲击、疲劳等综合使用性能，提高材料的可靠性[1-4]，因此 CMC 是较为理想的高温吸波结构材料的承载功能相。

CMC 主要由增强纤维、陶瓷基体以及界面相三部分构成，下面从热、力、电综合性能角度分析各组分特性，并优选出适合作为高温吸波结构材料承载功能相的复合材料体系。

1. 增强纤维

增强纤维是 CMC 的重要组成部分，通过纤维在复合材料断裂过程中的界面脱粘、纤维拔出等耗能机制起到强韧化陶瓷的作用，解决陶瓷材料的固有脆性问题。目前 CMC 的增强纤维主要有石英纤维、碳纤维、碳化硅纤维、铝硅酸盐纤维（包括莫来石以及氧化铝纤维）、氮化硅纤维、氮化硼纤维等。其中氮化硅以及氮化硼纤维尚未成熟，应用较少，下面重点针对石英纤维、碳纤维、碳化硅纤维、铝硅酸盐纤维展开讨论。

1）石英纤维

石英纤维的 SiO_2 含量可以达到 99.95%以上[5,6]，是目前国产化最为成熟的陶瓷纤维，已广泛应用于国防与国民经济各个领域，国产化石英纤维的典型性能如表 2.1 所示。由表可见，石英纤维的介电损耗较小，是军用复合材料领域最为重要的透波纤维之一，若将石英纤维应用于高温吸波结构材料中，只能作为承载

表 2.1 国产石英纤维性能

纯度/%	密度/(g/cm^3)	拉伸强度/GPa	拉伸模量/GPa	介电常数实部	损耗角正切
≥99.95	2.2	1.7	78	3.78	≈10^{-4}

功能相的增强纤维使用,材料的吸波功能需要通过其他组分实现。

通过表 2.1 可以发现,石英纤维的力学性能偏低,特别是模量,同时石英纤维的耐温能力有限。甄强等对石英纤维的热损伤进行了系统研究[7],发现石英纤维即使 400℃热处理后力学性能也会发生明显下降(图 2.1,热处理时间为 10 h),当热处理温度为 600℃时,纤维强度下降 30%~40%。进一步分析表明,尽管石英纤维在 1 100℃也不会发生明显的析晶行为(图 2.2),但热处理使纤维表面缺陷增多,导致纤维力学性能发生下降。以上原因造成石英纤维增强的陶瓷基复合材料强度较低,一般很难超过 100 MPa,而且长时使用温度一般不超过 800℃[8-10]。因此,石英纤维可以作为工况较为温和的高温吸波结构材料承载功能相的增强纤维使用,但要注意其具有耐温能力有限、力学性能偏低的不足。

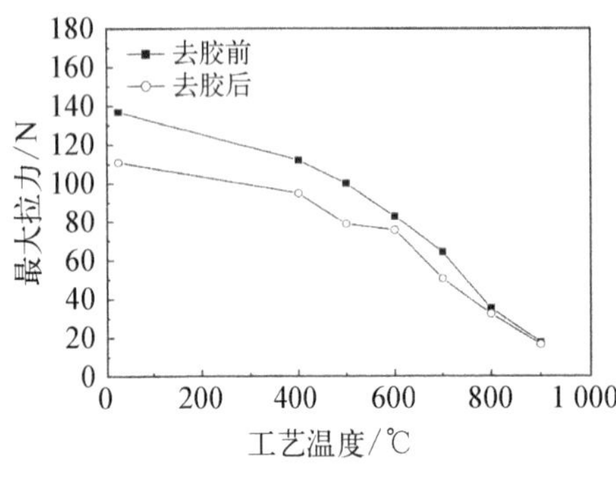

图 2.1 热处理温度对石英纤维力学性能影响[7]

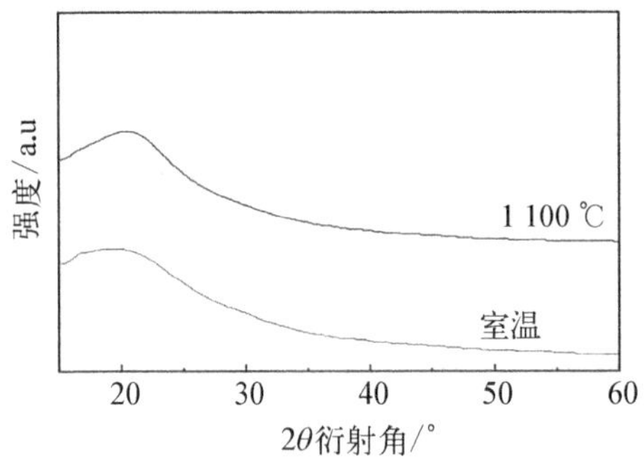

图 2.2 石英纤维不同温度下的物相[7]

2) 碳纤维

碳纤维具有耐高温、高强高模等优异性能,是目前最重要的陶瓷基复合材料增强纤维之一,主要商品化碳纤维性能如表 2.2 所示[1]。由于碳纤维的电阻率较低($<10^{-3}\ \Omega\cdot cm$)[11],以连续方式应用于复合材料中会导致电磁波的强反射,因此碳纤维应用于高温吸波结构材料中主要可以采用两种方式:一种是以连续方式作为高温吸波结构材料的反射背衬;另一种是以短切纤维方

式作为高温吸收剂使用[12,13]。以上使用方式的碳纤维在复合材料中的含量较少，承载能力有限。

表2.2　主要商品化碳纤维性能

纤维牌号	直径/μm	拉伸强度/MPa	拉伸模量/GPa	密度/(g/cm^3)
Toray T300(6K)	7	3 530	230	1.76
Toray T700S(12K)	7	4 900	230	1.80
Toray T800HB(6K)	5	5 490	294	1.81
Toray T1000G(6K)	5	7 060	294	1.80
Toray M60J(6K)	5	3 920	588	1.94

除商品化碳纤维外，一种不完全碳化的碳纤维引起了吸波材料研究人员的关注[14-17]。商品化碳纤维的制备工艺主要包括纺丝、不熔化、碳化和石墨化过程，主要追求高力学性能。不完全碳化碳纤维的主要目标是通过控制原丝的碳化程度调控纤维电性能，尽量达到力电性能的平衡。由于碳纤维的有机原丝是绝缘体，而完全碳化的碳纤维的电阻率可以低于10^{-3} Ω·cm，因此从原理上讲，通过控制原丝的碳化程度，可以制备出电阻率范围非常广阔的碳纤维，使之成为一种较理想的吸波纤维。周永江研究了不同碳化温度处理的预氧丝的电阻率情况，结果见表2.3[18]。由表可见，碳化温度可以较好地调控纤维电阻率，制备出不完全碳化碳纤维的强度可以达到1～2 GPa。将此类纤维应用于吸波结构材料时，不仅可以充当承载功能相的增强纤维，同时可以利用其优异的电性能实现吸波功能。需要注意的是，由于不完全碳化碳纤维的组成结构对温度比较敏感，因此应用温度一般不超过500℃。将其应用于高温吸波结构材料中时，必须充分考察纤维电性能的热老化特性，明确使用温度上限。

表2.3　碳化温度对纤维电阻率影响

碳化温度/℃	550	600	650
纤维电阻率/(Ω·m)	45.0	5.1	0.1

3）碳化硅纤维

碳化硅纤维是20世纪80年代以来发展较快的一类陶瓷纤维，其具有耐高温、抗氧化、高强高模等优异特性，已经成为陶瓷基复合材料体系非常重要的增强纤维[4,19]。根据制备工艺的不同，碳化硅纤维主要包括两类[5]：一类是化学气相沉积工艺制备，此类纤维一般含有钨芯或碳芯，纤维的直径较大，成本较高，应用相对较少;另一类是先驱体转化工艺制备,是目前应用最为广泛的碳化硅纤维。由先驱体转化工艺制备的碳化硅纤维只是一种习惯性说法,不同原料与工艺制备的纤维元素组成、结构与性能具有巨大的差异(表 2.4)[1]。

表 2.4 不同牌号碳化硅纤维性能

纤维牌号	成分/wt%	直径/μm	强度/MPa	模量/GPa	密度/(g/cm^3)
Nippon Carbon Hi-Nicalon “S”	Si: 68.9 C: 30.9 O: 0.2	12	2 600	420	3.10
Nippon Carbon Hi-Nicalon	Si: 63.7 C: 35.8 O: 0.5	14	2 800	270	2.74
Nippon Carbon Nicalon NL-200/201	Si: 56.5 C: 31.2 O: 12.3	14	3 000	220	2.55
UBE Tyranno Fiber SA3	Si: 67.8 C: 31.3 O: 0.5 Al: <2.0	10/7.5	2 800	380	3.10
UBE Tyranno Fiber ZMI	Si: 56.1 C: 34.2 O: 8.7 Zr: 1.0	11	3 400	200	2.48
UBE Tyranno Fiber LoxM	Si: 55.4 C: 32.4 O: 10.2 Ti: 2.0	11	3 300	187	2.48
UBE Tyranno Fiber S	Si: 50.4 C: 29.7 O: 17.9 Ti: 2.0	8.5/11	3 300	170	2.35
COI Ceramics Sylramic	SiC: 96.0 TiB_2: 3.0 B_4C: 1.0 O: 0.3	10	2 700	310	2.95

碳化硅纤维通常采用的原料是聚碳硅烷(PCS,—CH_2—$SiHCH_3$—),经过熔融纺丝-不熔化-高温烧成工艺制备而成。从 PCS 的组成可以发现,原料中的碳元素含量明显高于硅元素,因此制备出的碳化硅纤维常常富碳。如果采用有氧不

熔化工艺还会在纤维中引入大量的氧。一般而言,碳化硅纤维中主要存在三种相:碳化硅微晶、Si—O—C 无定形相以及游离碳,其结构示意图见图 2.3,通用级的 Nicalon 碳化硅纤维的微观结构模型见图 2.4[5]。

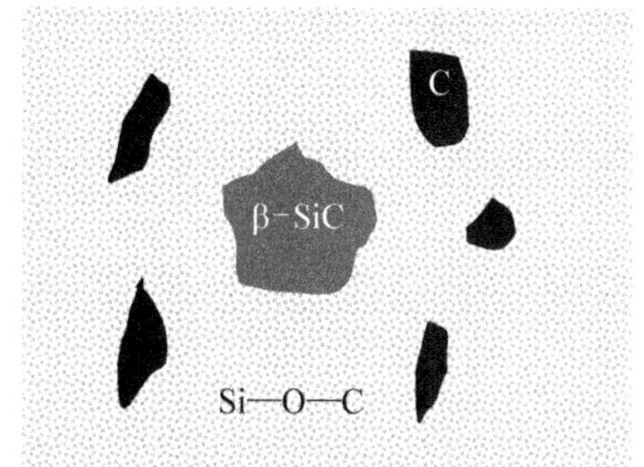

图 2.3　碳化硅纤维物相组成示意图

根据纤维制备工艺的不同,游离碳相的电阻率在 10^{-2}~10^{0} Ω · cm 范围内。碳化硅微晶根据成分与结构的差异,电阻率会在较大范围内分布,但电阻率明显高于游离碳相。

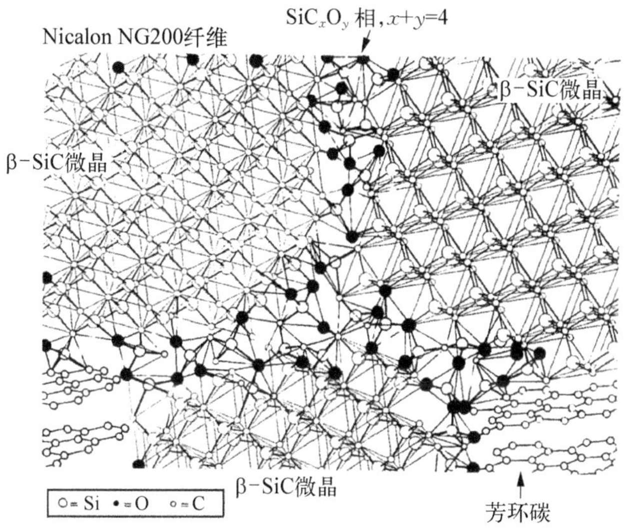

图 2.4　通用级 Nicalon 碳化硅纤维的微观结构模型[5]

而 Si—O—C 无定形相则主要呈现高电阻率特性,一般大于 10^4 Ω · cm。通过以上分析可以发现,不同制备工艺获得的碳化硅纤维成分有显著差异,这种差异会造成纤维内部电性能差异较大的各相含量显著不同,从而使碳化硅纤维电性能具有较大的调控空间。需要补充说明的是,除组成外,纤维微观结构的不同也会导致其电性能有显著差异。比如部分碳化硅纤维由于制备工艺原因会在纤维表面形成富碳层(如国产 KD-1 型以及 Nippon Carbon Hi-Nicalon),富碳层的存在会使碳化硅纤维呈现出低电阻率特性。目前各类文献报道的商品化碳化硅纤维的电性能见表 2.5[20-22]。特别需要说明的是,日本 UBE 公司针对不同电性能需求开发出了半导体级(semi-conductive grade)碳化硅纤维,其官网(http://www.ube.

com)给出的纤维电性能如表2.6和图2.5所示。碳化硅纤维组成结构与电性能的关系,以及各关键工艺流程对碳化硅纤维电性能的影响情况将在2.2.1节中详细讨论。

表2.5　商品化碳化硅纤维电性能参数

牌　　号	电阻率/(Ω·cm)	介电常数
NL 200 (Ceramic grade)	$10^3 \sim 10^4$	9 (10 GHz,增强环氧树脂复合材料)
NL 400 (HVR grade)	$10^6 \sim 10^7$	6.5 (10 GHz,增强环氧树脂复合材料)
NL 500 (LVR grade)	0.5~5.0	20~30 (10 GHz,增强环氧树脂复合材料)
NL 607 (carbon coated)	0.8	—
Hi-Nicalon	$\approx 10^0$	—
Hi-Nicalon Type S	0.1	—
Tyranno LoxE	$10^0 \sim 10^1$	—
Tyranno ZMI	2.0	32-i22(10 GHz,增强SiCN陶瓷复合材料)
Tyranno SA	$10^{-1} \sim 10^0$	—

表2.6　UBE公司半导体级Tyranno碳化硅纤维性能参数

性　　能	A	C	D	F	G	H
电阻率/(Ω·cm)	10^6	10^4	10^3	10^1	10^0	10^{-1}
拉伸强度/GPa	3.3	3.3	3.3	3.0	2.8	2.8
拉伸模量/GPa	170	170	170	170	180	180
断裂延伸率/%	1.9	1.9	1.9	1.8	1.6	1.6
密度/(g/cm³)	2.29	2.35	2.35	2.40	2.43	2.43

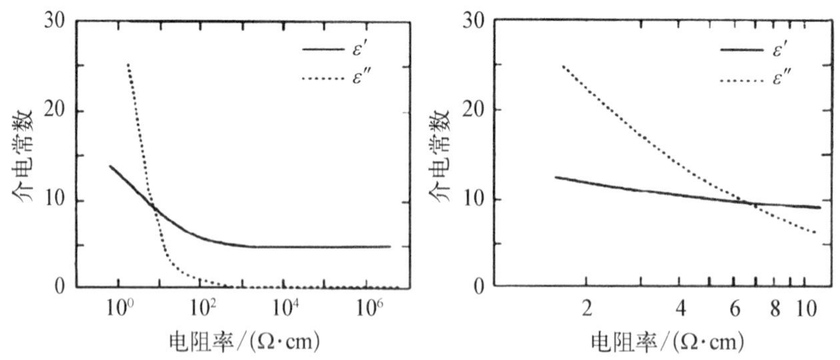

图2.5　半导体级Tyranno碳化硅增强环氧复合材料介电常数(10 GHz)

除电性能外,碳化硅纤维还具有优异的力学性能,与碳纤维相比,碳化硅纤维最大的优势在于其在高温富氧环境下具有更高的强度保留率,更适合在长时高温富氧环境下应用，国产 KD-1、KD-2 以及日本 Hi-Nicalon 型碳化硅纤维不同温度高温空气处理的强度保留率见图 2.6（热处理 1 h）。

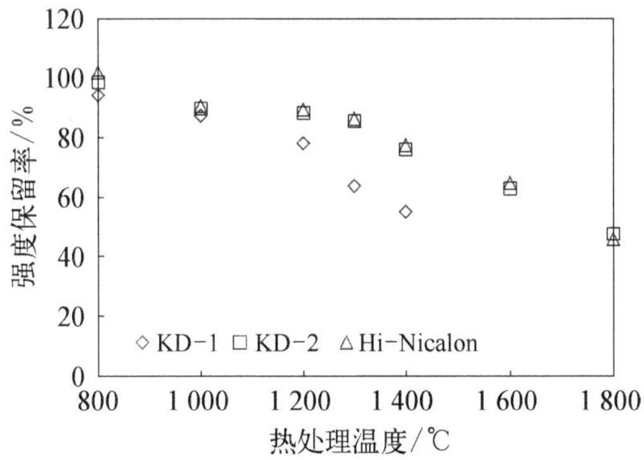

图 2.6　碳化硅纤维高温热处理强度保留率

碳化硅纤维宽广的电性能调控范围，优异的热、力、抗氧化性能，使之成为高温吸波结构材料承载功能相的理想增强纤维之一，同时根据选用的碳化硅纤维电性能的不同，也可以同时充当吸波功能相，因此碳化硅纤维已经成为高温吸波结构材料的重要研究对象。

4）铝硅酸盐纤维

铝硅酸盐纤维是主要成分含有 Al、Si、O 元素的一类纤维的统称，目前主要商品化铝硅酸盐纤维成分与性能参数见表 2.7[23,24]。铝硅酸盐纤维具有高强高

表 2.7　不同牌号铝硅酸盐纤维性能

性　能	3M Nextel 440	3M Nextel 720	3M Nextel 610	Sumitomo Altex	Nitivy ALF
组成/wt%	Al_2O_3: 70 SiO_2: 28 B_2O_3: 2	Al_2O_3: 85 SiO_2: 15	Al_2O_3: >99	Al_2O_3: 85 SiO_2: 15	Al_2O_3: 72 SiO_2: 28
晶相	Mullite+γ-Al_2O_3+a-SiO_2	Mullite+α-Al_2O_3	α-Al_2O_3	Mullite+α-Al_2O_3	γ-Al_2O_3+a-SiO_2
直径/μm	10~12	10~12	10~12	10~15	7
拉伸强度/MPa	2 000	2 100	3 100	1 800	2 000
拉伸模量/GPa	190	260	380	210	170
密度/(g/cm^3)	3.05	3.40	3.90	3.30	2.90
介电常数@9.375	5.7	5.8	9.0	—	—
损耗正切@9.375	0.015	—	—	—	—
TEC/(ppm/℃)	5.3	6.0	8.0	—	—

模特性，根据组成结构的不同，不同牌号纤维的耐温能力有一定差异。一般而言，纤维中氧化铝的含量越高，纤维的耐温能力越强。例如，3M Nextel 440 纤维的长时使用温度约为 1 000℃，3M Nextel 720 与 Nextel 610 纤维的长时使用温度为 1 200～1 400℃。不同牌号铝硅酸盐纤维高温长时处理后强度保留率见图 2.7、2.8[24]。铝硅酸盐纤维是目前氧化物/氧化物复合材料体系中最为重要的增强纤维，其与碳化硅纤维相比具有更好的高温抗氧化性能以及更低的成本，也是目前航空发动机以及热防护系统中陶瓷基复合材料体系中非常重要的增强纤维。

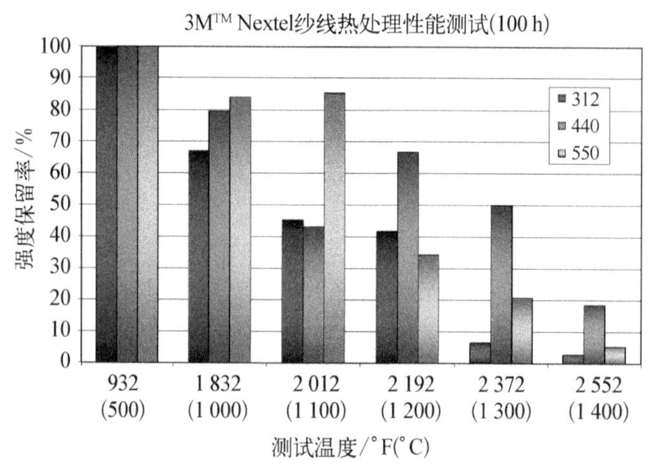

图 2.7　Nextel 312/440/550 纤维不同温度处理 100 h 后强度保留情况

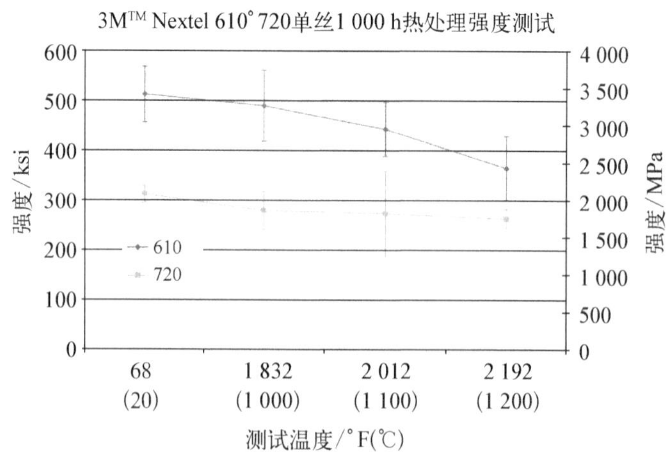

图 2.8　Nextel 610/720 纤维不同温度处理 1 000 h 后强度保留情况

铝硅酸盐纤维以其优异的耐高温、抗氧化、高强高模特性，成为高温吸波结构材料承载功能相重要的增强纤维。在电性能方面，铝硅酸盐纤维与石英纤维类似，具有低损耗特性，在高温吸波结构材料中主要充当增强功能，材料的吸波功能需要通过其他组分实现。

通过以上分析，对目前主要商品化陶瓷纤维在高温吸波结构材料中的适用性以及功能性进行小结(表 2.8)：碳化硅与铝硅酸盐纤维适用于高温吸波结构材料中；石英纤维由于耐温以及力学性能问题可在较为温和的环境下应用；连续碳纤维可用于高温吸波结构材料的反射背衬，而短切碳纤维则可用于吸波功能相。除性能因素外，在成本方面，石英纤维与碳纤维价格相对较低，铝硅酸盐纤维价格适中，碳化硅纤维成本则相对较高。

表 2.8　主要陶瓷纤维在高温吸波结构材料适用性与功能性

纤维类型	耐 温 性	抗氧化性	力学性能	功 能 性	适用程度
石英	≤800℃	优	中	增强	中
碳	≥2 000℃	差	优	反射背衬(连续) 吸收剂(短切)	部分适用
碳化硅	1 000~1 600℃	良	良	增强/吸波	优
铝硅酸盐	1 000~1 400℃	优	良	增强	优

2. 陶瓷基体

陶瓷基体在 CMC 中主要起到传递载荷的作用，同时也决定着复合材料的耐温、力学、电性能等理化特性。目前 CMC 主要的基体材料包括 LAS、CAS、BAS、MAS 等玻璃陶瓷，石英、氧化铝、莫来石等氧化物陶瓷，碳化硅、氮化硅等非氧化物陶瓷，以上材料相关性能见表 2.9[19,25,26]。

表 2.9　陶瓷基体材料性能

材料种类	密度 /(g/cm^3)	弹性模量 /GPa	膨胀系数 /(10^{-6} K^{-1})	熔点 /℃	介电常数	电阻率(室温) /(Ω · cm)
石英	2.20	≈70	0.55	1 750	≈3.8	10^{17}
LAS	2.45	≈86	−0.9	1 150	≈7.0	$>10^{13}$
BAS	3.39	≈100	2.3	1 760	≈6.7	$>10^{13}$
MAS	2.45	≈110	2~3	1 200	≈4.8	$>10^{13}$
氧化铝	3.99	≈410	8.3	2 050	≈9.3	10^{14}
莫来石	3.16	≈210	4.5	1 850	≈6.7	10^{13}

续表

材料种类	密度 /(g/cm^3)	弹性模量 /GPa	膨胀系数 /($10^{-6}\ K^{-1}$)	熔点 /℃	介电常数	电阻率(室温) /(Ω·cm)
碳化硅	3.20	≈300	3.2	2 690	范围较广	$10^{-5}\sim10^{13}$
氮化硅	3.25	≈450	4.0	1 900	≈5.6	10^{13}

LAS、MAS、BAS 等微晶玻璃基体材料具有耐高温、抗氧化、热膨胀系数小且可调等优点，由于易烧结，在 CMC 的发展初期研究较多，开发出了 C/SiO_2、C/BAS、SiC/LAS 等代表性的材料体系[19,27]，但随着研究工作的深入，发现玻璃陶瓷基复合材料存在以下问题：① 玻璃熔点低、高温力学性能差、抗蠕变性能差，制备的复合材料综合性能偏低；② 玻璃基体在高温条件下容易与增强纤维发生界面反应，导致材料的脆性断裂；③ 玻璃陶瓷基复合材料一般需要采用热压-烧结工艺制备，制备复杂构件困难，给工程化应用带来一定困难。

氧化物陶瓷是目前 CMC 体系重要的基体材料之一[28-31]，其具有耐高温、抗氧化、力学性能好等优异特性。相对微晶玻璃，氧化物陶瓷具有更好的机械性能以及更优异的耐温性。相对非氧化物陶瓷，氧化物陶瓷具有更好的抗氧化与低成本特性。以上优点使氧化物陶瓷成为高温吸波结构材料承载功能相重要的备选基体材料。但从表 2.9 可以发现，氧化物陶瓷一般具有低介电特性，不具备吸波功能，材料的吸波功能需要其他组分实现。

以碳化硅为代表的非氧化物陶瓷是目前 CMC 重要的基体材料，其具有耐高温、高力学性能、抗蠕变等优异性能。非氧化陶瓷相对微晶玻璃以及氧化物陶瓷具有更好的力学性能以及耐温性，但高温氧化以及高成本是其存在的主要问题。此外，相对玻璃以及氧化物陶瓷，以碳化硅为代表的非氧化陶瓷是较好的半导体材料，根据掺杂元素的成分与含量的不同，电性能可以在较宽的范围内调控。因此，以碳化硅为代表的非氧化陶瓷是高温吸波结构材料理想的基体备选材料，除了可以赋予高温吸波结构材料优异的热、力性能外，还可利用其优异的电性能赋予材料较好的吸波功能[21,32]。

综上，从材料特性角度分析，可用于高温吸波结构材料承载功能相的基体材料种类众多。根据电性能的不同，基体材料可仅充当传递载荷的功能，也可具有承载与吸波双重功能。同时需要注意的是，基体材料的选取需要考虑诸多因素，其应该与纤维具有较好的理化相容性，同时还要考虑材料的使用工况、成本等因素。针对高温吸波结构材料热、力、电综合性能要求，结合承载功能相材料体系特性,可以确定碳化硅纤维增强碳化硅(SiC/SiC)复合材料和氧化物纤维增强氧化物(Oxide/Oxide)复合材料是目前较理想的高温吸波结构材料承载功能相材料体系,本章 2.2 和 2.3 两节将重点针对这两种材料体系展开讨论。

3. 界面相

1) 界面相功能

界面相是 CMC 中三个重要组分之一,与纤维和基体具有同等重要地位,其决定着 CMC 的断裂行为[1]。

在 CMC 断裂过程,裂纹的传输路径会发生两种竞争效应(图 2.9)[33]: ① 裂纹贯穿纤维,诱发复合材料的脆性断裂;② 裂纹在界面处发生偏转并良性扩展,诱发纤维桥联和纤维拔出等增韧机制,复合材料发生韧性断裂。这两种竞争效应由复合材料的界面结合强度决定[34-39]。对于强结合界面,裂纹扩展到界面区域时,界面无法发生解离,裂纹将贯穿纤维,纤维在裂纹的传输路径中逐根发生断裂,纤维的强韧化作用无法发挥,复合材料将发生脆性断裂(图 2.10a)。对于弱结合界面,裂纹较容易在界面发生偏转,并呈现单一长裂纹破坏模式,此时复合材料呈现出较高韧性,但界面载荷传递能力弱,复合材料强度偏低,应力/应变曲线呈现出典型的平台期(图 2.10b)。结合强度适中的界面使复合材料具备高强高韧特性(图 2.10c)。一方面载荷可以在纤维与基体间有效传递,保证其强度特性;另一方面界面可以在裂纹尖端应力的诱导下发生解离,裂纹偏转,使更多的纤维同时承受载荷,并通过纤维桥联以及拔出等增韧机制使复合材料具有高韧性。

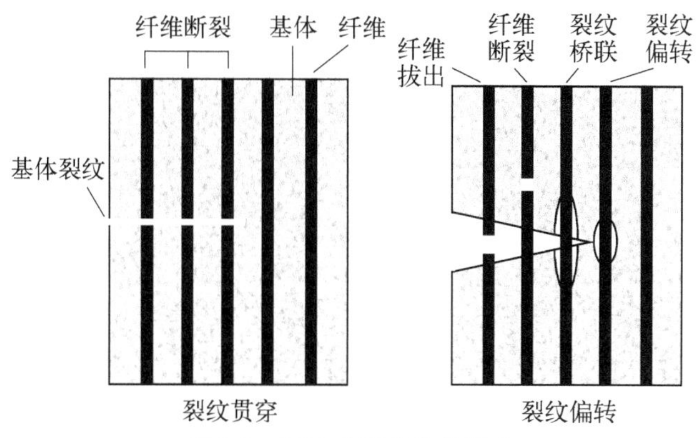

图 2.9　CMC 中裂纹传输模式

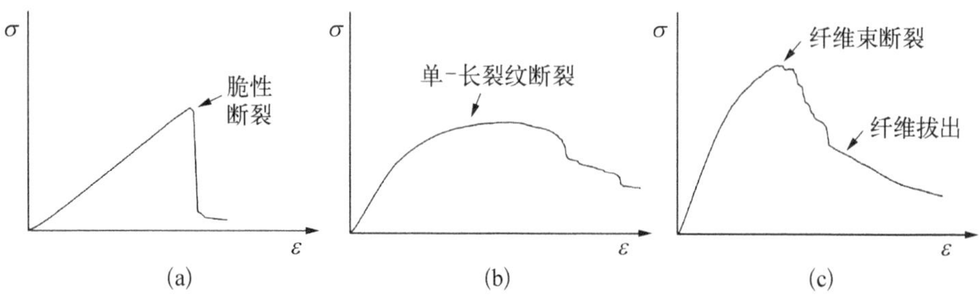

图 2.10　不同界面结合强度复合材料应力/应变曲线

通过以上分析,界面特性决定着陶瓷基复合材料的力学性能,界面必须满足以下条件才可能使复合材料具有较好的力学性能[1]:

① 界面相要能有效阻止纤维与基体的化学反应,并与纤维和基体具有较好的理化相容性;

② 界面要能确保纤维与基体间的结合,从而有效传递载荷;

③ 界面要能在基体裂纹应力破坏纤维前诱导裂纹发生偏转,从而保护纤维;

④ 界面相要具有较好的稳定性,不受外界环境侵蚀并起到保护纤维的作用。

除以上要求外,连续纤维增强陶瓷基吸波结构材料对界面相的电性能也有特殊要求,不能选用高导电性界面相材料,防止造成电磁波的强反射。

2)界面相类型

CMC 界面相经过几十年的发展,种类繁多,分类方法各异。从制备工艺角度可分为化学气相沉积、液相法、原位合成等。目前常用的分类方法是从裂纹传播路径角度将界面相分为四类[40]:弱界面、层状晶界面相、$(X-Y)_n$复合界面相和多孔界面相。图 2.11 列出了不同类型界面相的结构示意图以及裂纹传播路径实例,其中图 2.11a、e 为弱界面,b、f 为层状晶界面相,c、g 为复合界面相,d、h 为多孔界面相[41-44]。

(1)弱界面

弱界面主要是指界面相与纤维结合强度较低的一类界面,也可以指未专门制备界面相的情况下,纤维与基体结合强度较低的界面。对于制备了界面相的弱界面情况,大量的计算以及实验研究工作证实,裂纹一般在界面相与纤维间发生偏转,极少出现在基体与界面相间偏转的情况[45,46]。弱界面复合材料主要呈现单一长裂纹破坏模式。复合材料具有较高的韧性,但由于弱界面载荷传递能

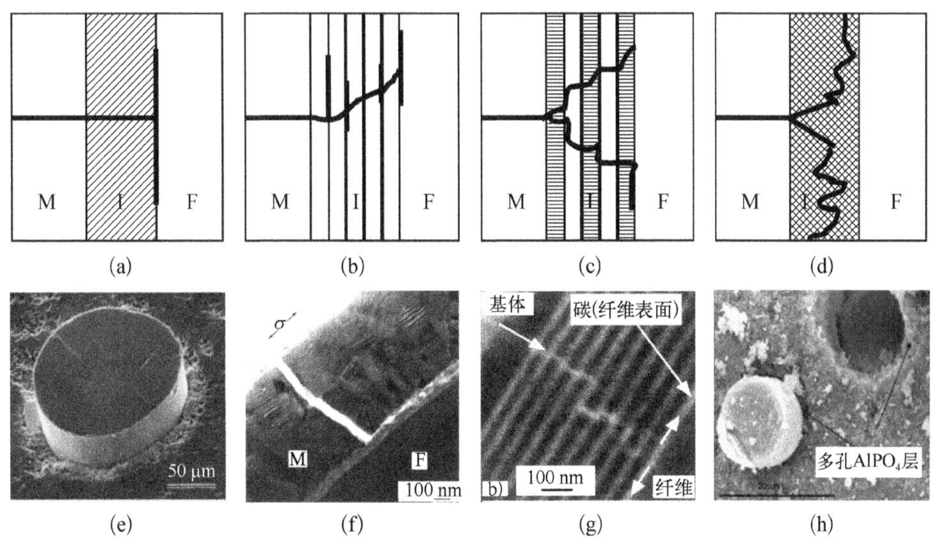

图 2.11　纤维增强陶瓷基复合材料的界面相类型以及裂纹扩展模式

力不足,其强度一般不高。

弱界面形成的原因较多,纤维与界面相间的热失配、纤维表面的低粗糙度等因素均有可能造成弱界面的形成。例如,同样是 BN 界面相,对于纤维表面粗糙度较低或界面残余拉应力较大的情况,容易形成弱界面,裂纹在界面相与纤维之间发生偏转;而对于经过预处理后纤维表面粗糙度较高的情况,则容易形成层状晶界面相,裂纹将主要在层状晶界面相内部偏转,此时复合材料具有高强高韧的特点[47]。在没有特别要求的情况下,弱界面在 CMC 中要尽量避免。

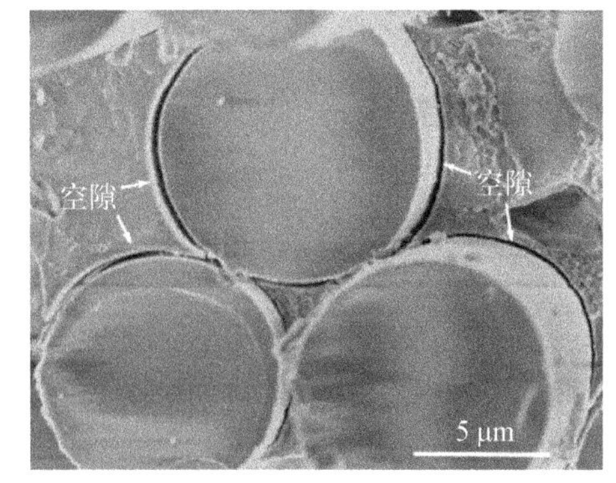

图 2.12　牺牲碳弱界面裂纹传播路径

在氧化物纤维增强氧化物复合材料体系中有一种牺牲碳界面相,它也属于弱界面类型,主要的制备方法是首先在复合材料中制备碳界面相,然后在高温条件下将碳界面相氧化,并在纤维与基体间形成空隙,从而在复合材料中形成弱界面,使裂纹可以在空隙位置偏转(图 2.12)[48,49]。

(2) 层状晶界面相

层状晶界面相在复合材料中能够充分发挥作用需要满足两个条件:一是界

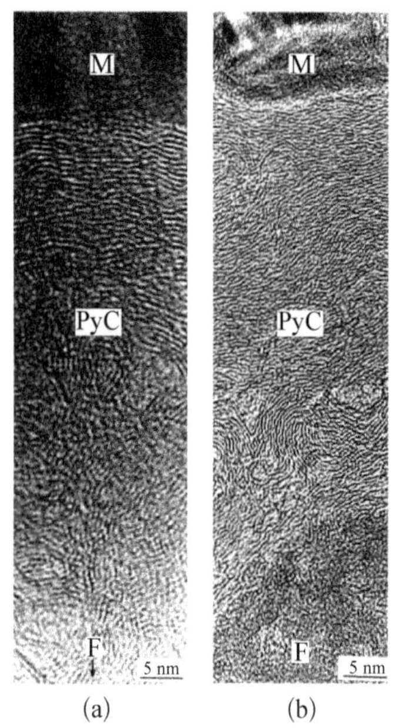

图 2.13　C/SiC(a)、SiC/SiBC(b)复合材料裂解碳界面相微观结构

面相与纤维要有较高的结合强度,避免形成弱界面;二是层状晶界面相要有一定取向,与纤维轴向平行取向为佳(图 2.13)[42]。在满足以上两个条件的前提下,当裂纹扩展到界面相内部时,由于层状晶界面相较低的层间剪切强度可诱导裂纹在层状晶内部发生偏转[50]。层状晶界面相是目前改善复合材料力学性能最为有效的一类界面相,已经获得大量应用[51-63]。现阶段应用最多的界面相材料是裂解碳和氮化硼,但其高温氧化导致的复合材料性能退化是目前需要重点解决的问题[39]。

(3) 复合界面相

复合界面相是由多层不同材料组成的(X—Y)$_n$结构形式的界面相,其优点是界面相各亚层的成分、厚度以及层数等参数可调,可设计性较强。复合界面相常用的体系是(PyC—SiC)$_n$ 和(BN—SiC)$_n$(图 2.14)[64],其发展初衷是为了解决裂解碳和氮化硼界面相的高温氧化问题,利用碳化硅较好的抗氧化性能为裂解碳以及氮化硼提供有效的保护,从而缓解其高温氧化导致的复合材料力学性能退化问题。对于复合界面相,根据制备工艺以及热残余应力状态的不同,裂纹的偏转路径有所差异:对于各亚层结合较强的界面相,裂纹主要在层状晶亚层内部偏转;而对于各亚层结合较弱的界面相,裂纹将主要在各亚层间偏转。复合界面相综合性能优异,既可以有效提高复合材

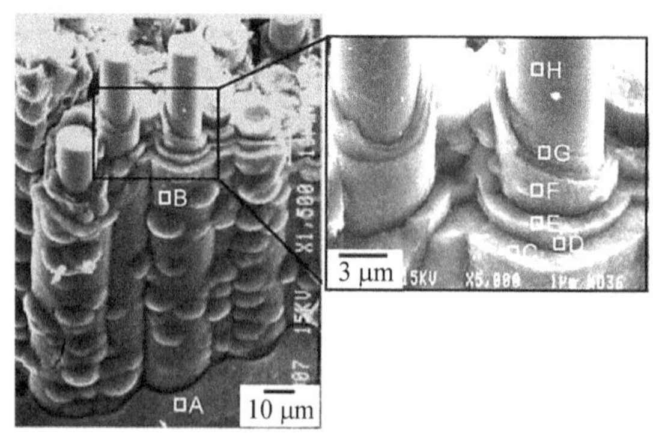

图 2.14　SiC/SiC 复合材料中复合界面相微观结构

料力学性能,也可以提高界面相的高温抗氧化能力,但复合界面相制备工艺复杂,参数难以精确控制[65-69]。

(4) 多孔界面相

多孔界面相是利用多孔材料的低强度特性诱导裂纹在多孔界面相内部发生分支以及偏转,从而起到改善复合材料力学性能的作用,主要的材料体系为氧化铝、氧化锆和 YAG 等多孔氧化物陶瓷[44,70-72]。由于多孔界面相可以为氧气、水汽等提供扩散通道,对纤维的保护作用有限,因此多孔界面相一般应用于 Oxide/Oxide 复合材料体系,在易氧化的非氧化物纤维增强陶瓷基复合材料中应用较少。同时应该注意的是,多孔界面相在高温、长时条件易发生烧结,造成孔隙率下降,强度升高,诱导裂纹偏转能力下降。因此多孔界面相需要选用高温结构稳定、不易烧结的材料体系,尤其是在高温长时使用工况。

涉及高温吸波结构材料,界面相的选取还要考虑电性能约束条件,特别要注意高导电界面相(例如碳)对电磁波的强反射作用[73-75]。高温吸波结构材料的界面相材料一般需选用低介电材料,如 BN 等[21,76]。本节后续内容将主要针对作为高温吸波结构材料重要备选体系的 SiC/SiC 和 Oxide/Oxide 复合材料的界面相进行讨论。

3) SiC/SiC 复合材料界面相

界面相对 SiC/SiC 复合材料力学性能具有重要影响,如未制备界面相的 Nicalon-SiC/SiC 复合材料弯曲强度仅有 85 MPa,而制备碳界面相后弯曲强度可提高到 420 MPa[77]。此外,界面相对 SiC/SiC 复合材料的介电性能也有显著影响,如含 C/SiC 双层界面相的 SiC/SiC 复合材料的介电常数相对未制备界面相的复合材料具有数量级的上升(图 2.15)[73]。本部分将从力、电性能角度对应用于高温吸波结构材料的 SiC/SiC 复合材料的界面相展开讨论。

(1) 裂解碳界面相

SiC/SiC 热结构复合材料中应用较多和成熟的是裂解碳界面相,利用其层状晶结构特性可以有效地改善 SiC/SiC 复合材料的力学性能。但正如前文中所述,裂解碳界面相的高导电性不适合应用于高温吸波结构材料中。

(2) 氮化硼界面相

BN 具有类石墨的层状晶结构,是 SiC/SiC 复合材料体系较理想的界面相材料,并且相对于碳界面相,BN 的抗氧化性更好。同时,由于 BN 的电子为满壳层结构,无自由电子,是良好的绝缘体,具有较低的介电常数,对 SiC/SiC 复合材料介电常数影响较小(图 2.16)[76],比较适合应用于 SiC/SiC 高温吸波结构材料中。

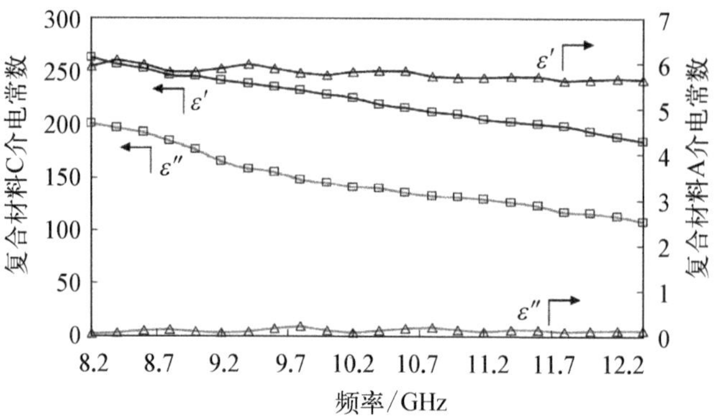

图 2.15 界面相对 SiC/SiC 复合材料介电性能影响(复合材料 A：无界面相；复合材料 C：CVD-C/SiC 界面相)

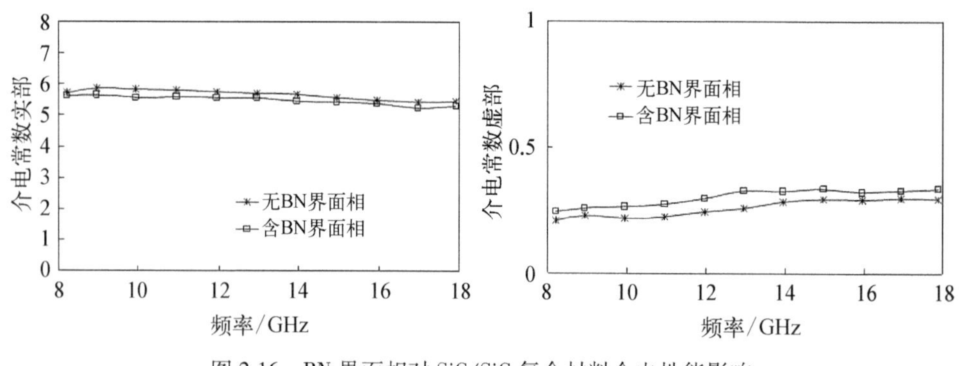

图 2.16 BN 界面相对 SiC/SiC 复合材料介电性能影响

BN 界面相的制备方法主要有气相法和液相法。气相法一般以 BCl_3或 BF_3为硼源，以 NH_3为氮源制备 BN，但由于 BCl_3、BF_3活性较高，易被氧化，故制备的 BN 氧含量一般较高[78]。此外，近期发展了采用单源，例如氨硼烷或环硼氮烷等为先驱体的气相沉积方法[79-81]。液相法常以 BN 的有机化合物为先驱体，将之涂覆于纤维表面后在相应气氛中交联-裂解即可在复合材料中制成 BN 界面相。另外，近期也发展了一种以硼酸和尿素为先驱体的较为简单的 BN 界面相的制备方法[82,83]。将硼酸和尿素按一定比例溶解在水和乙醇或甲醇的溶液中，然后浸涂纤维，在 N_2或 NH_3气氛中热处理即可在纤维表面制成 BN 涂层。文献报道的 BN 界面相在 SiC/SiC 复合材料中的应用情况以及复合材料力学性能见表 2.10。

表 2.10　BN 界面相在 SiC/SiC 复合材料中应用情况

材料体系组成	材料制备工艺	界面相厚度/μm	材料力学性能/MPa	参考文献
2D-Nicalon SiC/SiC	CVI	0.5	220 (TS)	47
2D-Hi-Nicalon SiC/SiC	CVI	0.4	563 (FS)	84
2D-Hi-Nicalon SiC/SiC	PIP	0.4	450 (FS) 280 (TS)	85
2D-Hi-Nicalon SiC/SiC	PIP	0.4	226 (TS)	53
2D-Hi-Nicalon SiC/SiC	HP	0.4	240 (FS)	60, 61
2D-Hi-Nicalon SiC/SiC	RS	—	460 (FS)	62
2D SYLRAMIC SiC/SiC	PIP	—	360 (TS)	63

TS: 拉伸强度;FS: 弯曲强度。

(3) 复合界面相

复合界面相的发展初衷是为了解决裂解碳或氮化硼界面相的高温氧化问题,目前发展较为成熟的是$(C—SiC)_n$体系[65,84],但此体系由于裂解碳界面相亚层的存在,不适合用于高温吸波结构材料中。此外,发展了 BN/SiC 复合界面相体系[66],SiC 界面相较好的抗氧化性能可以有效延缓 BN 界面相的氧化,同时该界面相具有合适的介电性能,适合应用于高温吸波结构材料中。

(4) 氧化物界面相

长期以来,氧化物界面相被认为不适合在 SiC/SiC 复合材料中应用,主要原因是除 Hi-Nicalon Type S 等少数高品级 SiC 纤维外,纤维均含一定量的自由碳,在高温下易与氧化物界面相发生碳热还原反应,造成纤维强度降级,并易形成强的界面结合[85,86]。随着低自由碳含量 SiC 纤维的研制成功以及氧化物界面相研究的深入,已有 SiO_2、MgO-SiO_2、莫来石、氧化物稳定的氧化锆等氧化物界面相展现出较好的性能[70,71,87-89]。氧化物界面相具有优异的抗氧化性能,可以有效解决裂解碳以及氮化硼界面相氧化带来的复合材料力学性能退化问题。氧化物界面相改善复合材料力学性能主要包括两种机制:一种是通过氧化物界面相与纤维间形成弱界面;另一种是界面相在裂纹应力诱导下发生相变,相变过程使界面相分层,诱使裂纹发生偏转(例如 ZrO_2界面相)。

SiO_2、MgO-SiO_2、莫来石等氧化物的介电常数较低,可以作为 SiC/SiC 高温吸波结构材料的备选界面相使用。高氧、高游离碳含量的碳化硅纤维并不适用这类界面,因为此类纤维易与氧化物界面相发生化学反应,造成纤维强度降级以及强的界面结合。

4) Oxide/Oxide 复合材料界面相

Oxide/Oxide 复合材料比 SiC/SiC 复合材料的界面种类多,主要原因在于

Oxide/Oxide 复合材料的抗氧化性能优异，因此无论是基体还是界面相均可制成多孔形态，利用多孔材料低强度特性诱导裂纹发生偏转从而发挥纤维的强韧化作用。Oxide/Oxide 复合材料的界面主要可以分为两种：一种是多孔基体材料形成的弱界面；另一种是致密基体的界面相。

（1）多孔基体形成的弱界面

在 Oxide/Oxide 复合材料中，多孔基体可以形成弱界面，裂纹的偏转机制可以用 He-Hutchinson（H-H）模型解释[90-92]。根据 H-H 模型，复合材料中基体裂纹在界面发生偏转需满足如下条件：

$$\frac{\Gamma_i}{\Gamma_f} < \frac{G_d}{G_p} \tag{2.2}$$

式中，Γ 为韧性，下标 i 和 f 分别代表界面和纤维；G 为能量释放速率，下标 d 和 p 分别代表裂纹偏转和贯穿。其中能量释放速率之比可以表征为

$$\frac{G_d}{G_p} = \frac{1}{4(1-\alpha)^{0.9}} \tag{2.3}$$

式中，α 为弹性失配系数，可以表征为

$$\alpha = \frac{\bar{E}_f - \bar{E}_m}{\bar{E}_f + \bar{E}_m} \tag{2.4}$$

式中，$\bar{E}$ 为平面应变模量，与材料的弹性模量（E）和泊松比（ν）相关

$$\bar{E} = \frac{E}{1-\nu^2} \tag{2.5}$$

由于陶瓷的泊松比较小，因而 $\bar{E} \approx E$。

根据以上分析，只要知道纤维和基体的模量，即可由式（2.3）和式（2.4）计算得到能量释放速率之比。根据以上公式得到裂纹偏转准则见图 2.17，其中图示中曲线右下区域为裂纹偏转区，左上区域为裂纹贯穿区。对于多孔陶瓷基体，其模量较低，因此弹性失配系数较大，更容易落入裂纹偏转区，此时裂纹将在基体与纤维界面偏转，形成弱界面。

目前在 Oxide/Oxide 复合材料体系中，由于多孔基体复合材料制备工艺简单、成本低、性能优良，占据非常大的比例[93-97]。美国 COI Ceramics 公司以及德国 DLR 研发的 Oxide/Oxide 复合材料均属于此类，详细性能将在 2.3 节中讨

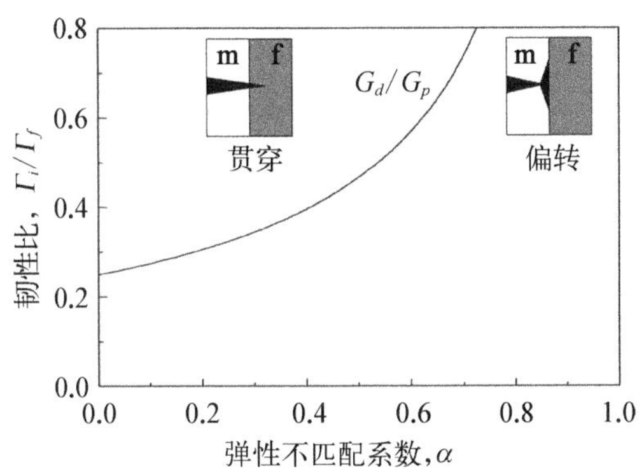

图 2.17　基于 He—Hutchinson 模型的裂纹偏转/贯穿条件示意图

论。但此类复合材料由于多孔基体也带来一些问题：① 多孔基体在高温长时服役条件下容易发生烧结，导致基体模量升高，弹性失配系数变小，复合材料发生脆性断裂的风险增加[98]；② 多孔基体也会带来复合材料的吸潮、气密性等问题。

（2）致密基体界面相

Oxide/Oxide 复合材料致密基体的界面相类型与 SiC/SiC 复合材料的界面类似，同时考虑高温吸波结构材料电性能需要，高导电性的界面相（例如碳）需要避免。目前主要的界面相类型包括具有层状晶结构的 BN 界面相、BN/SiC 复合界面相。此外，由于 Oxide/Oxide 复合材料具有较好的抗氧化性能，发展了在 SiC/SiC 复合材料中很少使用的多孔氧化物以及牺牲碳（孔隙）界面相。各类界面相的裂纹偏转机制与前文所述相同，此处不再赘述。含不同类型界面相的 Oxide/Oxide 复合材料性能见表 2.11。

表 2.11　Oxide/Oxide 复合材料界面相应用情况

	界 面 相		力学性能/MPa	参考文献
	组　成	制备工艺		
2D-N480/Mullite*	None BN	— CVD	104 (FS, RT) 322 (FS, RT)	99
2D-N550/Mullite	BN/SiC	CVD	182 (FS, RT)	100
2D-N720/Mullite	$NdPO_4$	EPD	279 (FS, RT) 266 (FS, 1 300℃) 142 (TS, RT)	101

续表

	界面相		力学性能/MPa	参考文献
	组　成	制备工艺		
2D-N720/Mullite	ZrO_2	EPD	266 (FS, RT) 232 (FS, 1 300℃) 136 (TS, RT)	101
2D-N610/Al_2O_3	None ZrO_2	— PIP	90 (FS, RT) 150 (FS, RT)	101
2D-N610/Al_2O_3	None $LaPO_4$	— Sol-Gel	45 (TS, 1 200℃—5 h) 198 (TS, 1 200℃—5 h)	103
2D-N720/Mullite	Porous $AlPO_4$	EPD	175 (FS, RT) 160 (FS, 1 300℃—100 h)	44
1D-N610/Al_2O_3	Porous YAG	PIP	1 100 (TS, RT) 800 (TS, 1 200℃—2 h)	72
1D-N720/Blackglas	None Porous ZrO_2-SiO_2	— PIP	265 (TS, RT) 365 (TS, RT)	39

* N480：Nextel 480；CVD：化学气相沉积；EPD：电泳沉积；FS：弯曲强度；TS：拉伸强度；RT：室温。

2.1.2　吸波功能相

高温吸波结构材料的吸波功能主要依靠吸波功能相来实现。根据承载功能相采取材料方案的不同，吸波功能相既可以由承载功能相承担(纤维或基体)，也可以通过添加吸收剂来实现。对于承载功能相同时充当吸波功能相的情况在前文中已经讨论，本部分重点对添加型吸波功能相进行讨论。添加型吸波功能相也称为高温吸收剂，其需要具备耐高温、抗氧化、电性能优异等特性，同时考虑高温吸波结构材料成型需要，还需具备易分散、低密度等特性。

铁磁性吸收剂(Fe、Co、Ni 及其合金)在常温吸波材料中应用广泛，其具有电磁损耗大、电磁参数频散特性好等优点，相比电损耗吸收剂更容易实现宽频吸波功能[104-113]。但是铁磁性吸收剂在高温下的退磁问题严重限制了其使用温度，并且高温抗氧化性能较差，导致铁磁性吸收剂难以应用于高温吸波结构材料中。

目前应用于高温吸波结构材料中的高温吸收剂主要是电损耗型，包括金属微粉、碳材料(炭黑、石墨、碳纳米管等)、短切 C 纤维、SiC 纤维(连续或短切方式)、掺杂 SiC、导电陶瓷(碳化物陶瓷、硼化物陶瓷等)、先驱体转化工艺制备的非氧化物陶瓷等。以上电损耗吸收剂主要可以分为三类：高导电吸收剂、半导体吸收剂以及与以上两种粉体吸收剂电磁特性有显著差异的纤维类吸收剂。考虑到已有大量文献详细介绍了以上高温吸收剂，本书仅重点针对几种不同类型吸收剂特点进行简要总结。

1）高导电性吸收剂

高导电吸收剂主要包括金属、碳材料以及导电陶瓷[114-127]。金属类高温吸收剂主要包括 Nb、Ti、NiCrAlY、FeCrAl 等耐高温且具有一定抗氧化能力的粉体材料，其具有成本低以及原料易于获取等优势，但同时也具有密度高、难分散等不足。因此，金属类吸收剂目前主要应用于高温吸波涂层材料中，在高温吸波结构材料中应用较少。石墨、炭黑等碳材料吸收剂通过成分与粒径的调控，电阻率可在一定范围内分布，是目前应用较为广泛的电损耗吸收剂。但碳材料吸收剂介电常数的频散特性较差，需要采用多层阻抗匹配方案才能达到宽频吸波的目的。碳材料吸收剂应用于高温吸波结构材料的难点是如何解决其高温氧化以及均匀分散问题。为克服金属吸收剂密度较大以及碳材料吸收剂抗氧化性能差的问题，研究人员开发了 TiB_2、Ti_3SiC_2、TiC 等碳化物或硼化物导电陶瓷高温吸收剂，但此类吸收剂在高温条件下仍然会发生一定氧化，特别是对于粒径较小的粉体吸收剂问题更为严重。

高导电吸收剂存在的共性问题是电性能可调控性不佳。以高导电物质为填料的材料电性能存在逾渗现象[128,129]，即导体填料含量达到某个临界值时，电性能将会发生几个数量级的突变，而这个突变区间常常会覆盖吸波材料电性能所需要的范围，导致电性能调控困难。

2）半导体吸收剂

半导体吸收剂主要包括掺杂碳化硅（掺杂 N、Al、B 等）、先驱体转化工艺制备的富碳非氧化物陶瓷[130-156]。此类吸收剂具有耐高温、抗氧化、低密度、电性能范围广等优点，是目前高温吸波结构材料最为重要的吸波功能相之一。半导体吸收剂相对高导电吸收剂，其电性能的逾渗现象不显著，因此电性能更容易调控。

3）纤维类吸收剂

纤维类吸收剂主要包括碳纤维和碳化硅纤维[157-175]，根据纤维电性能的不同，可采用连续或短切方式应用于高温吸波结构材料中。由于商品化碳纤维的导电性较好，以连续方式应用时是电磁波的强反射体，因此主要采用短切方式作为吸波功能相使用。与高导电性吸收剂主要通过电导损耗吸收电磁波不同，不同长度短切碳纤维会对不同波长电磁波产生谐振效应从而有效损耗电磁能量，因此可以通过短切纤维长度与含量的调控实现不同频域的高损耗，从而实现宽频吸波功能[176-178]。与其他碳材料吸收剂类似,短切碳纤维同样需要解决高温氧化问题,同时短切碳纤维的均匀分散也是需要解决的工艺问题。

对于碳化硅纤维,由于其电性能可在较大范围内调控,因此作为吸波功能相的应用方式较为灵活。对于高导电性碳化硅纤维(电阻率低于 10^{-1} Ω · cm),可采用短切方式,同时由于碳化硅纤维较好的抗氧化能力,可以避免短切碳纤维吸收剂的高温氧化问题;对于电性能适中的碳化硅纤维,可采用连续方式应用于高温吸波结构材料中,此时纤维可具备承载与吸波双重功能。

2.2 SiC/SiC 复合材料特性及其制备方法

SiC/SiC 复合材料是高温吸波结构材料重要的备选材料体系,目前已有大量文献以及专著对应用于热结构的 SiC/SiC 复合材料的性能、制备方法进行了讨论,类似内容不再赘述。本书从碳化硅纤维的电性能和制备工艺对 SiC/SiC 复合材料电性能影响两个方面展开讨论。

2.2.1 碳化硅纤维电性能

碳化硅纤维是 SiC/SiC 复合材料的重要组成部分,其电性能对复合材料的电性能具有重要影响。本节首先介绍碳化硅纤维的制备工艺流程,并针对碳化硅纤维微观结构特点总结典型结构碳化硅纤维的导电模型,最后讨论碳化硅纤维各工艺流程对其电性能影响。

1. 碳化硅纤维的制备工艺流程

碳化硅纤维从制备工艺角度主要分为化学气相沉积和先驱体转化两种类型,化学气相沉积工艺制备的碳化硅纤维存在直径大、成本高等问题,目前应用较少[179,180]。本节重点对应用较为广泛的先驱体转化工艺制备的碳化硅纤维进行讨论。

先驱体转化工艺制备碳化硅纤维是 20 世纪 70 年代日本 Yajima 教授所发明[181-183],制备工艺流程见图 2.18,主要包括四个步骤:

① 有机先驱体合成。目前碳化硅纤维采用的先驱体主要是聚碳硅烷(PCS,分子结构式见图 2.19)。PCS 是类似于松香一样的固态有机物,具有可熔特性,其主链含有 Si—C 键,典型结构式为 $SiC_{1.77}H_{3.7}O_{0.03}$,在高温裂解后可转化为碳化硅[182-184]。此外,根据 PCS 组成、结构以及分子量的不同也存在液态 PCS。

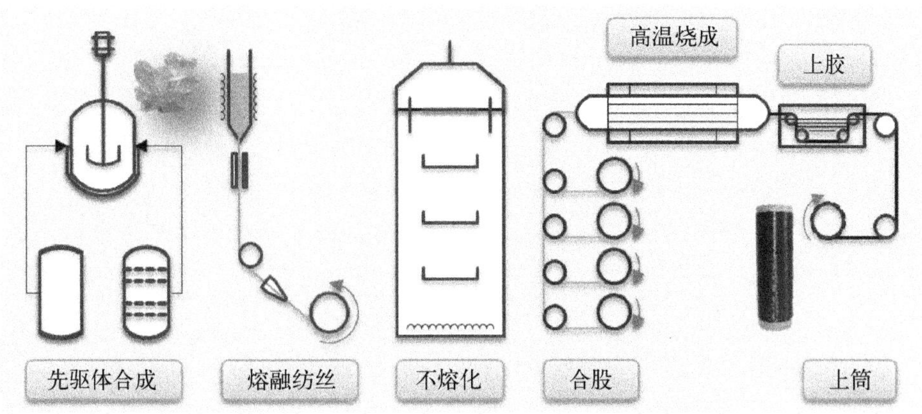

图 2.18　先驱体转化工艺制备碳化硅纤维工艺流程图

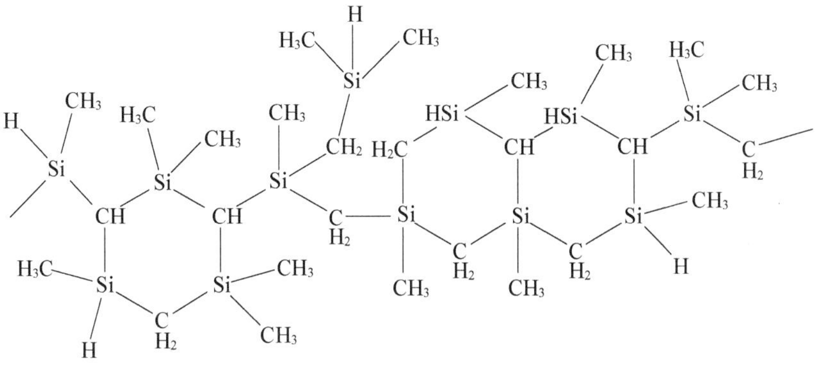

图 2.19　聚碳硅烷分子结构式

② 熔融纺丝。将 PCS 熔融纺成有机纤维，为保证制备的碳化硅纤维具有小直径特点（小直径纤维具有缺陷少、强度高、柔顺性好、易编织等优点），纺丝的直径为 10 μm 左右。

③ 不熔化处理。纺丝得到的有机纤维是低聚物，强度极低，无法直接烧成，并且纺丝得到的 PCS 纤维直接高温裂解会产生大量的挥发物，陶瓷产率低，导致烧成的纤维缺陷多、强度低，而且纺丝得到的 PCS 纤维在高温裂解过程中容易发生熔并现象而失去纤维形态。因此需要通过不熔化处理使 PCS 纤维中的分子交联为三维网络，从而提高有机纤维的强度和陶瓷产率，方便后续的纤维烧成[20]。

④ 高温烧成。在高温下使不熔化的 PCS 纤维发生无机化过程转化为碳化硅纤维，理想反应方程式见式(2.6)。

$$[\mathrm{MeHSiCH_2}]_n \xrightarrow{\triangle} n\mathrm{CH_4} + n\mathrm{H_2} + n\mathrm{SiC} \tag{2.6}$$

2. 碳化硅纤维的导电模型

根据先驱体转化工艺制备的碳化硅纤维微观结构的不同,其导电模型可以概括为两种:一种是“枣糕”结构,主要是高导电的游离碳相分散在低导电性的Si—O—C 相或半导体的 SiC 相中;另一种是“皮芯”结构,即纤维由于制备工艺的原因表面富有碳层,纤维由高导电的“皮”与低导电的“芯”构成。胡天娇对以上两种结构碳化硅纤维的导电模型进行了详细分析与讨论[185]。

对于“枣糕”类结构的碳化硅纤维,其主要由 Si—O—C、SiC 以及游离碳相构成,根据制备工艺的不同,各相的比例与结晶程度会有较大差异。其中,游离碳相的导电性明显高于其他两相,且有数量级的差异,因此该类结构碳化硅纤维的导电模型可简化为只包含高阻相和低阻相两种组分的二元复合结构(图 2.20)。对于此类二元复合结构,其导电行为一般符合逾渗模型,即材料内部高导电相的体积分数存在一个逾渗阈值。在逾渗阈值以下,材料内部的高导电相互相独立,随着高导电相体积含量的增加,电导率缓慢上升。当材料内部高导电相的体积分数超过逾渗阈值,则高导电相之间将以接触或隧穿的模式形成导电网络,电导率急剧升高,呈现出低阻特性。

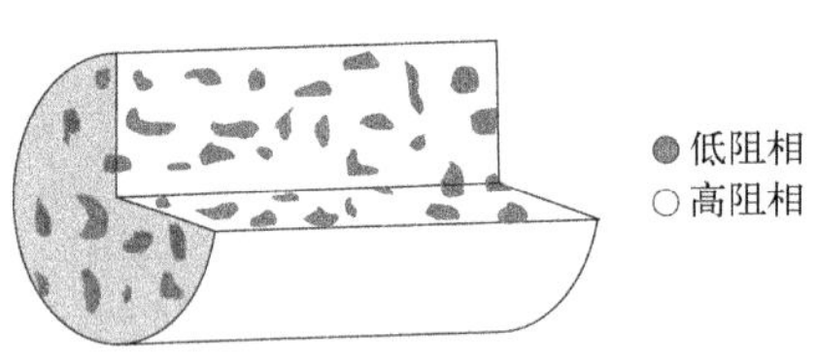

图 2.20　“枣糕”结构碳化硅纤维导电模型

上述导电行为可用综合有效媒介理论(general effective media theory, GEM)描述[129]。GEM 理论认为连续媒介从高阻到低阻的转化与其内部低阻相的体积分数 Φ 有关。对于由低阻相(l)和高阻相(h)组成的复合媒介来说,其宏观电导率 σ_m 满足式(2.7)。对于“枣糕”结构的碳化硅纤维,影响其电性能的决定性因素是纤维内部低阻相游离碳的含量。

$$\frac{(1-\Phi)(\sigma_{\mathrm{l}}^{1/t}-\sigma_{\mathrm{m}}^{1/t})}{\sigma_{\mathrm{l}}^{1/t}+A\sigma_{\mathrm{m}}^{1/t}}+\frac{\Phi(\sigma_{\mathrm{h}}^{1/t}-\sigma_{\mathrm{m}}^{1/t})}{\sigma_{\mathrm{h}}^{1/t}+A\sigma_{\mathrm{m}}^{1/t}}=0 \tag{2.7}$$

式中,σ_l 为低阻相电导率;σ_h 为高阻相电导率;A 是与低阻相逾渗阈值 Φ_c 有关的常数,$A=(1-\Phi_c)/\Phi_c$,Φ_c 通常为 0.01~0.6;t 是形貌参数。

“皮芯”结构碳化硅纤维,由高电阻率的“芯”以及低电阻率的“皮”构成,此类结构纤维多数是由于制备工艺的原因在表面形成了富碳层，其导电模型如图2.21所示[186]。图中纤维长度为L，纤维直径为d，纤维表面碳层厚度为t。对于此类结构纤维，由于碳层的电导率比高阻相高几个数量级，根据欧姆定律并做适当简化处理，纤维的电阻率可由式$\rho_{fiber} = \rho_C d/4t$所示，其中$\rho_C$为碳层电阻率，即纤维的电阻率主要由碳层厚度决定。

图2.21　“皮芯”结构碳化硅纤维导电模型

通过以上分析可以发现，对于以上两种类型的碳化硅纤维，通过改变纤维内部游离碳含量或者纤维表面碳层厚度均可以实现碳化硅纤维电性能的有效调控。理论上讲，两种类型的碳化硅纤维的电阻率可以实现在游离碳和Si—O—C相电阻率之间大范围的调控[22,187,188]。本节后续内容将讨论碳化硅纤维的制备工艺流程对纤维成分与微观结构的影响，进而分析碳化硅纤维电性能的工艺调控方法。

3. 制备工艺对碳化硅纤维电性能影响

碳化硅纤维具有复杂的组成与结构，其组成与微观结构等因素决定了其电性能。碳化硅纤维是一种通用的叫法，其含有Si—O—C、SiC、C等物相，各物相的电性能具有显著差异，不同原料和工艺制备的碳化硅纤维结构以及各组分含量的差异导致碳化硅纤维电性能显著不同。在碳化硅纤维的四个制备工艺流程中，除纺丝工艺外，其他三个工序均会对碳化硅纤维的电性能产生显著影响。

1）有机先驱体合成

有机先驱体决定了碳化硅纤维的组成与结构。除通用的先驱体PCS外，为改善纤维的耐温性以及电性能，发展了含Ti、Fe、Al等异质元素的PCS先驱体，异质元素的引入会影响碳化硅纤维的组成以及结构，并影响纤维的电性能[189-206]。

2）不熔化处理

不熔化处理的本质是PCS纤维的交联固化过程，一方面是为了提高有机纤维强度，方便后续烧成，并避免高温烧成时纤维的熔并；另一方面是为了提高先驱体的陶瓷产率，减少碳化硅纤维的缺陷。使PCS发生交联固化的方法较多，目前最为有效和常用的产业化方法包括空气不熔化（也称为空气预氧化）和电子束辐照交联[207-212]，由以上两种方法制备的碳化硅纤维组成与结构具有显著差异，分别形成了第一代和第二代碳化硅纤维[189]。

$$2\equiv Si—H + 1/2O_2 \longrightarrow \equiv Si—O—Si\equiv + H_2 \tag{2.8}$$

空气预氧化方法是在一定温度下利用空气中的氧与纤维表面的 Si—H 键发生反应生成 Si—O—Si 桥联结构，见式（2.8），这是一种最经济的不熔化方式，在通用型碳化硅纤维中得到广泛应用。在空气预氧化过程中，会有大量的氧（约 10%）被引入到纤维中，高温烧成后与硅、碳元素形成 Si—O—C 相。高氧含量的碳化硅纤维称为一代碳化硅纤维（也称为通用型碳化硅纤维），高氧含量是一代碳化硅纤维的典型特征。Si—O—C 相的形成对纤维的性能具有重要影响：一方面，Si—O—C 相在温度高于 1 000℃时易发生分解，生成 SiO、CO 等气相产物，会在纤维内部留下孔洞等缺陷，导致纤维力学性能下降；另一方面，Si—O—C 相呈现高电阻率特性，同时该相的形成也会使纤维内部低阻游离碳相的含量下降。大量研究结果表明，对于空气不熔化工艺制备的一代碳化硅纤维游离碳相含量一般在逾渗阈值以下，因此高氧含量碳化硅纤维一般具有高阻特性。

以上讨论主要针对"枣糕"结构碳化硅纤维，对于由于工艺原因在高氧含量纤维表面形成碳层的"皮芯"结构纤维则主要呈现低阻特性，相关内容在纤维烧成工艺部分进一步讨论。

另一种常用的不熔化方法是将 PCS 纤维在真空或惰性气氛下进行电子束辐照，通过高剂量的电子束使 PCS 中的 Si—H、C—H 断键产生自由基实现交联[207-209]。电子束辐照交联不会像空气不熔化工艺那样在纤维中引入氧，由此工艺制备的纤维称为二代碳化硅纤维，其氧含量可以从一代碳化硅纤维的 10%～20%（质量分数）降至 5%（质量分数）以下，故制备的二代碳化硅纤维的 Si—O—C 相含量较低，纤维主要由 SiC 微晶以及游离碳构成。日本碳公司采用此技术工业化的商品名为 Hi-Nicalon 的低氧含量 SiC 纤维，氧含量仅为 0.5%（质量分数）[189]。氧含量的降低使纤维内部的 β-SiC 晶粒增大至 5～10 nm，游离碳相则增加至 2～5 nm[213,214]。低氧含量的碳化硅纤维由于避免了 Si—O—C 相，因此耐温提高约 200℃[215]。由于缺乏氧对游离碳的消耗，Hi-Nicalon 纤维游离碳含量相对较高（C/Si 原子比约为 1.50，而一代 Nicalon-NL200 纤维约为 1.2）[216]。

通过以上分析发现，不熔化工艺对纤维的组成与结构具有显著影响，从而影响碳化硅纤维的电性能。在不考虑纤维表面碳层影响的情况下，电子束辐照交联制备的二代碳化硅纤维的电阻率较空气不熔化交联制备的一代碳化硅纤维低三个数量级以上，例如二代的 Hi-Nicalon 碳化硅纤维的电阻率在 10^0 Ω · cm 量级,而一代碳化硅纤维的代表 Nicalon-NL200 电阻率则在 $10^3 \sim 10^4\ \Omega \cdot cm$ 量级[22]。主要原因是低氧含量的二代碳化硅纤维中 Si—O—C 高阻相的含量较低,而低阻游离碳相以及半导体 SiC 相含量较高,因此电子束辐照交联不熔化工艺制备的碳化硅纤维的电阻率一般显著低于一代碳化硅纤维。

3) 高温烧成

纤维的高温烧成是将不熔化的 PCS 纤维高温裂解变成陶瓷纤维的过程。碳化硅纤维的高温烧成涉及复杂的化学反应,不仅决定纤维的元素组成与物相,也决定纤维的微观结构。高温烧成过程中的烧成温度、烧成气氛、气封方式几个因素都会对纤维的电性能产生显著影响。

(1) 烧成温度

先驱体转化工艺制备的 SiC 陶瓷的电阻率与其无机化程度(尤其是游离碳的含量与织构)密切相关,综合 PCS 无机化过程的结构演化(图 2.22)以及相应产物的电阻率测试结果,大致可将 PCS 转化 SiC 陶瓷的电阻率变化过程分为五个阶段[217,218]。

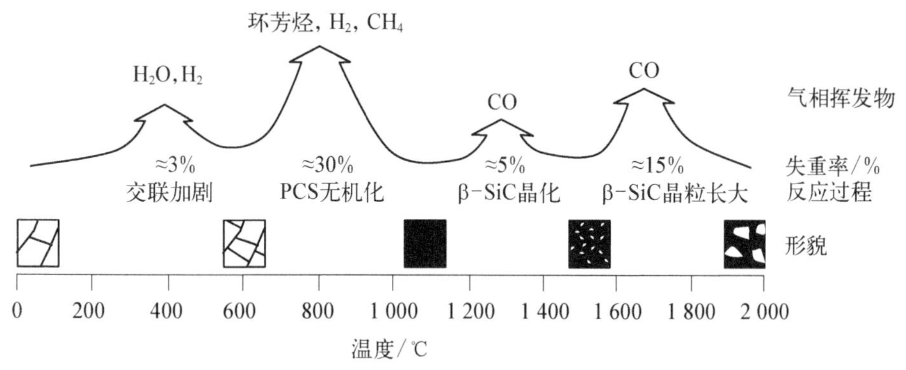

图 2.22　PCS 高温裂解过程

第一阶段(T_p<550℃):550℃之前主要是小分子 PCS 的挥发以及 PCS 分子间的缩合反应过程,消耗 Si—H 键与 $Si—CH_3$ 键,形成更多的 $Si—CH_2—Si$ 键,但 PCS 的有机结构未发生根本性的变化,因此裂解产物呈现绝缘体特性。

第二阶段(550℃≤T_p<850℃):随着烧成温度逐渐升高至 850℃,Si—C—Si 立体交联结构逐渐扩大,形成氢化的无定形结构,但因为体系内导电媒介游离碳相的浓度较低且活性差,产物依然是绝缘体。

第三阶段(850℃≤T_p<1 000℃):PCS 基本完成了无机化过程,但产物含氢量依然较高。这些氢主要集中在碳原子周围,导致富余碳无法互相结合并

形成大规模的导电媒介,因此产物导电性变化缓慢,电阻率仅从 10^{12} Ω · cm 降至约 10^9 Ω · cm。

第四阶段(1 000℃ ≤ T_p <1 200℃):随着产物无机化程度升高,残余氢以 CH_4 和 H_2 的形式逸出,碳原子以 sp^2 杂化方式结合在一起,形成芳环结构。这些芳环碳通常以 2~3 层乱层形式存在,被称为基本结构单元(basic structure unit, BSU)。BSU 是先驱体 SiC 陶瓷中的主要导电媒介,随着其含量的增加,SiC 陶瓷的电阻率突降 6 个数量级以上。

第五阶段(T_p ≥1 200℃):此阶段产物电阻率继续降低,主要原因是陶瓷产物内部 BSU 含量的增大,但由于 BSU 含量增速变缓,电阻率降低速度变慢。烧成温度提高近 400℃,陶瓷产物电阻率仅降低约一个数量级。

总体而言,随着烧成温度的升高,陶瓷产物的游离碳含量增加,导致产物的电阻率呈阶梯式下降趋势。图 2.23 中列出的电阻率变化情况仅代表 PCS 转化碳化硅陶瓷的变化趋势,不同先驱体以及不熔化方式(或交联方式)会导致产物的电阻率发生不同程度的变化。

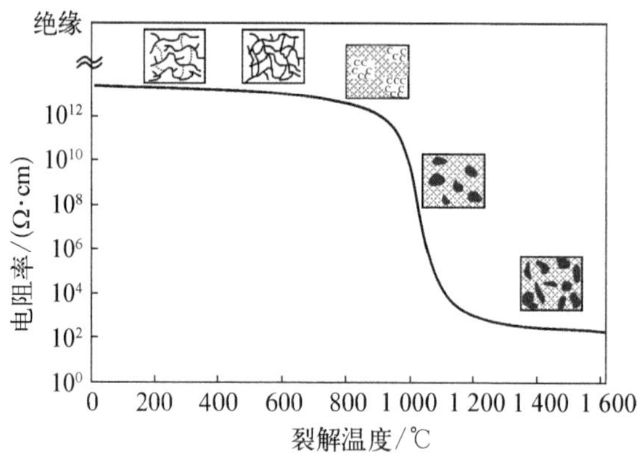

图 2.23 SiC 陶瓷无机化过程中的电阻率变化与结构演变

Chollon 等系统研究了纤维烧成温度对电子束辐照交联碳化硅纤维电性能的影响。纤维采用了两步烧成方式,其中预烧温度为 850℃,终烧温度为 T_p,研究了 T_p 为 1 000~1 600℃ 条件下的纤维电阻率情况,结果见表 2.12[22]。可以发现,随着终烧温度的升高,纤维的电阻率呈现阶梯式下降趋势,并且在 1 100~1 200℃ 下降较为显著,主要原因是此阶段纤维内部形成了大量的高导电性的芳环碳。纤维电阻率随烧结温度变化规律与图 2.23 中的描述相同。

表 2.12　烧成温度对 SiC 纤维电阻率影响

牌　　号	T_p/℃	电阻/(Ω · cm)
GC 1000	1 000	$10^5 \sim 10^6$
GC 1100	1 100	$10^3 \sim 10^4$
GC 1200	1 200	$\approx 10^{-1}$
GC 1400	1 400	$\approx 10^0$
GC 1600	1 600	$10^{-2} \sim 10^{-1}$

国内胡天娇系统研究了纤维烧成温度对空气不熔化碳化硅纤维电性能影响,纤维同样采用了两步烧成方式,结果如图 2.24 所示[185]。随着预烧与终烧温度的升高,碳化硅纤维的导电性均呈增加趋势,烧成温度对纤维电阻率的影响情况与电子束辐照交联纤维基本相同。

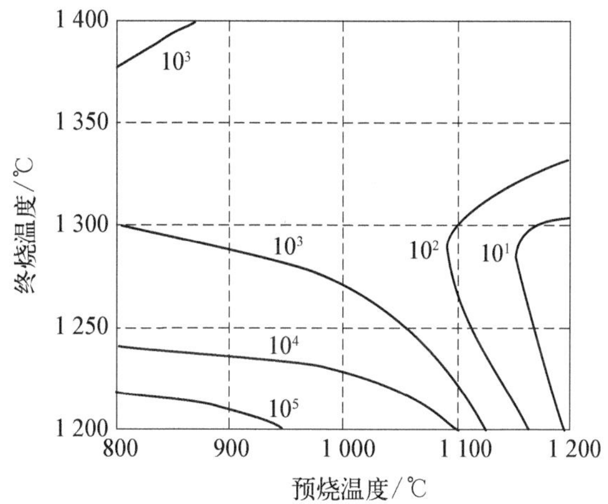

图 2.24　烧成温度对碳化硅纤维电性能影响(电阻率单位 Ω · cm)

(2) 烧成气氛

一般情况下,碳化硅纤维的烧成在惰性气氛中进行。由于纤维的 C/Si 原子比较高,且纤维内部存在大量游离碳,为进一步提升纤维的综合性能,开发出了在 H_2 活性气氛下的纤维烧成工艺,使纤维内部的过量碳在 H_2 的作用下以 CH_4 的形式逸出,从而调整纤维的 C/Si 比。日本碳公司将 Hi-Nicalon 纤维置于 1 500℃ 的氢气中进一步处理,获得了 C/Si 原子比约为 1.03 的近化学计量比的 Hi-Nicalon Type S 碳化硅纤维[219,220]。

烧成气氛可以改变碳化硅纤维的 C/Si 比和游离碳含量,从而调控纤维的电阻率。Chollon 等研究了电子束辐照交联、活性烧成气氛条件制备的不同 C/Si

比的碳化硅纤维的电性能,结果见表 2.13[22]。可以发现,随着 C/Si 原子比的增加,碳化硅纤维的电阻率呈现下降趋势。因此采用活性烧成气氛可以降低游离碳含量,降低纤维电导率。

表 2.13 活性烧成气氛获得的不同 C/Si 比 SiC 纤维电阻率

牌 号	Si/at%	C/at%	O/at%	C/Si 原子比	Free C/at%	电阻率/(Ω · cm)
Nicalon (0.91)	52.4	47.6	≈0	0.91	0	$10^4 \sim 10^5$
Nicalon (1.23)	44.8	55.2	≈0	1.23	10.4	$\approx 10^4$
Nicalon (1.38)	42.0	58.0	≈0	1.38	16.0	$10^0 \sim 10^1$

(3) 气封方式

大多数情况下,碳化硅纤维采用惰性气氛下的连续烧成工艺制备(考虑脱碳等因素的活性烧成气氛除外),因此,在管式烧成炉中必须采用气封,防止空气进入烧成系统影响纤维性能。气封方式主要有三种,分别是两端进气、入端进气和出端进气(图 2.25)。不同的气封方式将会导致纤维的结构产生显著差异。主要原因是在纤维无机化过程中,有大量 CH_4、H_2以及小分子 PCS 逸出,这些有机小分子在纤维烧成过程中可发生高温碳化反应,从而在纤维表面形成碳层产生“皮芯”结构纤维[185,217,218]。碳化硅纤维表面碳层形成过程分为三个阶段,如图 2.26 所示[221]。

第一阶段发生在 500~800℃,即 PCS 的无机化阶段,此温度段内 PCS 分解产生 H_2、CH_4等气体,为碳层的形成提供气源;第二阶段发生在 1 000~1 200℃,

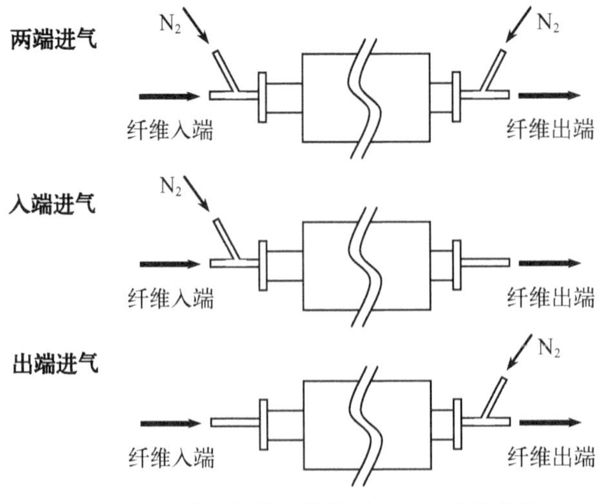

图 2.25 碳化硅纤维三种典型气封方式示意图

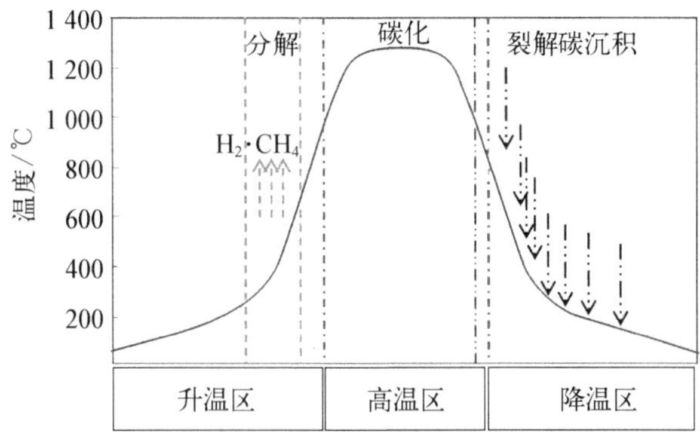

图 2.26　SiC 纤维表面碳层形成机制

此温度段内有机挥发物发生碳化；第三阶段是热解碳沉积在 SiC 纤维表面形成碳层。

不同气封方式对纤维电性能的影响主要源自对碳层沉积过程的影响。胡天娇系统研究了气封方式对空气不熔化工艺制备的碳化硅纤维电性能影响，结果如图 2.27 所示[185]。从图中可以看出，当两端同时进气时，不论烧成时间如何变化，纤维电阻率基本不变；当入端进气时，即气体流向与纤维走向相同时，纤维电阻率比两端进气时要高一些，且随烧成时间延长有近 1 个数量级的变化；而当出端进气时，即气体流向与纤维走向相反时，纤维电阻率激增 5～6 个数量级，主要原因是当气流方向与纤维走向相反时，热解碳无法在纤维表面沉积，导致纤维电阻率大幅升高。

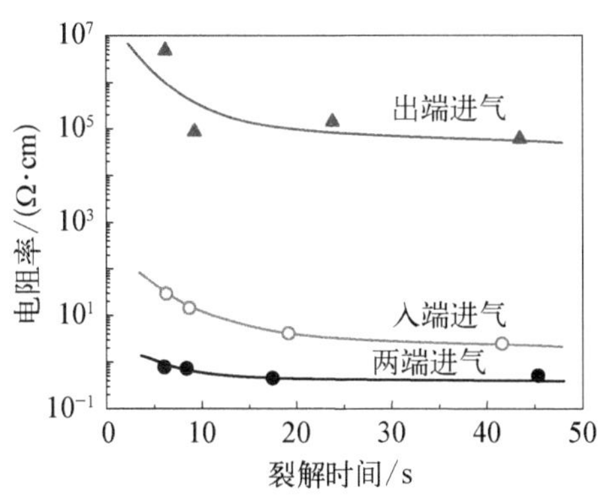

图 2.27　不同气封方式制备的碳化硅纤维电性能

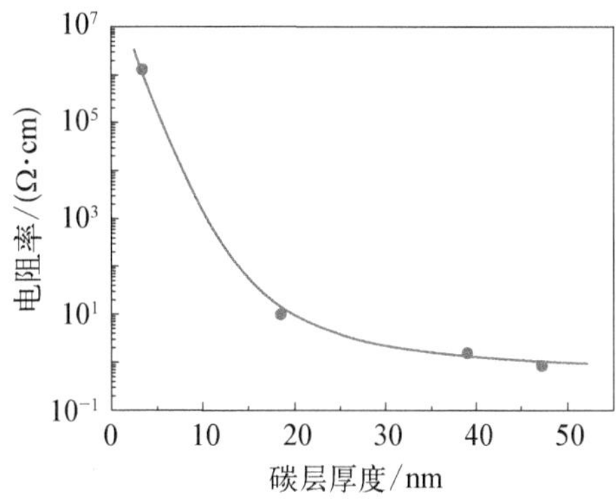

图 2.28　碳化硅纤维表面碳层厚度与纤维电阻率关系

对于表面富有碳层的“皮芯”结构碳化硅纤维，正如碳化硅纤维导电模型中所分析，纤维电阻率与碳层厚度密切相关。胡天娇测试了不同碳层厚度的纤维电阻率情况，结果如图 2.28 所示[185]。当纤维表面碳层厚度由 5 nm 增至 20 nm 时，纤维电阻率降幅最大，约 5 个数量级；当碳层厚度大于 20 nm 后，电阻率下降趋势变缓，其变化基本符合反比规律。

此外，Nicalon NL-607 是 Nippon Carbon 公司开发的电阻率可调纤维。根据报道，这一系列纤维的电阻率也是通过其表面碳层厚度来控制的。从表 2.14 可以看出，其电阻率随碳层厚度变化规律与图 2.28 基本相同。

表 2.14　Nicalon NL-607 纤维表面碳层厚度及相应电阻率

牌　号	碳层厚度(俄歇分析)	电阻率/(Ω · cm)
Nicalon NL-607	None	2 100
	9	430
	11	10
	30	1.1

通过以上分析发现，在碳化硅纤维制备工艺流程中，有机先驱体合成、不熔化以及高温烧成工艺均会对纤维的电性能产生显著影响。按目前报道数据来看，纤维电阻率可在 10^{-1} ~ 10^{7} Ω · cm 范围内调控，具有广阔的调节空间，为其在高温吸波结构材料中的应用奠定了基础。

4. 碳化硅纤维的高温电性能

本节的最后，对碳化硅纤维的高温电性能进行简单的讨论。不同类型的碳化硅纤维在非氧化性气氛下、不同温度的电性能如图 2.29 所示[20,22]。可以发现，不同类型的碳化硅纤维，其电阻率均随温度的升高而下降，并且初始电阻率越高，其随温度变化越显著。碳化硅纤维的电性能主要由纤维的游离碳含量及其分布状态所决定，由于游离碳的电阻温度系数为负值，因此，对于“枣糕”或者“皮芯”结构的碳化硅纤维，其电阻温度系数均为负值，即电阻率随温度的升高均呈现下降趋势。

将碳化硅纤维应用于高温吸波结构材料中时，需要特别关注其电性能的温度特性，其固有的负电阻温度系数将会导致吸波材料的吸波性能随温度发生变化。因此，要采用工作温度的电性能参数进行吸波材料设计，以确保工作环境下材料的最优性能。

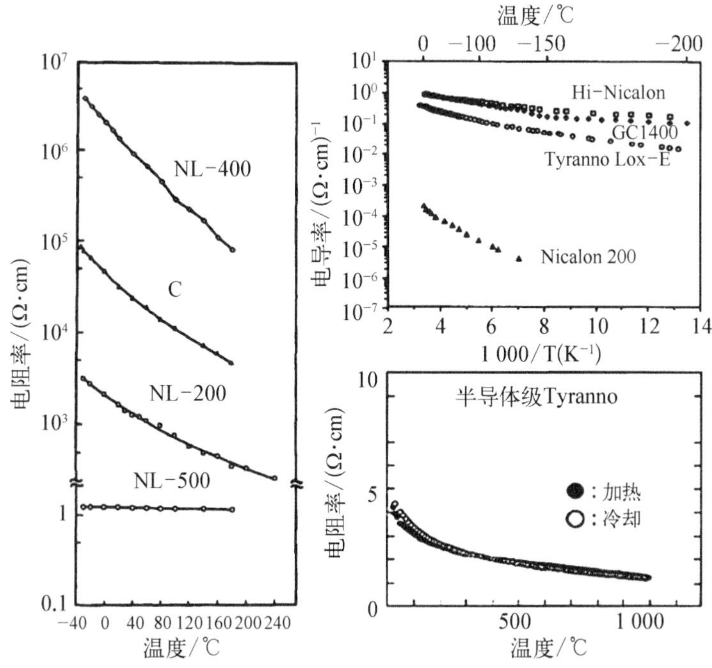

图 2.29　不同牌号碳化硅纤维电性能温度特性

2.2.2　SiC/SiC 复合材料制备工艺及其对复合材料电性能影响

SiC/SiC 复合材料制备工艺流程主要包括纤维预制体制备和碳化硅基体复合。本节对这两个工艺流程进行简要介绍，重点讨论各工艺流程对复合材料电性能影响规律。

1. 纤维预制体

1) 纤维预制体制备工艺

纤维预制体具有整体性好、可近净成型、可设计性强、易于制备大型复杂构件等优点[1]。纤维预制体制备是 CMC 制备过程的关键工艺流程，目前应用较多的纤维预制体制备方法包括机织、三维编织、针刺、缝纫（也称为缝合）等，各制备工艺的特点如表 2.15 所示。本部分重点针对可制备三维构件的三维编织和针刺/缝纫工艺进行介绍。

(1) 三维编织

三维编织工艺主要包括两步法、四步法以及多层互锁编织（2.5D）。

表 2.15　典型纤维预制体的成型工艺及特点

制备工艺	特　点
机织	主要用于制备平面织物
三维编织	可制备开放或闭合复杂构件
针刺/缝纫	可制备复杂预成型件，可以将多个结构组合

两步编织工艺是 20 世纪 80 年代发展的一种三维编织方法。在两步编织工艺中，大部分纱线沿轴向是固定的，只有少部分纱线用来编织，工艺示意图见图 2.30。轴向携纱器的排布方式由构件的外形决定，用于编织的携纱器主要分布在轴向携纱器的周向上。顾名思义，两步编织工艺由两步构成，编织携纱器要完全穿过轴向携纱器之间的结构。两步编织工艺简单，几乎可以制造出各种形状的纤维预成型体，同时两步法可以使织物被加张的纱线直接拉紧，因此不需要附加的机械压紧装置[222]。

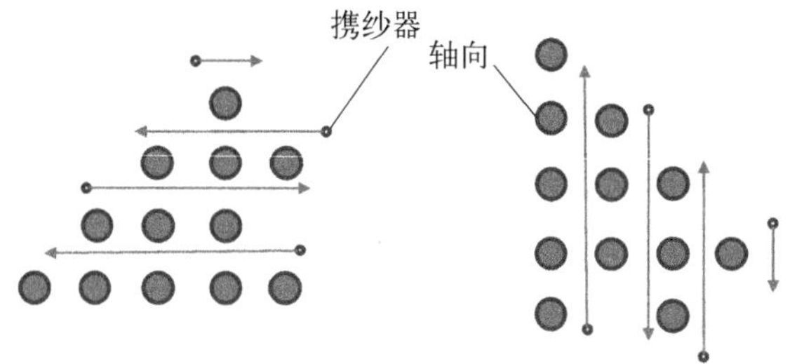

图 2.30　两步编织工艺示意图

四步编织工艺利用一个行列排布的携纱器平台，携纱器的排布由预成型体的形状决定，在外边另设有一定携纱器，它们的精确位置和数量依赖于预成型体的形状和结构需要。四步编织工艺共有四种不同的行列运动方式，从而使纱线交织形成预成型体[223]。

多层互锁编织工艺即二维半(2.5D)编织工艺，编织机上有很多平行的编织轨道，编织机构允许相邻的轨道之间交换携纱器，从而构成多层相邻层间互锁的编织物(图 2.31)。此类编织工艺与两步或四步编织的最大不同在于互锁的纱线主要在结构的面内，因此不会显著降低预成型体的面内性能，而两步或四步编织中纱线会穿过预成型体的厚度方向，因此对面内的贡献减小。此外，多层互锁结构相对于两步以及四步编织工艺各层间纱线相对独立，故此类纤维预成型体制备的复合材料对加工不太敏感，而两步以及四步编织工艺制备的预成型体由于纱线在层间贯穿，因此在加工过程中会造成连续纤维断裂，使复合

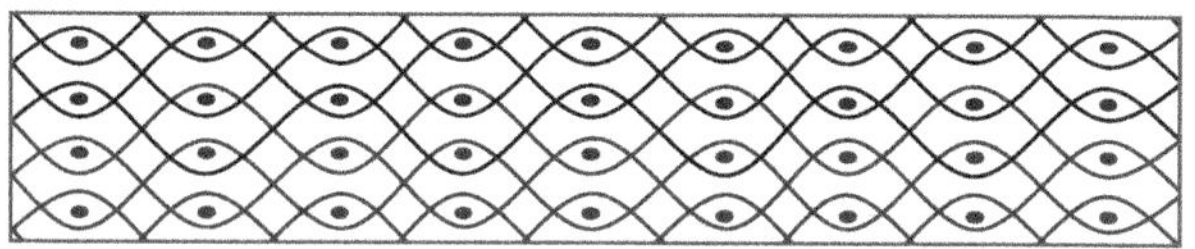

图 2.31　多层互锁编织织物截面示意图

材料的强度下降[224]。

（2）针刺/缝纫

针刺是目前应用较广的一类三维织物制备方法，一般采用针刺机通过 Z 向针刺纤维将多层平面织物以非贯穿厚度的方式连接制成三维纤维织物。其典型的结构是采用纤维布/网胎交替铺排，通过针刺机将网胎的长纤维刺入三维织物中实现层间结合，层间纤维的“非贯穿”是其典型特征（图 2.32），因此织物厚度不受限制。针刺工艺具有效率高、成本低、形状适应性强等优点，但针刺工艺相对其他三维织物成型工艺，存在明显不足：一是由于低纤维体积分数网胎的存在，使针刺织物纤维体积分数偏低；二是由于层间纤维的非贯穿性特点使针刺织物的层间结合强度不高，在复合材料制备以及使用过程中容易出现分层。

图 2.32　针刺织物截面结构示意图

缝纫工艺是目前工程化应用越来越多的一类织物制备方法，已被证实是编织工艺中最简单且设备投资最少的一类编织工艺[225]。缝纫工艺包括穿针、给线以及缝合过程，制备的纤维织物示意图见图 2.33。目前 NASA 与波音公司已合作完成 28 m 长的缝纫机用来生产复合材料机翼构件。2000 年国外已研制由计算机控制缝纫头的商用自动缝纫机（图 2.34），该缝纫机可以实现单面缝纫，即可以实现靠模缝纫。

图 2.33　缝纫织物截面结构示意图

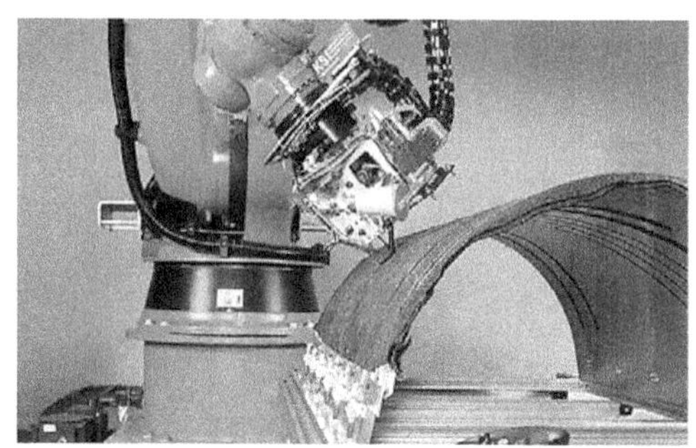

图 2.34　商用缝纫织机照片

缝纫工艺具有较多优点，其可以利用标准二维织物，使织物的层铺选择具有很大灵活性，并且相对其他编织工艺，尺寸适应性更强，更易实现自动化，可显著提高预成型体的制备效率。此外，缝纫工艺易于实现局部编织工艺的改变，织物层铺方式、缝纫密度、缝纫方式以及缝线均可以根据构件需求调控，也可将多个分离构件拼缝构成形状更加复杂的预成型体。但缝纫工艺的缺点也比较明显，缝针穿透织物时会损伤纤维，降低复合材料的面内性能[226-227]。

2）编织工艺对纤维预成型体电性能影响

高温吸波结构材料为实现宽频吸波功能，常常需要采用多层电性能匹配设计方案。以连续纤维为吸波功能相的高温吸波结构材料，需要在纤维预制体制备时考虑不同电性能纤维的空间分布问题。对于两步以及四步法三维编织工艺，由于纤维在厚度方向呈现贯穿特性，因此不易实现不同电性能纤维的层间分布，而 2.5D、针刺以及缝纫工艺更易实现多层电性能匹配设计方案。

此外，还需要注意由于纤维预制体经纬向纤维体积分数的差别带来的电性能极化差异问题。对于高温吸波结构材料，除非出于特殊考虑，一般要求吸波材料的吸波性能具有对电磁波极化的不敏感性。大部分三维编织件由于编织结构的特点，常常导致经纬向纤维体积分数具有一定差异，这在高温吸波结构材料设计过程中要特别关注。缝纫以及针刺工艺由于机织物面内各方向的纤维体积分数容易控制，更易实现各向同性，因此在对极化不敏感性要求较高的应用场合应优先考虑采用此类工艺制备纤维预制体。

2. 碳化硅基体制备工艺及其对复合材料电性能影响

碳化硅基体是 SiC/SiC 复合材料的重要组成部分，其特性决定着复合材料的性能。本部分重点讨论碳化硅基体特性对 SiC/SiC 复合材料电性能影响。SiC/SiC 复合材料中碳化硅基体的制备工艺决定了碳化硅基体的组分与结构，进而影响复合材料的电性能。

目前 SiC/SiC 复合材料较为成熟的制备工艺包括 SI-HP（泥浆浸渍-热压）、LSI（液相渗硅）、CVI（化学气相渗透）、PIP（先驱体浸渍裂解），下面分别对各工艺的特点进行评述，并就各工艺对碳化硅基体以及 SiC/SiC 复合材料电性能影响进行分析。

1）SI-HP 工艺

SI-HP 工艺是一种传统的 SiC/SiC 复合材料制备方法，该工艺的典型过程是将 SiC 粉、烧结助剂、有机粘结剂和溶剂等配成泥浆，纤维经泥浆浸渍后纺成无纬布，切片后热压烧结，也可以采用二维织物浸渍泥浆制成预浸料，然后热压烧结[59,61,228]。一般情况下，SiC 的烧结温度至少需要 1 900℃，但在 TiB_2、TiC、B、B_4C 等烧结助剂作用下，其烧结温度可降至 1 500℃以下。用 SI-HP 工艺制备的 SiC/SiC 复合材料具有致密度高、缺陷少、工艺简单、周期短等优点，但也存在明显不足：① 尽管添加烧结助剂降低了基体烧结温度，但烧结温度一般仍在 1 300℃ 以上，高温条件会对碳化硅纤维造成损伤，特别是对耐温能力较差的通用型碳化硅纤维损伤尤为严重；② 烧结助剂的加入导致复合材料组织结构不均匀，使材料的均匀性和可靠性变差；③ 大型、复杂构件成型较为困难；④ 对设备要求较高。

从复合材料电性能角度考虑，由于 HP 过程烧结温度较高，SiC 纤维要经历式（2.9）~式（2.13）的反应过程，有利于游离碳相的形成[229]；同时在高温条件下往往也会造成复杂的界面反应最终在复合材料中形成碳界面相[230-235]，以上因素将造成复合材料对电磁波的强反射。因此，SI-HP 工艺很少用于 SiC/SiC 高温吸波结构材料的制备。

$$SiO_xC_y \longrightarrow SiO + CO \tag{2.9}$$

$$SiC + 2CO \longrightarrow SiO_2 + 3C \tag{2.10}$$

$$SiC + O_2 \longrightarrow SiO + CO \tag{2.11}$$

$$SiC + O_2 \longrightarrow SiO_2 + C \tag{2.12}$$

$$2SiO + O_2 \longrightarrow 2SiO_2 \tag{2.13}$$

2) LSI 工艺

LSI 工艺是 20 世纪 80 年代德国 Firzer 首先发明的,其工艺过程是先采用沥青、酚醛等有机先驱体溶液浸渍纤维预制体,然后高温裂解生成基体碳,得到 SiC/C 复合材料(也可以采用 CVI 工艺制备碳基体),在 SiC/C 复合材料的基础上,采用熔融硅在毛细作用下对其进行浸渗处理,并使硅熔体与碳基体反应生成 SiC 基体。LSI 工艺的优点为: ① 工艺简单,设备要求低,不需施加压力,可以近净成型形状复杂的构件;② 可通过调整 SiC/C 的体积密度和孔隙率控制最终复合材料的密度;③ 制备周期较短。LSI 工艺存在的不足[236]: ① 熔体硅和碳基体反应的同时不可避免地会对 SiC 纤维产生腐蚀,导致纤维性能下降,从而限制了复合材料性能的提高;② 复合材料中的基体包括 SiC、Si 及 C 三种物质,杂质的存在对材料的高温性能不利;③ LSI 工艺制备的材料组分不均匀,需后处理。

从 LSI 的工艺特点可以发现,LSI 工艺制备的 SiC 基体一般含有 Si、C 杂质,并且其含量一般较难精确控制,而 C 以及 Si 均具有高介电常数特性,导致 LSI 工艺制备的 SiC/SiC 复合材料的介电性能很难精确控制,因此几乎不用于高温吸波结构材料的制备。

3) CVI 工艺

CVI 工艺起源于 20 世纪 60 年代中期,在 CVD 工艺基础上发展起来。CVI 的工艺过程是将纤维预制件置入气相沉积炉中,在温度或压力梯度下,使反应物发生化学反应并沉积到纤维预制件中形成 SiC 基体[237]。CVI 工艺制备 SiC 基体通常以三氯甲基硅烷(MTS)为原料,H_2 为载气,Ar 为稀释/保护气体[2]。CVI 工艺过程随着渗透的进行,会产生大量的闭孔,使致密化速率变慢,因此一般需要多次加工处理,待表面形成开孔后继续沉积。CVI 工艺的主要优点有[238]: ① 制备温度低(≈1 000℃),可降低纤维损伤;② 便于制造大型薄壁复杂构件,可实现近净成型。缺点主要是[239-241]: ① SiC 基体的致密化速率低,生产周期长,制备成本高;② 容易形成“瓶颈效应”,在基体中产生密度梯度,因此难以制造大壁厚的构件;③ 制备过程会产生强烈的腐蚀性产物;④ 对设备的要求较高。

由于 CVI 工艺涉及复杂的反应历程,以 MTS、H_2 为气源的典型反应为例,表象反应可表示为 $CH_3SiCl_3 \Longrightarrow SiC + 3HCl$, 但实际反应过程中涉及了较多的自由基反应,反应历程大致包括[242]:

$$\mathrm{CH_3SiCl_3} \rightleftharpoons \mathrm{CH_3}\cdot + \mathrm{SiCl_3}\cdot \tag{2.14}$$

$$\mathrm{CH_3}\cdot \rightleftharpoons <\mathrm{C}> + \mathrm{H_2} \tag{2.15}$$

$$\mathrm{SiCl_3}\cdot + \mathrm{H_2} \rightleftharpoons <\mathrm{Si}> + \mathrm{HCl} \tag{2.16}$$

$$<\mathrm{Si}> + <\mathrm{C}> \longrightarrow \mathrm{SiC} \tag{2.17}$$

$$<\mathrm{Si}> \longrightarrow \mathrm{Si} \tag{2.18}$$

$$<\mathrm{C}> \longrightarrow \mathrm{C} \tag{2.19}$$

其中<Si>和<C>分别表示 Si 和 C 的中间态，它们可如式(2.17)形成 SiC。从上面的反应历程可以看出，当 H_2 含量增加时，反应式(2.15)将会向左移动，此时可以抑制自由碳的生成，但式(2.16)向右移动，有助于硅的生成，SiC 中易于富硅；反之，当 H_2 含量减少时，则有助于自由碳的生成并抑制硅的形成，SiC 中易于富碳。因此，SiC 沉积过程要经历比较复杂的反应，不同的反应气氛比例将会导致产物的成分不同。一般来说，通过 CVI 工艺很难制备出高纯的 SiC，SiC 中往往会富碳或富硅，并且实际反应过程杂质含量很难精确控制。此外，大量文献研究表明，采用 CVI 工艺制备的复合材料常常会形成富碳界面相[73,243-245]，制备的复合材料表现出高介电常数特性(图 2.35)[246]，材料对电磁波主要呈现出反射特性，因此采用 CVI 工艺制备 SiC/SiC 高温吸波结构材料需要慎重。

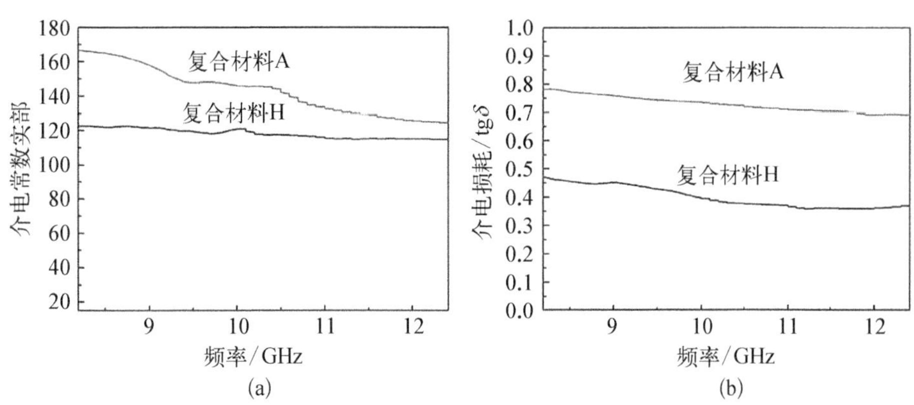

图 2.35　CVI 工艺制备的 SiC/SiC 复合材料介电常数(复合材料 A：Ar 气氛；复合材料 H：H_2气氛)

4) PIP 工艺

PIP 工艺是近三十年来发展极为迅速的一种 CMC 制备方法，它是在先驱体转化法制备陶瓷纤维的基础上发展起来的[3]。PIP 工艺制备 SiC/SiC 复合材料的工艺过程是以 SiC 纤维编织件为预成型体，真空排除预制件中的空气，采用聚碳硅烷等 SiC 先驱体进行浸渍，然后高温裂解使先驱体聚合物转化为 SiC 陶瓷基体。由于高温裂解过程伴随着小分子逸出以及基体的收缩，因此需经多次浸渍-裂解过程才能实现材料致密化。PIP 工艺的优点是[247-249]：① 先驱体分子可设计性强，复合材料基体组成和结构可控；② 可在常压下裂解，设备要求低；③ 可制备大型、复杂构件，并且可在工艺中途实现机械加工，能实现近净成型。其缺点为[250]：① 先驱体裂解过程有气体逸出，在产物内部留下气孔，材料的孔隙率偏高；② 先驱体裂解过程伴随着基体失重和密度增加，存在基体收缩问题；③ 材料致密化需要若干个浸渍-裂解周期，生产周期较长。

从复合材料电性能角度分析，与先驱体转化工艺制备碳化硅纤维类似，先驱体类型、固化交联工艺、裂解温度等工艺条件均会 SiC 基体的电性能产生影响。因此，相对其他 SiC 基体的制备工艺，PIP 工艺制备的 SiC 基体具有电性能可控性好、调控方便等优点，是目前较为理想的 SiC/SiC 高温吸波结构材料制备工艺。

2.2.3 SiC/SiC 热结构复合材料研究应用现状简述

作为目前热结构材料最重要的材料体系之一，各国对 SiC/SiC 复合材料的应用非常重视。目前已有相关专著以及文献对 SiC/SiC 复合材料的应用进行了详细阐述，本节对 SiC/SiC 复合材料在热结构领域的研究以及应用情况进行概括，从而为 SiC/SiC 复合材料作为高温吸波结构材料应用提供参考。

在众多材料体系中，SiC/SiC 复合材料是目前高温比强度最高的材料体系之一（图 2.36）[251]，是新一代航空发动机热结构材料的重要发展方向。将 SiC/SiC 复合材料应用于航空发动机可以显著减轻高温部件重量，简化发动机冷却结构，降低冷却空气用量，进而提高发动机高温部件使用温度和工作效率，降低油耗，提高推重比[252]。此外，将具有合适电性能的 SiC/SiC 复合材料替代金属部件后，可以显著提升发动机的隐身性能，从而有效提高装备的生存能力。

从 20 世纪 80 年代开始，法国 SNECMA 公司研发了 CERASEP 系列的 SiC/SiC 复合材料，性能如表 2.16 所示[253]，并已在 F100-PW-22、M88-2 等发动机上获得验证或应用[254]。欧洲先进核心军用发动机（ACME）计划始于 20 世纪 70 年代，是英国一个长期的军用航空发动机技术综合验证计划，计划发起方为英国国防部、皇家飞机设计院和国家燃气涡轮研究院，主要资助方为英国国防部和 R-R

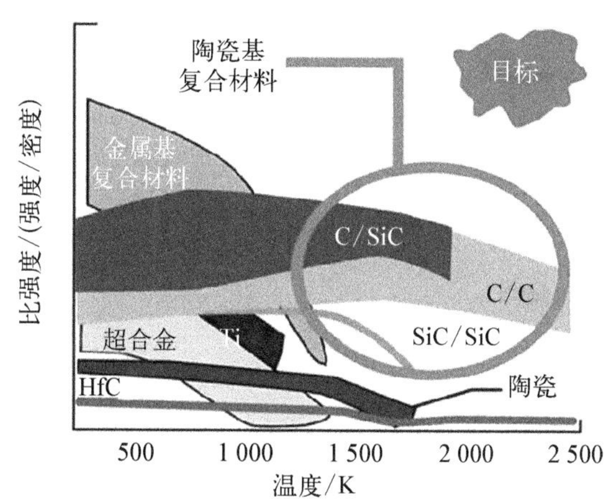

图 2.36　高温结构材料力学性能与温度关系

公司,其次还有德国的 MTU 公司和意大利的 FIAT 公司。迄今为止,ACME 计划是英国甚至欧洲投资最多、规模最大的一个军用发动机技术发展计划,该计划将 SiC 陶瓷基复合材料构件制备与验证作为关键技术之一。

表 2.16　法国 SNECMA 公司 CERASEP 系列复合材料性能

牌　号	纤　维	基　体	密度/(g/cm^3)	孔隙率/%	强度/MPa	模量/GPa
CERASEP@ A400	Nicalon™	Si-C-B	2.20~2.30	12~14	300	180
CERASEP@ A410	Hi-Nicalon™	Si-C-B	2.20~2.30	12~14	315	220
CERASEP@ A415	Hi-Nicalon™	Si-C-B	2.40~2.50	5~7	370	230
CERASEP@ A416	Hi-Nicalon™	Si-C-B	2.40~2.50	5~7	360	240

美国综合高性能涡轮发动机技术(IHPTET)计划重点研究了大量的先进材料与结构,其中 SiC 陶瓷基复合材料高温部件是研究重点之一,在三个阶段的验证技术中均有体现。为满足 IHPTET 计划第 2、3 阶段发动机高温部件的使用温度要求,GE、P&W、Allison 等飞机制造公司开发并验证了大量陶瓷基复合材料发动机高温部件,如燃烧室火焰筒浮壁、涡轮整体叶盘等。多用途、经济可承受的先进涡轮发动机(VAATE)计划是 IHPTET 的后继计划,其中重点开发验证了陶瓷基复合材料燃烧室,基本实现了“减排增效”目标[255]。GE 公司在 TECH56 计划下开发的陶瓷基复合材料燃烧室,考核验证了大温升、低冷却气用量等性能。UEET(ultra-efficient engine technology)计划是 NASA 在 1999 年启动的,为期六年,目标是显著降低 NO_x 等尾气排放量。该计划包括七个分计划,其中材料和结构技术是实现飞机起飞与着陆距离缩短 70%、NO_x 排放量减少

70%和油耗与成本降低 8%~15%目标的关键技术之一,其中陶瓷基复合材料每年研制费用占材料和结构研究领域总经费的近 30%[256]。在 NASA 的 N+3 先进发动机项目中,GE 公司对将于 2030~2035 年投入运营的高效安静小型商用飞机所需的发动机进行了预研[257],重点开展了燃烧室、高压涡轮导向器叶片、高压涡轮叶片、低压涡轮叶片、高压涡轮支撑罩环和整流罩等陶瓷基复合材料的研究工作[258]。

结合以上国外重点研发计划,简要概括国外 SiC/SiC 复合材料在航空发动机热端部件上的应用情况如下。

1) 在燃烧室上的应用

SNECMA 公司利用 CERASEP@ A415 制备了燃烧室衬套,如图 2.37a、b 所示[259],通过了 180 h 的测试(包括 100 h 的极限测试)。图 2.37c 为 NASA 在 EPM 项目中制备的 SiC/SiC 复合材料燃烧室衬套,该衬套可以在 1 500 K 环境下连续工作 10 000 h[260]。图 2.37d 为美国 IHPTET 计划制备的 SiC/SiC 复合材料火焰筒,已在 ATEGG 第 1 阶段的 XTE65/2 验证机中验证,耐温能力达 1 750 K。图 2.37e 是 NASA 在 ERA 项目第 1 阶段中制备的 SiC/SiC 复合材料燃烧室衬套[261],其中左图是燃烧室外衬,右图是表面有涂层的燃烧室内衬,将重点验证高温下 3 000 h 的长时寿命。

2) 在涡轮中的应用

涡轮叶片耐温能力直接决定了航空发动机的推重比。在高温环境下,SiC/SiC 复合材料不仅能保持优异的比强度,还可以减轻涡轮叶片重量,减少冷却装置,对提升航空发动机的推重比具有重要意义,因此得到广泛研究[262]。图 2.38a 为 UEET 计划制备的 SiC/SiC 复合材料涡轮叶片[263]。图 2.38b 为表面制备涂层的涡轮叶片,耐温能力达 1 500 K,而且相对金属部件的冷却空气流量减少 15%~25%[264]。图 2.38c 为 SiC/SiC 复合材料涡轮叶片与高温合金叶片经过 110 次热循环考核后的对比图,可以发现,高温合金叶片烧蚀严重,而 SiC/SiC 复合材料叶片基本完整,比高温合金叶片具有更强的耐热腐蚀能力[265]。

2009 年,由 GE 和 R-R 公司联合为 F-35 研制的 F-136 发动机采用了 SiC/SiC 复合材料第三级低压涡轮导向叶片,叶片采用成熟工艺制备,表面制备涂层,已有超过 10^6 h 的测试记录,其中包括超过 15 000 h 用于发电用地面燃气轮机的测试。GE 公司官方预测,未来 10 年对陶瓷基复合材料的需求将递增 10 倍,并正在努力将 SiC 陶瓷基复合材料涡轮叶片应用在 GE9X、LEAP-X1C、F414 改进型等新一代航空发动机上。

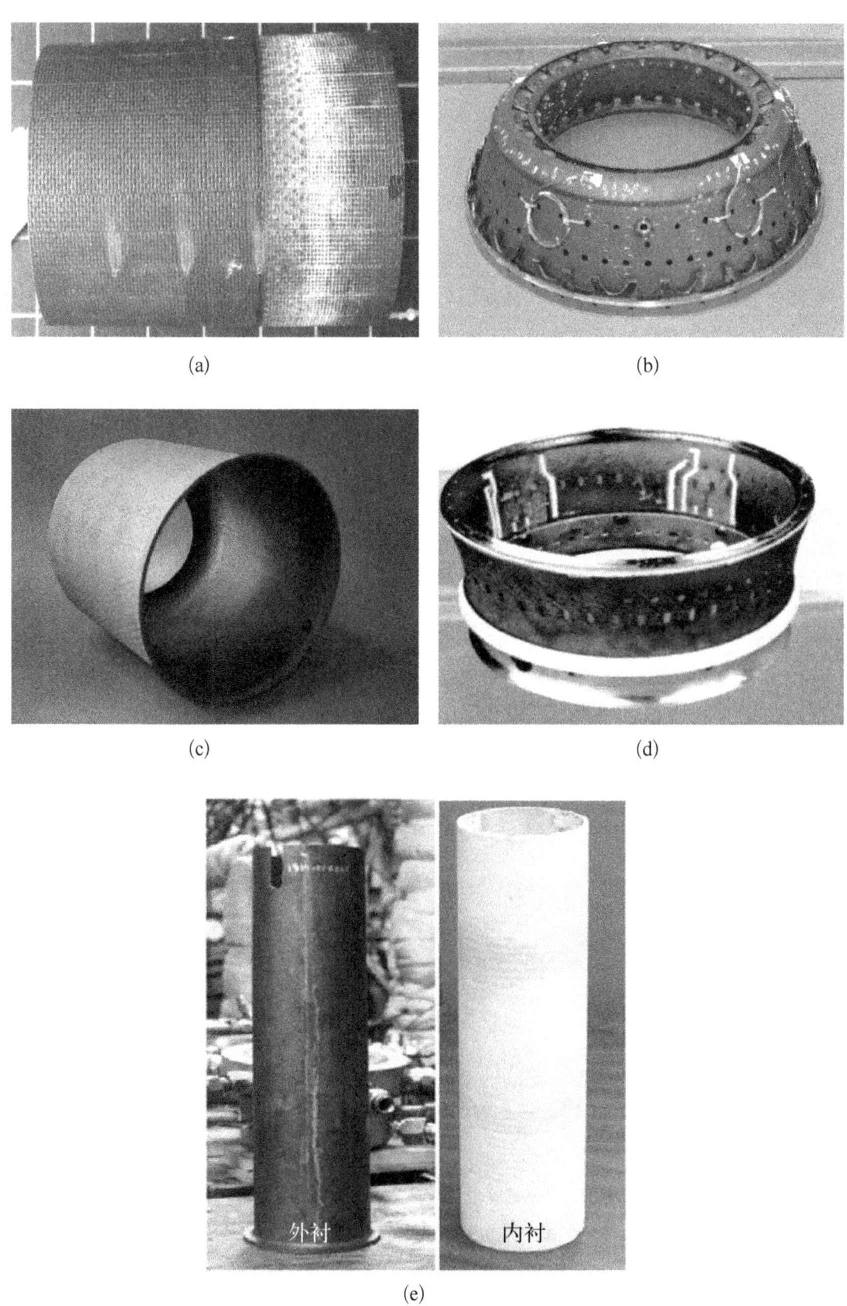

(a)　(b)　(c)　(d)　(e)

图 2.37　SiC/SiC 复合材料在燃烧室中的应用

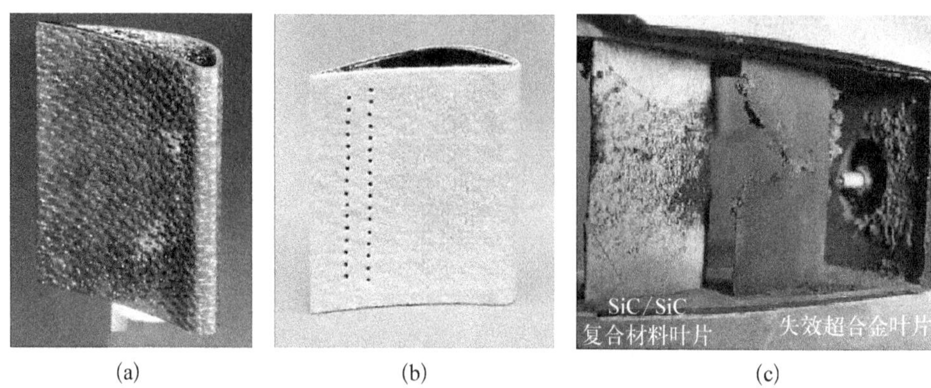

(a) (b) (c)

图 2.38 SiC/SiC 复合材料涡轮叶片及其与高温合金叶片热循环对比

2.3 Oxide/Oxide 复合材料特性及其制备方法

Oxide/Oxide 复合材料是高温吸波结构材料的重要备选材料体系之一,但由于氧化物纤维以及氧化物基体主要呈现低介电常数、低损耗特性,因此 Oxide/Oxide 复合材料主要作为高温吸波结构材料的承载功能相,功能性单一,吸波功能需要通过吸波功能相实现。本节重点针对综合性能较好的铝硅酸盐纤维增强的氧化物复合材料展开讨论。

2.3.1 Oxide/Oxide 复合材料制备工艺

目前,Oxide /Oxide 复合材料的制备工艺主要包括浆料法和液相法两种。

1. 浆料法

浆料法是制备 Oxide /Oxide 复合材料的传统方法,其工艺流程见图 2.39[266]。其工艺首先利用陶瓷浆料通过浸渍或刷涂的方式分散于纤维束或二维织物中,然后通过层铺或缠绕等方式成型所需形状,后经无压或热压烧结工艺制成胚体,根据基体致密度要求,后续可以采用液相法工艺进行致密化处理。浆料法的优点在于工艺过程简单、周期短,但缺点也比较明显:① 由于陶瓷粉体烧结温度偏高(>1 200℃),因此一般仅适用于高氧化铝含量的铝硅酸盐纤维(如 Nextel 720 或 610),成本较高;② 浆料粘度较大,造成其在纤维束或织物中分布不均匀,性能均匀性不佳;③ 由于无法引入层间增强纤维,因此制备的复合材料层间强度较低,使用过程中存在分层风险(图 2.40)[30,267]。

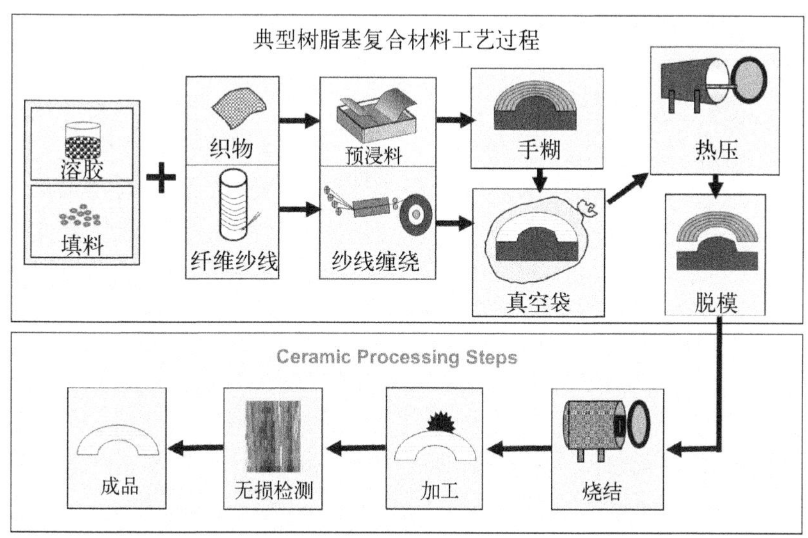

图 2.39　浆料法制备 Oxide /Oxide 复合材料工艺流程

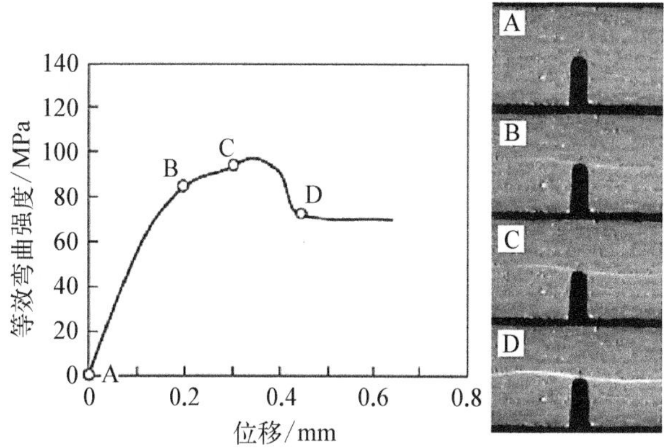

图 2.40　二维 Oxide /Oxide 复合材料层间失效行为[30]

除传统的浸渍或刷涂方式,陶瓷粉体原料也可以采用电泳沉积(EPD)工艺分散于织物中[268-270]。该工艺基于稳定分散的陶瓷颗粒,利用陶瓷颗粒表面的电荷,在外加电场作用下迁移并沉积在电极上。如果把电极换为导电的纤维预制体,陶瓷颗粒便会吸附并沉积在预制体内部,实现纤维预制体的有效致密化。氧化物纤维一般不导电,常用的方法是在其表面制备导电涂层,如碳等

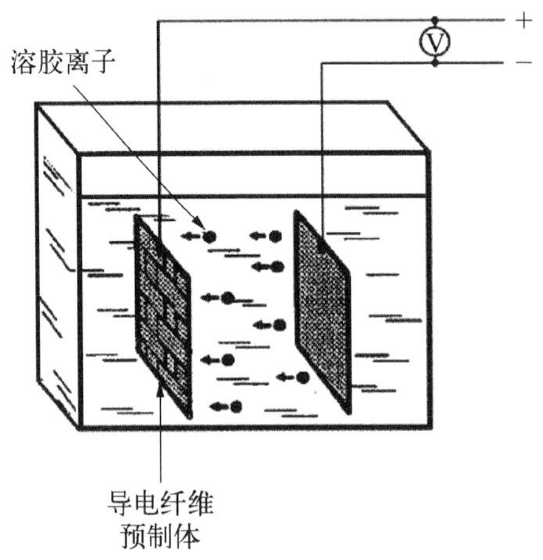

图 2.41　EPD 工艺制备预浸料示意图[23]

(图 2.41[23])。EPD 工艺简单且基体成分和微观结构可设计,有一定的工业化应用前景。

2. 液相法

区别于浆料法,液相法工艺是以复合材料基体材料的液相先驱体为原料,经过多次浸渍-烧结过程使先驱体转化为氧化物陶瓷基体并完成基体的致密化。液相法工艺又可分为 PIP 和溶胶-凝胶(Sol-Gel)工艺[271-274]。液相法与浆料法工艺相比具有以下优点: ① 液相先驱体具有优异的渗透性,因此可以采用三维纤维编织件作为增强体,制备的复合材料整体性好,层间强度高,更易制备大型复杂构件;② 可无压烧结,相比浆料法制备温度低,可用于低氧化铝含量的纤维织物,可降低成本;③ 基体分布更加均匀,材料均匀性好。但液相法也存在一定不足: ① 液相先驱体在陶瓷化过程涉及复杂的化学反应,易对纤维造成损伤,并形成强结合界面;② 液相法需要多次浸渍-烧结过程,制备周期较长。

2.3.2　Oxide/Oxide 复合材料性能及应用现状

国外针对 Oxide/Oxide 复合材料已经开展了 20 年以上研究工作,日趋成熟,目前不同工艺制备的商品化以及文献报道的 Oxide/Oxide 复合材料的性能见表 2.17[29]。美国与德国 Oxide/Oxide 复合材料的研究水平较高,其中又以美国的 COI ceramics 公司以及德国 German Aerospace Center(DLR)的研究工作最具代表性。

表 2.17　Oxide/Oxide 复合材料性能参数

材　　料	制备工艺	拉伸强度/MPa	拉伸模量/GPa	纤维体积分数/%	孔隙率/%
N312/AS,*COI*	Sol-Gel	125	31	48	20~25
N312/BN/SiOC(Blackglas),*GMT*	PIP	69	63	45	10
N312/BN/SiOC(Blackglas),*GMT*	PIP	150	89	46	2.1
N312/BN/SiOC(Blackglas),*GMT*	PIP	128	103	46	1.1

续表

材　　料	制备工艺	拉伸强度 /MPa	拉伸模量 /GPa	纤维体积分数/%	孔隙率 /%
N610/fug/Mullite-SiOC, *EADS*	PIP	181	98	50	12
N610/Al_2O_3, ±30°, WHIPOX, *WPX*	Slurry	170	145	37	25
N610/fug/SiOC, *DLR*	PIP	135	88	43	15
N610/AS, *COI*	Sol-Gel	366	124	51	20~25
N610/Al_2O_3-Mullite, *UCSB*	Slurry	230	107	39	40
N610/Mullite-Al_2O_3, *UCSB*	Slurry	195	95	37~42	22~25
N610/fug/Al_2O_3-Y_2O_3, UD	Slurry	392	245	51	19
N610/AS, GENⅣ, *GE*	PIP	205	70	—	—
N610/Al_2O_3, WHIPOX, *DLR*	Slurry	110	115	—	—
N610/Mullite	Sol-Gel	290~310	104~110	48	23
N720/Al_2O_3, *COI*	Sol-Gel	169	60	44	24
N720/AS, *COI*	Slurry	172	65	48	22
N720/Al_2O_3-Mullite, *UCSB*	Sol-Gel	179	77	48	20~25
N720/Al_2O_3-Mullite, *UCSB*	Slurry	137	59	39	40
N720/ Mullite-Al_2O_3, *UCSB*	Slurry	145	60	39	38
N720/fug/Mullite-SiOC	PIP	111	80	41	—
N720/AS, *COI*	Sol-Gel	155	78	—	—
N720/AS, *COI*	Sol-Gel	144	69	—	—
N720/Al_2O_3, *COI*	Sol-Gel	190	76	—	—
N720/Al_2O_3, *COI*	Sol-Gel	169	60	44	24
N720/Al_2O_3, *COI*	Sol-Gel	145	70	44	24
N720/Mullite	Sol-Gel	195~205	68~74	45	25

COI: COI ceramics, Inc.; GMT: Gateway Materials Technology; EADS: EADS Innovation Works; WPX: WPX Faserkeramik GmbH; DLR: German Aerospace Research Center; UCSB: University of California, Santa Barbara; GE: General Electrics.

美国COI Ceramics公司针对不同使用温度、成本开发了Oxide/Oxide复合材料系列产品，其中A-N720复合材料具有优异的高温抗氧化和长时稳定性，经1 200℃、1 000 h空气热处理后强度可保持不下降（图2.42）[266]。该公司开发了各种类型的发动机热端部件并通过了相应考核（图2.43）[1,267]。

德国DLR采用开发的WHIPOX（wound highly porous oxide ceramic matrix composite）工艺制备了各种Oxide/Oxide复合材料构件（图2.44）[23]，并在发动机热端部件、高速飞行器热防护系统中开展了工程化应用工作（图2.45）[1,275,276]。

涉及Oxide/Oxide复合材料的电性能，根据选用纤维牌号以及基体的不同，其电性能可在较小范围内调控，基本规律是随着SiO_2含量的增加，介电常数呈下降趋势；随着Al_2O_3含量的增加，介电常数呈上升趋势；总体而言，Oxide/Oxide复合材料的介电常数在4~9范围内，且介电损耗一般较低。

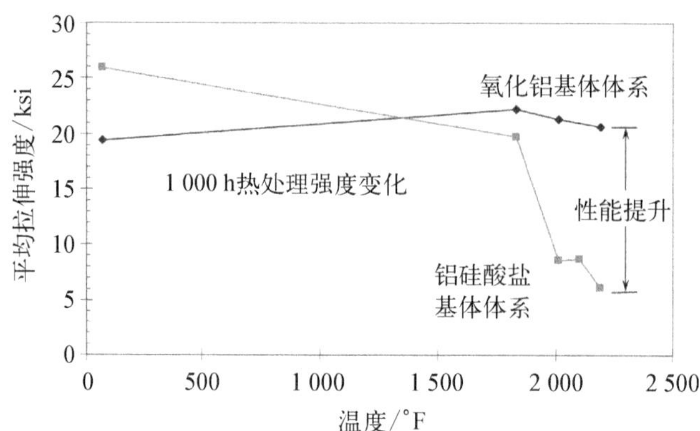

图 2.42　A-N720 复合材料不同温度、1 000 h 考核力学性能

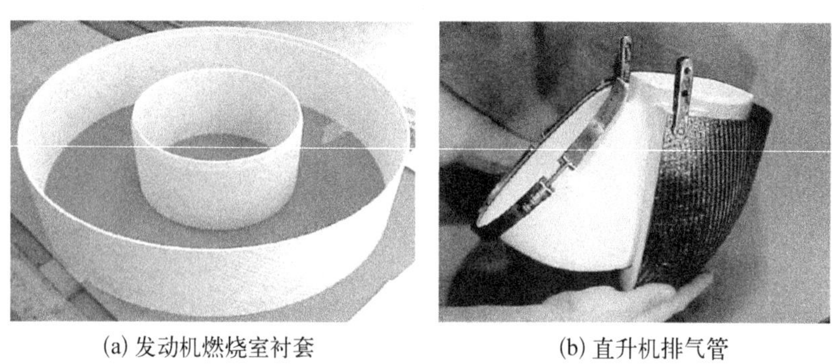

(a) 发动机燃烧室衬套　(b) 直升机排气管

图 2.43　COI Ceramics 公司 Oxide/Oxide 复合材料的应用实例

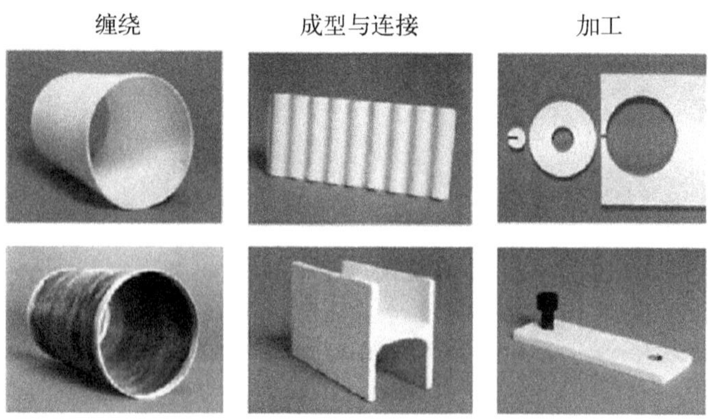

图 2.44　WHIPOX 工艺制备的 Oxide/Oxide 复合材料构件

(a) 燃烧室衬套发动机试车照片

(b) SHEFEX飞行器鼻锥帽

图 2.45　DLR 研制的 Oxide/Oxide 复合材料构件

通过以上分析表明,目前 Oxide/Oxide 复合材料的研究工作已较成熟,尽管其力学性能低于 SiC/SiC 等非氧化物复合材料,但低成本、高温抗氧化等优异特性使其在富氧、长时、中等载荷条件下具有较好的应用前景。将 Oxide/Oxide 复合材料应用于高温吸波结构材料的承载功能相,通过合理的电性能结构设计并引入吸波功能相,有望制备出综合性能优良的高温吸波结构材料。

参 考 文 献

[1] Krenkel W. Ceramic matrix composites [M]. Weinheim: WILEY-VCH Verlag GmbH & Co. KGaA, 2008.

[2] Bansal N P. Handbook of ceramic composites [M]. Boston: Kluwer Academic Publishers, 2005.

[3] 陈朝辉,等.先驱体转化陶瓷基复合材料[M].北京: 科学出版社,2012.

[4] 张立同.纤维增韧碳化硅陶瓷复合材料——模拟、表征与设计[M].北京: 化学工业出版社,2009.

[5] Cooke T F. Inorganic Fibers-A literature Review [J]. Journal of the American Ceramic Society, 1991, 74(12): 2959-2978.

[6] Miller W C. Encyclopedia of Textiles, Fibers, and Nonwoven Fabrics [M]. New York: Wiley, 1984.

[7] 甄强,张大海,王金明,等.石英纤维热损伤机制[J].复合材料学报,2008,25(1): 105-111.

[8] Gilreath M C, Castellow S L. High-temperature dielectric properties of candidate space-shuttle thermal protection system and antenna-window materials [R]. NASA TN D-7523, 1974.

[9] Chen H, Zhang L M, Jia G Y, et al. The preparation and characterization of 3D-silica fiber

reinforced silica composites [J]. Key Engineering Materials, 2003, 249: 159-162.
[10] 贾光耀,陈虹,胡利明,等.三向石英复合材料的研制[J].硅酸盐通报,2002,(1):3-6.
[11] Sundaram R M, Koziol K K K, Windle A H. Continuous direct spinning of fibers of single-walled carbon nanotubes with metallic chirality [J]. Advanced Materials, 2011, 23: 5064-5068.
[12] Wang X Y, Luo F, Yu X M, et al. Influence of short carbon fiber content on mechanical and dielectric properties of C_{fiber}/Si_3N_4 composites [J]. Scripta Materialia, 2007, 57: 309-312.
[13] 周伟.耐高温炭基吸收剂的调控、结构及性能研究[D].长沙: 中南大学,2014.
[14] Huang Z B, Zhou W C, Kang W B, et al. Dielectric and microwave-absorption properties of the partially carbonized PAN cloth/epoxy-silicone composites [J]. Composites Part B, 2012, 43: 2980-2984.
[15] 石敏先,黄志雄.新型吸波材料的研究进展[J].材料导报,2007,21(3):36-39.
[16] 李俊燕,陈平.结构型吸波复合材料的研究进展[J].纤维复合材料,2012,(2):11-14.
[17] Xie W, Cheng H, Chu Z, et al. Effect of carbonization temperature on the structure and microwave absorbing properties of hollow carbon fibres [J]. Ceramics International, 2011, 37(6): 1947-1951.
[18] 周永江.PAN 基吸波纤维和吸波结构的研究[D].长沙: 国防科学技术大学,2002.
[19] 益小苏, 杜善义,张立同.复合材料手册[M].北京: 化学工业出版社,2009.
[20] Ishikawa T. Recent developments of the SiC fiber Nicalon and its composites, including properties of the SiC fiber Hi-Nicalon for ultra-high temperature [J]. Composites Science and Technology, 1994, 51: 135-144.
[21] 李权.PDCs-SiC(N)陶瓷及其复合材料的电磁吸波特性及优化[D].西安: 西北工业大学,2015.
[22] Chollon G, Pailler R, Canet R, et al. Correlation between microstructure and electrical properties of SiC-based fibres derived from organosilicon precursors [J]. Journal of the European Ceramic Society, 1998, 18: 125-133.
[23] Schneider H, Komarneni S. Mullite [M], Weinheim: WILEY-VCH Verlag GmbH & Co. KGaA, 2005.
[24] Nextel™ ceramic textiles technical notebook [M]. 3M Ceramic Textiles and Composites, 2004.
[25] 肖汉宁,高朋召.高性能结构陶瓷及其应用[M].北京: 化学工业出版社,2006.
[26] Luo F, Zhu D M, Zhou W C. A two-layer dielectric absorber covering a wide frequency range [J]. Ceramics International, 2007, 33(2): 197-200.
[27] Huang Z B, Kang W B, Qing Y C, et al. Influences of SiC_f content and length on the strength, toughness and dielectric properties of SiC_f/LAS glass-ceramic composites [J]. Ceramics International, 2013, 39: 3135-3140.
[28] Keller K A, Jefferson G, Kerans R J. Oxide-oxide composites. In: Bansal NP, editor. Handbook of ceramic composites [M]. Springer, 2005.
[29] Volkmann E, Tushtev K, Koch D, et al. Assessment of three oxide/oxide ceramic matrix composites: Mechanical performance and effects of heat treatments [J]. Composites Part B,

2015, 68: 19-28.

[30] Zok F W. Developments in oxide fiber composites [J]. Journal of the American Ceramic Society, 2006, 89(11): 3309-3324.

[31] 王义.铝硅酸盐纤维增强氧化物陶瓷基复合材料的制备与性能[D],长沙：国防科学技术大学,2015.

[32] 刘海韬.夹层结构 SiC_f/SiC 雷达吸波材料设计、制备及性能研究[D].长沙：国防科学技术大学,2010.

[33] Martin E, Peters P W M, Leguillon D, et al. Conditions for matrix crack deflection at an interface in ceramic matrix composites [J]. Materials Science and Engineering A, 1998, 250: 291-302.

[34] Naslain R. The design of the fibre-matrix interfacial zone in ceramic matrix composites [J]. Composites Part A, 1998, 29: 1145-1155.

[35] Liu H T, Yang L W, Han S, et al. Interface controlled micro- and macro- mechanical properties of aluminosilicate fiber reinforced SiC matrix composites [J]. Journal of the European Ceramic Society, 2017, 37: 883-890.

[36] Liu H T, Yang L W, Sun X, et al. Enhancing the fracture resistance of carbon fiber reinforced SiC matrix composites by interface modification through a simple fiber heat-treatment process[J]. Carbon 2016, 109: 435-443.

[37] Singh J P, Singh D, Sutaria M. Ceramic composites: roles of fiber and interface [J]. Composites Part A, 1999, 30: 445-450.

[38] Evans A G, Zok F W. Review the physics and mechanics of fibre-reinforced brittle matrix composites [J]. Journal of Materials Science, 1994, 29: 3857-3896.

[39] Kerans R J, Hay R S, Parthasarathy T A, et al. Interface design for oxidation-resistant ceramic composites [J]. Journal of the American Ceramic Society, 2002, 85(11): 2599-2632.

[40] Naslain R. Design, preparation and properties of non-oxide CMCs for application in engines and nuclear reactors: an overview [J]. Composites Science and Technology, 2004, 64: 155-170.

[41] Kuo D H, Kriven W M, Mackin T J. Control of interfacial properties through fiber coatings: monazite coatings in oxide-oxide composites [J]. Journal of the American Ceramic Society, 1997, 80: 2987-2996.

[42] Boitier G, Darzens S, Chermant J L, et al. Microstructural investigation of interfaces in CMCs [J]. Composites Part A, 2002, 33: 1467-1470.

[43] Bertrand S, Pailler R, Lamon J. SiC/SiC minicomposites with nanoscale multilayered fibre coatings [J]. Composites Science and Technology, 2001, 61: 363-367.

[44] Bao Y H, Nicholson P S. $AlPO_4$-coated mullite/alumina fiber reinforced reaction-bonded mullite composites [J]. Journal of the European Ceramic Society, 2008, 28: 3041-3048.

[45] Lacroixa C, Leguillon D, Martin E. The influence of an interphase on the deflection of a matrix crack in a ceramic-matrix composite [J]. Composites Science and Technology, 2002, 62: 519-523.

[46] Liu H T, Cheng H F, Wang J, et al. Effects of single layer CVD SiC interphase on the mechanical properties of SiC_f/SiC composites fabricated by PIP process [J]. Ceramics International, 2010, 36: 2033-2037.

[47] Rebillat F, Lamon J, Guette A. The concept of a strong interface applied to SiC/SiC composites with a BN interphase [J]. Acta Materialia, 2000, 48: 4609-4618.

[48] Keller K A, Mah T, Parthasarathy T A, et al. Fugitive interfacial carbon coatings for oxide/oxide composites [J]. Journal of the American Ceramic Society, 2000, 83: 329-336.

[49] Weaver J H, Yang J, Zok F W. Control of interface properties in oxide composites via fugitive coatings [J]. Journal of the American Ceramic Society, 2008, 91: 4003-4008.

[50] Liu H T, Cheng H F, Wang J, et al. Microstructural investigations of the pyrocarbon interphase in SiC fiber-reinforced SiC matrix composites [J]. Materials Letters, 2009, 63: 2029-2031.

[51] Labrugkre C, Guette A, Naslain R. Effect of ageing treatments at high temperatures on the microstructure and mechanical behaviour of 2D Nicalon/C/SiC composites. 1: Ageing under vacuum or argon [J]. Journal of the European Ceramic Society, 1997, 17: 623-640.

[52] Takeda M, Imai Y, Kagawa Y, et al. High-temperature thermal stability of Hi-Nicalon™ SiC fiber: SiC matrix composites under long term cyclic heating [J]. Materials Science and Engineering A, 2000, 286: 312-323.

[53] Guo S Q, Kagawa Y. Tensile fracture behavior of continuous SiC fiber-reinforced SiC matrix composites at elevated temperatures and correlation to in situ constituent properties [J]. Journal of the European Ceramic Society, 2002, 22: 2349-2356.

[54] He X B, Yang H. Preparation of SiC fiber-reinforced SiC composites [J]. Journal of Materials Processing Technology, 2005, 159: 135-138.

[55] Hinoki T, Yang W, Nozawa T, et al. Improvement of mechanical properties of SiC/SiC composites by various surface treatment of fibers [J]. Journal of Nuclear Materials, 2001, 289: 23-29.

[56] Yang W, Araki H, Kohyama A, et al. Effects of heat treatment on the microstructure and flexural properties of CVI-Tyranno-SA/SiC composite [J]. Ceramics International, 2007, 33: 141-146.

[57] Riccardi B, Trentini E, Labanti M, et al. Characterization of commercial grade Tyranno SA/CVI-SiC composites [J]. Journal of Nuclear Materials, 2007, (367-370): 672-676.

[58] Yang W, Noda T, Araki H, et al. Mechanical properties of several advanced Tyranno-SA fiber-reinforced CVI-SiC/SiC composites [J]. Materials Science and Engineering A, 2003, 345: 28-35.

[59] Dong S M, Katoh Y, Kohyama A. Processing optimization and mechanical evaluation of hot pressed 2D Tyranno-SA/SiC composites [J]. Journal of the European Ceramic Society, 2003, 23: 1223-1231.

[60] Yoshida K, Imai M, Yano T. Improvement of the mechanical properties of hot-pressed silicon-carbide-fiber-reinforced silicon carbide composites by polycarbosilane impregnation [J]. Composites Science and Technology, 2001, 61: 1323-1329.

[61] Yoshida K, Yano T. Room and high-temperature mechanical and thermal properties of SiC fiber-reinforced SiC composite sintered under pressure [J]. Journal of Nuclear Materials, 2000, (283-287): 560-564.

[62] Sayano A, Sutoh C, Suyama S, et al. Development of a reaction-sintered silicon carbide matrix composite [J]. Journal of Nuclear Materials, 1999, (271&272): 467-471.

[63] Jones R E, Petrak D, Rabe J, et al. SYLRAMIC SiC fibers for CMC reinforcement [J]. Journal of Nuclear Materials, 2000, (283-287): 556-559.

[64] Taguchi T, Nozawa T, Igawa N, et al. Fabrication of advanced SiC fiber/F-CVI SiC matrix composites with SiC/C multi-layer interphase [J]. Journal of Nuclear Materials, 2004, (329-333): 572-576.

[65] Igawa N, Taguchia T, Nozaw T, et al. Fabrication of SiC fiber reinforced SiC composite by chemical vapor infiltration for excellent mechanical properties [J]. Journal of Physics and Chemistry of Solids, 2005, 66: 551-554.

[66] Lee S P, Katoh Y, Kohyama A. Microstructure analysis and strength evaluation of reaction sintered SiC/SiC composites [J]. Scripta Materialia, 2001, 44: 153-157.

[67] Badini C, Fino P, Ubertalli G, et al. Degradation at 1 200℃ of a SiC coated 2D-Nicalon/C/SiC composite processed by SICFILL method [J]. Journal of the European Ceramic Society, 2000, 20: 1505-1514.

[68] Nannetti C A, Riccardi B, Ortona A, et al. Development of 2D and 3D Hi-Nicalon fibres/SiC matrix composites manufactured by a combined CVI-PIP route [J]. Journal of Nuclear Materials, 2002, (307-311): 1196-1199.

[69] Zhu Y Z, Zhu S Z, Huang Z R, et al. Properties and microstructure of KD-I/SiC composites by combined process of CVI/RB/PIP [J]. Materials Science and Engineering A, 2008, 477: 198-203.

[70] Igawa N, Taguchi T, Yamada R, et al. Mechanical properties of SiC/SiC composite with magnesium-silicon oxide interphase [J]. Journal of Nuclear Materials, 2007, (367-370): 725-729.

[71] Igawa N, Taguchi T, Yamada R, et al. Preparation of silicon-based oxide layer on high-crystalline SiC fiber as an interphase in SiC/SiC composites [J]. Journal of Nuclear Materials, 2004, (329-333): 554-557.

[72] Cinibulk M K, Parthasarathy T A, Keller K A, et al. Porous yttrium aluminum garnet fiber coatings for oxide composites [J]. Journal of the American Ceramic Society, 2002, 85: 2703-2710.

[73] Liu H T, Cheng H F, Wang J, et al. Dielectric properties of the SiC fiber-reinforced SiC matrix composites with the CVD SiC interphase [J]. Journal of Alloys and Compounds, 2010, (491): 248-251.

[74] Tian H, Liu H T, Cheng H F. Mechanical and microwave dielectric properties of KD-I SiC_f/SiC composites fabricated through precursor infiltration and pyrolysis [J]. Ceramics International, 2014, 40: 9009-9016.

[75] Ding D H, Shi Y M, Wu Z H, et al. Electromagnetic interference shielding and dielectric

properties of SiC_f/SiC composites containing pyrolytic carbon interphase [J]. Carbon, 2013, 60: 552-555.

[76] Liu H T, Tian H. Mechanical and microwave dielectric properties of SiC_f/SiC composites with BN interphase prepared by dip-coating process [J]. Journal of the European Ceramic Society, 2012, 32(10): 2505-2512.

[77] Miller J H, Liaw P K, Landes J D. Influence of fiber coating thickness on fracture behavior of continuous woven Nicalon fabric-reinforced silicon-carbide matrix ceramic composites [J]. Materials Science and Engineering A, 2001, (317): 49-58.

[78] More K L, Ailey K S, Lowden R A, et al. Evaluating the effect of oxygen content in BN interfacial coatings on the stability of SiC/BN/SiC composites [J]. Composites Part A, 1999, (30): 463-470.

[79] Hurwitz F I, Wheeler D R, Mccue T R, et al. BN and SiBN fiber coatings via CVD using a single source, liquid precursor based on borazine [J]. Ceramic Engineering and Science Proceedings, 2000, 21(4): 267-274.

[80] Li J S, Zhang C R, Li B, et al. Boron nitride coatings by chemical vapor deposition from borazine [J]. Surface & Coatings Technology, 2011, 205(12): 3736-3741.

[81] Li J S, Zhang C R, Li B, et al. Effect of pressures on the chemical vapor deposition of BN using borazine [J]. Advanced Materials Research, 2011, 214: 588-592.

[82] Lii D F, Huang J L, Tsui L J, et al. Formation of BN films on carbon fibers by dip-coating [J]. Surface & Coatings Technology, 2002, (150): 269-276.

[83] 王海丽,王树彬,张跃.石英纤维表面低温制备氮化硼涂层[J].人工晶体学报,2008,(2): 475-479.

[84] 施鹰,荒木弘,杨文,等.纤维表面涂层对 SiC(f)/SiC 复相陶瓷力学性能和界面结构的影响[J].无机材料学报,2001,(5): 883-888.

[85] Futakawa M, Tanabe Y, Wakui T, et al. Dynamic effect on strength in SiC_f/SiC_m composite [J]. International Journal of Impact Engineering, 2001, (25): 29-40.

[86] Sheldon B W, Sun E Y, Nutt S R, et al. Oxidation of BN-coated SiC fibers in ceramic matrix composites [J]. Journal of American Ceramic Society, 1996, (2): 539-543.

[87] Callender R L, Barron A R. Novel route to alumina and aluminate interlayer coatings for SiC, carbon and Kevlar fiber reinforced ceramic matrix composites using carboxylate-alumoxane nanoparticles [J]. Journal of Materials Research, 2000, (10): 2228-2237.

[88] Igawa N, Taguchi T, Yamada R, et al. Preparation of silicon-based oxide layer on high-crystalline Sicfiber as an interphase in sic/sic composites [J]. Journal of Nuclear Materials, 2004, 329(1): 554-557.

[89] Baklanova N I, Titov A T, Boronin A I, et al. The yttria-stabilized zirconia and interfacial coating on Nicalon fiber [J]. Journal of the European Ceramic Society, 2006, (26): 1725-1736.

[90] He M Y, Hutchinson J W. Crack deflection at the interface between dissimilar materials [J]. International Journal of Solids and Structures, 1989, 25: 1053-1067.

[91] He M Y, Hutchinson J W, Evans A G. Crack deflection at an interface between dissimilar

elastic materials: role of residual stresses [J]. International Journal of Solids and Structures, 1994, 31(24): 3443-3455.

[92] Fujita H. Development and assessment of two-phase porous matrices for use in all-oxide ceramic composites [D]. Santa Babara: University of California, 2004.

[93] Holmquist M G, Lange F F. Processing and properties of a porous oxide matrix composite reinforced with continuous oxide fibers [J]. Journal of the American Ceramic Society, 2003, 86: 1733-1740.

[94] Kanka B, Schneider H. Aluminosilicate fiber/mullite matrix composites with favorable high-temperature properties [J]. Journal of the European Ceramic Society, 2000, 20: 619-623.

[95] Zok F W, Levi C G. Mechanical properties of porous-matrix ceramic composites [J]. Advanced Engineering Materials, 2001, 3: 15-23.

[96] Simon R A. Progress in processing and performance of porous-matrix oxide/oxide composites [J]. International Journal of Applied Ceramic Technology, 2005, 2: 141-149.

[97] Antti M L, Curzio E L, Warren R. Thermal degradation of an oxide fibre (Nextel 720)/aluminosilicates composite [J]. Journal of the European Ceramic Society, 2004, 24: 565-578.

[98] Goushegir S M, Guglielmi P O, Silva J G, et al. Fiber-matrix compatibility in an all-oxide ceramic composite with RBAO matrix [J]. Journal of the American Ceramic Society, 2012, 95: 159-164.

[99] Schmücker M, Schneider H, Chawla K K. Thermal degradation of fiber coatings in mullite-fiber-reinforced mullite composites [J]. Journal of the American Ceramic Society, 1997,80: 2136-2140.

[100] Chawla K K, Xu Z R, Ha J S. Processing, structure, and properties of mullite fiber/mullite matrix composites [J]. Journal of the European Ceramic Society, 1996, 16: 293-299.

[101] Kaya C, Kaya F, Butler E G, et al. Development and characterisation of high-density oxide fibre-reinforced oxide ceramic matrix composites with improved mechanical properties [J]. Journal of the European Ceramic Society, 2009, 29: 1631-1639.

[102] Licciulli A, Chiechi A, Fersini M, et al. Influence of zirconia interfacial coating on alumina fiber-reinforced alumina matrix composites [J]. International Journal of Applied Ceramic Technology, 2013, 10(2): 251-256.

[103] Keller K A, Mah T, Parthasarathy T A, et al. Effectiveness of monazite coatings in oxide/oxide composites after long-term exposure at high temperature [J]. Journal of the American Ceramic Society, 2003, 86: 325-332.

[104] Toneguzzo P h, Acher O. Static and dynamic magnetic properties of fine CoNi and FeCoNi particles synthesized by the polyol process [J]. IEEE Transction on Magnetics, 1999, 35(5): 3469-3471.

[105] Toneguzzo P h, Viau G, Acher O, et al. CoNi and FeCoNi fine particles prepared by the polyol process: Physics-chemical characterization and dynamic magnetic properties [J]. Journal of Materials Science, 2000, 35: 3767-3784.

[106] Toneguzzo P h, Acher O, Viau G, et al. Observations of exchange resonance modes on

submicrometer sized ferromagnetic particles [J]. Journal of Applied Physics, 1997, 81(8): 5546-5548.

[107] Zhou P H, Deng L J, Xie J L, et al. Effects of particle morphology and crystal structure on the microwave properties of flake-like nanocrystalline Fe_3Co_2 particles [J]. Journal of Alloys and Compounds, 2006, 448: 303-307.

[108] Yoshida S, Sato M, Sugawara E, et al. Permeability and electromagnetic interference characteristics of Fe-Si-Al alloy flakes polymer composite [J]. Journal of Applied Physics, 1999, 85(8): 4636-4638.

[109] Yoshida S, Ando S, Shimada Y, et al. Crystal structure and microwave permeability of very thin Fe-Si-Al flakes produced by microforging [J]. Journal of Applied Physics, 2003, 93(10): 6659-6661.

[110] Ding J, Shi Y, Chen L F, et al. A structural, magnetic and microwave study on mechanically milled Fe-based alloy powders [J]. Journal of Magnetism and Magnetic Materials, 2002, 247: 249-256.

[111] Zhou P H, Deng L J, Xie J L, et al. Nanocrystalline structure and particle size effect on microwave permeability of FeNi powders prepared by mechanical alloying [J]. Journal of Magnetism and Magnetic Materials, 2005, 292: 325-331.

[112] 庞永强.FeCo基纳米晶吸收剂的制备与电磁性能研究[D].长沙：国防科学技术大学，2009.

[113] 张德勇.片状吸收剂制备及其性能研究[D].长沙：国防科学技术大学,2007.

[114] 刘海韬,程海峰,王军,等.不同炭黑填料含量 2D-SiC_f/SiC 复合材料介电及雷达吸波性能研究[J].航空材料学报,2009,29(5)：56-60.

[115] Liu Y, Luo F, Zhou W C, et al. Dielectric and microwave absorption properties of Ti_3SiC_2 powders [J]. Journal of Alloys and Compounds, 2013, 576: 43-47.

[116] Zhou L, Zhou W C, Chen M L, et al. Dielectric and microwave absorbing properties of low power plasma sprayed Al_2O_3/Nb composite coatings [J]. Materials Science and Engineering B, 2011, 176: 1456-1462.

[117] Li P, Zhou W C, Zhu J K, et al. Influence of TiB_2 content and powder size on the dielectric property of TiB_2/Al_2O_3 composites [J]. Scripta Materialia, 2009, 60: 760-763.

[118] Zhou L, Zhou W C, Luo F, et al. Microwave dielectric properties of low power plasma sprayed NiCrAlY/Al_2O_3 composite coatings [J]. Surface & Coatings Technology, 2012, 210: 122-126.

[119] Zhou L, Zhou W C, Su J B, et al. Plasma sprayed Al_2O_3/FeCrAl composite coatings for electromagnetic wave absorption application [J]. Applied Surface Science, 2012, 258: 2691-2696.

[120] Qing Y C, Zhou W C, Huang S S, et al. Microwave absorbing ceramic coatings with multi-walled carbon nanotubes and ceramic powder by polymer pyrolysis route [J]. Composites Science and Technology, 2013, 89: 10-14.

[123] Qing Y C, Mu Y, Zhou Y Y, et al. Multiwalled carbon nanotubes-$BaTiO_3$/silica composites with high complex permittivity and improved electromagnetic interference shielding at

elevated temperature [J]. Journal of the European Ceramic Society, 2014, 34: 2229-2237.

[124] Song W L, Cao M S, Hou Z L, et al. High dielectric loss and its monotonic dependence of conducting-dominated multiwalled carbon nanotubes/silica nanocomposite on temperature ranging from 373 to 873 K in X-band [J]. Applied Physics Letters, 2009, 94: 233110.

[125] Wen B, Cao M S, Hou Z L, et al. Temperature dependent microwave attenuation behavior for carbon-nanotube/silica composites [J]. Carbon, 2013, 65: 124-139.

[126] Liu X X, Zhang Z Y, Wu Y P. Absorption properties of carbon black/silicon carbide microwave absorbers [J]. Composites Part B, 2011, 42(2): 326-329.

[127] Wang G Q, Chen X D, Duan Y P, et al. Electromagnetic properties of carbon black and barium titanate composite materials [J]. Journal of Alloys and Compounds, 2008, 454(1-2): 340-346.

[128] Lux F. Models proposed to explain the electrical conductivity of mixtures made of conductive and insulating materials [J]. Journal of Materials Science, 1993, 28: 285-301.

[129] Cordelair J, Greil P. Electrical conductivity measurements as a microprobe for structure transitions in polysiloxane derived Si—O—C ceramics [J]. Journal of European Ceramic Society, 2000, 20(12): 1947-1957.

[130] 程海峰,陈朝辉,李永清.先驱体转化法制备改性 SiC 吸收剂[J].隐身技术,1(1): 1-8.

[131] Luo F, Liu X K, Zhu D M, et al. Effect of aluminum doping on microwave permittivity of silicon carbide powders [J]. Journal of the American Ceramic Society, 2008, 91(12): 4151-4153.

[132] Zhao D L, Luo F, Zhou W C. Microwave absorbing property and complex permittivity of nano SiC particles doped with nitrogen [J]. Journal of Alloys and Compounds, 2010, 490(1-2): 190-194.

[133] Su X L, Zhou W C, Xu J, et al. Preparation and dielectric property of B and N-codoped SiC powder by combustion synthesis [J]. Journal of Alloys and Compounds, 2013, 551: 343-347.

[134] Su X L, Zhou W C, Xu J, et al. Preparation and dielectric property of Al and N co-doped SiC powder by combustion synthesis [J]. Journal of the American Ceramic Society, 2012, 95(4): 1388-1393.

[135] Li Z M, Zhou W C, Su X L, et al. Preparation and characterization of aluminum-doped silicon carbide by combustion synthesis [J]. Journal of the American Ceramic Society, 2008, 91(8): 2607-2610.

[136] Li Z M, Zhou W C, Su X L, et al. Dielectric property of aluminum-doped SiC powder by solid-state reaction [J]. Journal of the American Ceramic Society, 2009, 92(9): 2116-2118.

[137] Su X L, Zhou W C, Xu J, et al. Preparation and dielectric property of B and N-codoped SiC powder by combustion synthesis [J]. Journal of Alloys and Compounds, 2013, 551: 343-347.

[138] Su X L, Zhou W C, Li Z M, et al. Preparation and dielectric properties of B-doped SiC powders by combustion synthesis [J]. Materials Research Bulletin, 2009, 44(4): 880-

883.

[139] Su X L, Zhou W C, Luo F, et al. A cost-effective approach to improve dielectric property of SiC powder [J]. Journal of Alloys and Compounds, 2009, 476(1-2): 644-647.

[140] Li Z M, Zhou W C, Lei T M, et al. Microwave dielectric properties of SiC(B) solid solution powder prepared by sol-gel [J]. Journal of Alloys and Compounds, 2009, 475(1-2): 506-509.

[141] Ye F, Zhang L T, Yin X W, et al. Dielectric and microwave-absorption properties of SiC nanoparticle/SiBCN composite ceramics [J]. Journal of the European Ceramic Society, 2014, 34(2): 205-215.

[142] Li X M, Zhang L T, Yin X W, et al. Effect of chemical vapor infiltration of SiC on the mechanical and electromagnetic properties of Si_3N_4-SiC ceramic [J]. Scripta Materialia, 2010, 63(6): 657-660.

[143] Zheng G P, Yin X W, Liu S H, et al. Improved electromagnetic absorbing properties of Si_3N_4-SiC/SiO_2 composite ceramics with multi-shell microstructure [J]. Journal of the European Ceramic Society, 2013, 33(11): 2173-2180.

[144] Li M, Yin X W, Zheng G P, et al. High-temperature dielectric and microwave absorption properties of Si_3N_4-SiC/SiO_2 composite ceramics [J]. Journal of Materials Science, 2015, 50(3): 1478-1487.

[145] Ye F, Zhang L T, Yin X W, et al. Fabrication of Si_3N_4-SiBC composite ceramic and its excellent electromagnetic properties [J]. Journal of the European Ceramic Society, 2012, 32(16): 4025-4029.

[146] Liu X F, Zhang L T, Liu Y S, et al. Microstructure and the dielectric properties of SiCN-Si_3N_4 ceramics fabricated via LPCVD/CVI [J]. Ceramics International, 2014, 40(3): 5097-5102.

[147] Li X M, Zhang L T, Yin X W, et al. Mechanical and dielectric properties of porous Si_3N_4-SiC(BN) ceramic [J]. Journal of Alloys and Compounds, 2010, 490(1-2): L40-L43.

[148] Ye F, Zhang L T, Yin X W, et al. Dielectric and EMW absorbing properties of PDCs-SiBCN annealed at different temperatures [J]. Journal of the European Ceramic Society, 2013, 33(8): 1469-1477.

[149] Zhang Y J, Yin X W, Ye F, et al. Effects of multi-walled carbon nanotubes on the crystallization behavior of PDCs-SiBCN and their improved dielectric and EM absorbing properties [J]. Journal of the European Ceramic Society, 2014, 34(5): 1053-1061.

[150] Duan W Y, Yin X W, Li Q, et al. Synthesis and microwave absorption properties of SiC nanowires reinforced SiOC ceramic [J]. Journal of the European Ceramic Society, 2014, 34(2): 257-266.

[151] Li Q, Yin X W, Feng L Y. Dielectric properties of Si_3N_4-SiCN composite ceramics in X-band [J]. Ceramics International, 2012, 38: 6015-6020.

[152] Li Q, Yin X W, Duan W Y, et al. Electrical, dielectric and microwave-absorption properties of polymer derived SiC ceramics in X band [J]. Journal of Alloys and Compounds, 2013, 565: 66-72.

[153] Li Q, Yin X W, Duan W Y, et al. Dielectric and microwave absorption properties of polymer derived SiCN ceramics annealed in N_2 atmosphere [J]. Journal of the European Ceramic Society, 2014, 34: 589-598.

[154] Li Q, Yin X W, Duan W Y, et al. Improved dielectric and electromagnetic interference shielding properties of ferrocene-modified polycarbosilane derived SiC/C composite ceramics [J]. Journal of the European Ceramic Society, 2014, 34: 2187-2201.

[155] 赵东林.耐高温雷达波吸收剂的制备及其性能研究[D].西安: 西北工业大学,1999.

[156] Tian H, Liu H T, Cheng H F. Effects of SiC contents on the dielectric properties of SiO_{2f}/SiO_2 composites fabricated through a sol-gel process. Powder Technology, 2013, (239): 374-380.

[157] 郭伟凯.碳纤维排布方式对结构吸波材料吸波性能的影响及其机制分析[D].天津: 天津大学,2004.

[158] 谢炜.中空多孔炭纤维轻质吸波材料研究[D].长沙: 国防科学技术大学,2009.

[159] 王军,许云书.含镍碳化硅纤维的制备及其电磁性能[J].功能材料,2001,32(1): 37-39.

[160] Xie W, Cheng H F, Chu Z Y, et al. Effect of carbonization temperature on the structure and microwave absorbing properties of hollow carbon fibres [J]. Ceramics International, 2011, 37(6): 1947-1951.

[161] Chu Z Y, Cheng H F, Xie W, et al. Effects of diameter and hollow structure on the microwave absorption properties of short carbon fibers [J]. Ceramics International, 2012, 38(6): 4867-4873.

[162] 王军,宋永才,冯春祥.掺混型碳化硅纤维及其微波吸收特性[J].材料工程,1998,(5): 41-43.

[163] 刘旭光,王应德,王磊,等.截面形貌对三叶型 SiC 纤维电磁性能的影响[J].功能材料. 2010,(04): 697-699.

[164] 李鹏,周万城,贺媛媛,等.高温吸波材料研究应用现状[J].航空制造技术,2008,(06): 26-29.

[165] Huang S S, Zhou W C, Luo F, et al. Mechanical and dielectric properties of short carbon fiber reinforced Al_2O_3 composites with MgO additive [J]. Ceramics International, 2014, 40: 2785-2791.

[166] Cao M S, Song W L, Hou Z L, et al. The effects of temperature and frequency on the dielectric properties, electromagnetic interference shielding and microwave-absorption of short carbon fiber/silica composites [J]. Carbon, 2010, 48(3): 788-796.

[167] Tian H, Liu H T, Cheng H F. A high-temperature radar absorbing structure: Design, fabrication, and characterization. Composites Science and Technology, 2014, (90): 202-208.

[168] 唐益群,周克省,邓联文,等.SiO_2表面改性炭纤维的抗氧化性能与微波吸收性能[J].粉末冶金材料科学与工程,2013,18(4): 615-620.

[169] Zhou W, Xiao P, Li Y. Preparation and study on microwave absorbing materials of boron nitride coated pyrolytic carbon particles [J]. Applied Surface Science, 2012, 258: 8455-8459.

[170] Zhou W, Xiao P, Li Y, et al. Dielectric properties of BN modified carbon fibers by dip-coating [J]. Ceramics International, 2013, 39(6): 6569-6576.

[171] 周伟,肖鹏,李杨,等.热解炭(PyC)/BN复合粉的制备及其吸波性能[J].无机材料学报,2013, 28(5): 479-484.

[172] 刘旭光,王应德,王磊,等.十字形碳化硅纤维的制备与微波电磁特性[J].无机材料学报,2010, (04): 441-444.

[173] 肖鹏,周伟.耐高温结构吸波碳纤维复合材料制备及其性能研究[M].长沙: 中南大学出版社,2016.

[174] 杨益.碳纤维改性及排布对电磁性能的影响[D].长沙: 中南大学,2012.

[175] 宋维力.低维碳材料导电、导热及其微波衰减特性[D].北京: 北京理工大学,2012.

[176] 庞永强.超材料在吸波技术中的应用基础研究[D].长沙: 国防科学技术大学,2013.

[177] Pang Y Q, Zhou Y J, Cheng H F. Broadband carbon fiber based metamaterial absorbers [C]. 7th International Congress on Advanced Electro-magnetic Materials in Microwave and Optics, Bordeaux, France, 2013.

[178] Pang Y Q, Cheng H F, Zhou Y J. Polarization-insensitive metamaterial absorber based on carbon fiber cut-wire arrays [C]. 2012 International Work-Shop on Metamaterials, Nanjing, China, 2012.

[179] Galasso F, Basche M, Kuehl D. Preparation, structure and properties of continuous silicon carbide filaments [J]. Applied Physics Letters, 1966, 9(1): 37-39.

[180] Scholz R. Light ion irradiation creep of SiC fibers in torsion [J]. Journal of Nuclear Materials, 1998, 258-263: 1533-1539.

[181] Yajima S, Okamura K, Matsuzawa T, et al. Anomalous characteristics of the microcrystalline state of SiC fibres [J]. Nature, 1979, 279: 706-707.

[182] Yajima S, Hasegawa Y, Hayashi J, et al. Synthesis of continuous silicon carbide fibre with high tensile strength and high young's modulus. Part 1 Synthesis of polycarbosilane as precursor [J]. Journal of Materials Science, 1978, 13: 2569-2576.

[183] Hasegawa Y, Iimura M, Yajima S. Synthesis of continuous silicon carbide fibre. Part 2 Conversion of polycarbosilane fibre into silicon carbide fibres [J]. Journal of Materials Science, 1980, 15: 720-728.

[184] Soraru G D, Babonneau F, Mackenzie J D. Structural evolutions from polycarbosilane to SiC ceramic [J]. Journal of Materials Science, 1990, 25: 3886-3893.

[185] 胡天娇.轴向结构周期性渐变型碳化硅纤维的研制[D].长沙: 国防科学技术大学,2011.

[186] Liu H T, Cheng H F, Tian H. Design, preparation and microwave absorbing properties of resin matrix composites reinforced by SiC fibers with different electrical properties [J]. Materials Science and Engineering B, 2014, 179: 17-24.

[187] Delhaes P, Carmona F. Physical properties of noncrystalline carbons [M]. Chemistry and Physics of Carbon, Thrower PA, 1981.

[188] Carmona F, Delhaes P, Keryer G, et al. Non-metal transition in a non-crystallinecarbon [J]. Solid State Communication, 1974, 14: 1183-1187.

[189] Bunsell A R, Piant A. A review of the development of three generations of small diameter silicon carbide fibres [J]. Journal of Materials Science, 2006, 41(3): 823-839.

[190] Ishikawa T, Yamamura T, Okamura K. Production mechanism of polytitanocarbosilane and its conversion of the polymer into inorganic materials [J]. Journal of Materials Science, 1992, 27: 6627-6634.

[191] Hasegawa Y, Feng C X, Song Y C, et al. Ceramic fibres from polymer precursor containing Si-O-Ti bonds. Part Ⅱ Synthesis of various types of ceramic fibres [J]. Journal of Materials Science, 1991, 26: 3657-3664.

[192] Yamamura T, Ishikawa T, Shibuya M, et al. Development of a new continuous Si-Ti-C-O fibre using an organometallic polymer precursor [J]. Journal of Materials Science, 1988, 23(7): 2589-2594.

[193] Ishikawa T, Kohtoku Y, Kuagawa K. Production mechanism of polyzirconcarbosilane using zirconium (Ⅳ) acetylacetonate and its conversion of the polymer into inorganic materials [J]. Journal of Materials Science, 1998, 33: 161-166.

[194] Ishikawa T, Kohtoku Y, Kumagawa K, et al. High-strength alkali-resistant sintered SiC fibre stable to 2 200℃ [J]. Nature, 1998, 391: 773-775.

[195] Itatani K, Takahashi F, Aizawa M, et al. Densification and microstructural developments during the sintering of aluminium silicon carbide [J]. Journal of Materials Science, 2002, 37: 335-342.

[196] Lipowitz J, Rabe J A, Zangvil A, et al. Structure and properties of Sylramic™ silicon carbide fiber-A polycrystalline, stoichiometric β-SiC composition [J]. Ceramic Engineering and Science Proceedings, 1997, 18(3): 147-157.

[197] Jones R E, Petrak D, Rabe J, et al. Sylramic™ SiC fibers for CMC reinforcement [J]. Journal of Nuclear Materials, 2000, 283-287: 556-559.

[198] Deleeuw D C, Lipowitz J, Lu P P. Preparation of substantially crystalline silicon carbide fibers from polycarbosilane[P]. U.S. Patent, 5071600, 1991.

[199] Lipowitz J, Barnard T, Bujalski D, et al. Fine-diameter polycrystalline SiC fibers [J]. Composites Science and Technology, 1994, 51(2): 167-171.

[200] Kagawa Y, Matsumura K, Iba H, et al. Potential of short Si-Ti-C-O fiber-reinforced epoxy matrix composite as electromagnetic wave absorbing material [J]. Journal of Materials Science, 2007, 42(4): 1116-1121.

[201] Kagawa Y, Imahashi Y, Iba H, et al. Effect of electrical resistivity of Si-Ti-C-O fiber on electromagnetic wave penetration depth of short fiber-dispersed composites [J]. Journal of Materials Science Letters, 2003, 22(2): 159-161.

[202] 余煜玺,李效东,曹峰,等.先驱体法制备含异质元素 SiC 陶瓷纤维的现状与进展[J].硅酸盐学报.2003, 31(4): 371-375.

[203] 曹淑伟.含锆、钽、铪 SiC 陶瓷先驱体的合成及纤维制备研究[D].长沙: 国防科学技术大学,2007.

[204] 杨大祥.PCS 和 PMCS 的新合成方法及高耐温性 SiC 纤维制备研究[D].长沙: 国防科学技术大学,2008.

[205] Chen Z Y, Li X D, Wang J, et al. Preparation of continuous Si-Fe-C-O functional ceramic fibers [J]. Transactions of Nonferrous Metals Society of China, 2007, 17: 987-991.

[206] 陈志彦,王军,李效东,等.连续含铁碳化硅纤维及其结构吸波材料的研制[J].复合材料学报.2007, 24(5): 72-76.

[207] Okamura K, Segushi T. Application of radiation curing in the preparation of polycarbosilane-derived SiC fibers [J]. Journal of Inorganic and Organometallic Polymers, 1992, 2(1): 171-179.

[208] Sato M, Yamamura T, Seguchi T, et al. Behavior of radicals on radiation crosslinking of polycarbosilane as SiC fiber precursor [J]. Bulletin of the Chemical Society of Japan, 1990, 5: 554-556.

[209] Sugimoto M, Toshio S, Okamura K, et al. Reaction mechanisms of silicon carbide fiber synthesis by heat treatment of polycarbosilane fibers cured by radiation: I Evolved gas analysis [J]. Journal of the American Ceramic Society, 1995, 78(4): 1013-1017.

[210] Shimoo T, Hayatsu T, Narisawa M, et al. Mechanism of ceramization of electron-irradiation cured polycarbosilane fiber [J]. Journal of the Ceramic Society of Japan, 1993, 101: 809-813.

[211] Takeda M, Imai Y, Ichikawa H, et al. Thermal stability of SiC fiber prepared by an irradiation-curing process [J]. Composites Science and Technology, 1999, 59: 793-799.

[212] Takeda M, Imai Y, Ichikawa H, et al. Thermomechanical analysis of the low oxygen silicon carbide fibers derived from polycarbosilane [J]. Ceramic Engineering and Science Proceedings, 1993, 14(7-8): 540-547.

[213] Berger M H, Hochet N, Bunsell A R. Microstructure and thermo-mechanical stability of a low-oxygen Nicalon fibre [J]. Journal of Microscopy, 1995, 177(3): 230-241.

[214] Takeda M, Sakamoto J, Imai Y, et al. Thermal stability of the low-oxygen-content silicon carbide fiber, Hi-Nicalon™ [J]. Composites Science and Technology, 1999, 59: 813-819.

[215] Chollon G, Pailler R, Naslain R, et al. Thermal stability of a PCS-derived SiC fiber with a low oxygen content (Hi-Nicalon) [J]. Journal of Materials Science, 1997, 32: 327-347.

[216] Bodet R, Bourrat X, Lamon J, et al. Tensile creep behaviour of a silicon carbide-based fibre with a low oxygen content [J]. Journal of Materials Science, 1995, 30: 661-677.

[217] Bouillon E, Mocaer D, Villeneuve J F, et al. Composition-microstructure-property relationships in ceramic monofilaments resulting from the pyrolysis of a polycarbosilane precursor at 800 to 1 400℃ [J]. Journal of Materials Science, 1991, 26(6): 1517-1530.

[218] Bouillon E, Langlais F, Pailler R, et al. Conversion mechanisms of a polycarbosilane precursor into an SiC-based ceramic material [J]. Journal of Materials Science, 1991, 26: 1333-1345.

[219] Takeda M, Saeki A, Sakamoto J I, et al. Properties of polycarbosilane-derived silicon carbide fibers with various C/Si compositions [J]. Composites Science and Technology, 1999, 59(6): 787-792.

[220] Ichikawa H. Recent advances in Nicalon ceramic fibres including Hi-Nicalon type S [J]. Annales De Chimie-Science Des Materiaux, 2000, 25(7): 523-528.

[221] Hu T J, Li X D, Li G Y, et al. SiC fibers with controllable thickness of carbon layer prepared directly by preceramic polymer pyrolysis routes [J]. Material Science and Engineering B, 2010, 176: 706-710.

[222] 孙颖.两步法方型三维编织复合材料细观结构及其有效弹性性能预测[D].天津：天津工业大学,2003.

[223] 杨晓慧.四步法三维编织计算机辅助设计系统的研究[D].天津：天津工业大学,2013.

[224] 刘兰英.面向准各向同性纺织复合材料的研制[D].天津：天津工业大学,2012.

[225] 刘冷杉.编织穿刺复合材料制备方法及穿刺机设计[D].上海：东华大学,2013.

[226] 严柳芳,陈南梁,罗永康.缝合技术在复合材上的应用及发展[J].产业用纺织品,2007, 2: 1-5.

[227] 焦亚男,李晓久,董孚允.三维缝合复合材料性能研究[J],纺织学报,2002, 23(2): 96-99.

[228] Yano T, Budiyanto K, Yoshida K, et al. Fabrication of silicon carbide fiber-reinforced silicon carbide composite by hot-pressing [J]. Fusion Engineering and Design, 1998, 41: 157-163.

[229] Lu C W, Zhang Y F, Yang X H, et al. The criterion of forming the carbon layer on the interface of the SiC fiber reinforced lithium aluminosilicate (LAS) composites [J]. Journal of Thermal Analysis, 1995, (45): 227-233.

[230] Hähnel A, Pippel E, Schneider R, et al. Formation and structure of reaction layers in SiC/glass and SiC/SiC composites [J]. Composites Part A, 1996, 27: 685-690.

[231] Bonney L A, Cooper R F. Reaction-layerinterfaces in SiC-fiber-reinforced glass-ceramics: ahigh resolution scanning transmission electron microscopy analysis [J]. Journal of the American Ceramic Society, 1990, 73: 2916-2921.

[232] Cooper R F, Chyung K. Structure and chemistryof fibre-matrix interfaces in silicon carbide fibre-reinforced glass-ceramic composites: an electron microscopy study. Journal of Materials Science, 1987, 22: 3148-3160.

[233] Fankhänel B, Müller E, Fankhänel T, et al. Conductive SiC-fibre reinforced composites asa model of 'smart components' [J]. Journal of the European Ceramic Society, 1998, 18: 1821-1825.

[234] Fankhänel B, Müller E, Mosler U, et al. SiC-fiber reinforced glasses-electrical properties and their application [J]. Journal of the European Ceramic Society, 2001, 21: 649-657.

[235] Fankhänel B, Müller E, Mosler U, et al. Electrical properties and damage monitoring of SiC-fibre-reinforced glasses [J]. Composites Science and Technology, 2001, 61: 825-830.

[236] Simmer S, Derby B. The processing of novel reaction bonded SiC ceramics using alloyed silicon infiltrates [C]. Fourth Euro-Ceramics (Ed: A. Bellosi), 1995, (4): 393-400.

[237] Naslain R. CVI composites [R]. In: Warren Red. Ceramic Matrix Composites. London: Chapman and Hall, 1992: 199-243.

[238] Naslain R, Pailler R, Bourrat X, et al. Synthesis of highly tailored ceramic matrix composites by pressure-pulsed CVI [J]. Solid State Ionics, 2001, (141-142): 541-548.

[239] Chung G Y, McCoy B J, Smith J M. Chemical vapor infiltration: modeling solid matrix

deposition for ceramic composites reinforced with layered woven fabrics [J]. Chemical Engineering Science, 1992, (2): 311-323.

[240] Stinton D P, Caputo A J, Richard A L. Synthesis of fiber-reinforced SiC composites by chemical vapor infiltration [J]. American Ceramic Society Bulletin, 1986, (2): 347-350.

[241] Noda T, Araki H, Abe F, et al. Preparation of carbon fiber/SiC composite by chemical vapor infiltration [J]. ISIJ International,1992,(8): 926-931.

[242] 益小苏,等.先进复合材料技术研究与发展[M].北京: 国防工业出版社,2006.

[243] Hinoki T, Yang W, Nozawa T, et al. Improvement of mechanical properties of SiC/SiC composites by various surface treatment of fibers [J]. Journal of Nuclear Materials, 2001, (289): 23-29.

[244] Araki H, Noda T, Abe F, et al. Interfacial structural of chemical vapour infiltration carbon fibre/SiC composite [J]. Journal of Materials Science Letters, 1992, (11): 1582-1584.

[245] Leparoux M, Vandenbulcke L, Serin V, et al. The interphase and interface microstructure and chemistry of isothermal/isobaric chemical vapour infiltration SiC/BN/SiC composites: TEM and electron energy loss studies [J]. Journal of Materials Science, 1997, (32): 4595-4602.

[246] Yu X M, Zhou W C, Luo F, et al. Effect of fabrication atmosphere on dielectric properties of SiC/SiC composites [J]. Journal of Alloys and Compounds, 2009, 479: L1-L3.

[247] Ziegler G, Richter I, Suttor D. Fiber-reinforced composites with polymer-derived matrix: processing, matrix formation and properties [J]. Composites Part A,1999, (30): 411-417.

[248] Tanaka T, Tamari N, Kondoh I, et al. Fabrication of three-dimensional Tyranno fibre reinforced SiC composite by the polymer precursor method [J]. Ceramics International, 1998, (24): 365-370.

[249] Herwood W J, Whitmarsh C K, Jacobs J M, et al. Low cost, near-net shape ceramic composites using resin transfer molding and pyrolysis (RTMP) [J]. Ceramic Engineering and Science Proceedings, 1996,(4): 174-183.

[250] 王建方.碳纤维在 PIP 工艺制备陶瓷基复合材料过程中的损伤机制研究[D].长沙: 国防科学技术大学,2003.

[251] David E G. Ceramic matrix composite (CMC) thermal protection systems (TPS) and hot structures for hypersonic vehicles [R], AIAA, 2008-2682.

[252] 张立同,成来飞.连续纤维增韧陶瓷基复合材料可以持续发展战略探讨[J].复合材料学报,2007,24(2): 1-6.

[253] Alain L, Patrick S, Alain A, Ceramic matrix composites to make breakthroughs in aircraft engine performance [R]. AIAA, 2009-2675.

[254] Nakano K, Sasaki K, Saka H, et al. SiC-and Si_3N_4-matrix composites by slurry infiltration [J]. Ceramic Transactions, 1995, 58: 215-229.

[255] AIAA Position Paper. The versatile affordable advanced turbine engines (VAATE) initiative [R]. AIAA, 2006,1-10.

[256] Shaw R J, Peddie C L. Overview of ultra-efficient engine technology (UEET) program [R]. NASA/CP-2003-2124458/Vol 1.

[257] Hughes C E. Aircraft engine technology for green aviation to reduce fuel burn [R]. AIAA, 2011-3531.

[258] Clarence T, Chang C T, Lee C M, et al. NASA environmentally responsible aviation project develops next-generation low-emissions combustor technologies (phase Ⅰ) [J]. Journal of Aeronautics and Aerospace Engineering, 2013, 2(4): 1-10.

[259] Alain L, Patrick S, Alain A, et al. Ceramic matrix composites to make breakthroughs in aircraft engine performance [R]. AIAA, 2009-2675.

[260] Brewer D. HSR/EPM combustor materials development program [J]. Materials Science and Engineering A, 1999, 261: 284-291.

[261] Michael C H, Martha H J, James D K, et al. Evaluation of ceramic matrix composite technology for aircraft turbine engine applications [R]. AIAA, 2013-0539.

[262] Min J B, Harris D L, Ting J M. Advances in ceramic matrix composite blade damping characteristics for aerospace turbomachinery applications [R]. AIAA, 2011-1784.

[263] Morscher G N. Modeling the stress strain behavior of woven ceramic matrix composites [C]. 107th Annual American Ceramic Society Conference, 2006, 1-31.

[264] Zhu D M, Miller R A, Fox D S. Thermal and environmental barrier coating development for advanced propulsion engine systems [R]. NASA/TM-2008-215040: 1-14.

[265] Michael V, Anthony C, Craig R, et al. Ceramic matrix composite vane subelement testing in a gas turbine environments [R]. GT2004-53970.

[266] COI Ceramics, Inc. www.coiceramics.com.

[267] Yang J Y, Weaver J H, Zok F W, et al. Processing of oxide composites with three-dimensional fiber architectures [J]. Journal of the American Ceramic Society, 2009, 92: 1087-1092.

[268] Duran P, Frenandez J F (Eds.). Third Euro ceramics vol. 1[M]. Madrid: Faenza Editrice Iberica, 1993.

[269] Boccaccini A R, Trusty P A, Taplin D M R, et al. Colloidal processing of a mullite matrix material suitable for infiltrating woven fibre preforms using electrophoretic deposition [J]. Journal of the European Ceramic Society, 1996, 16: 1319-1327.

[270] Stoll E, Mahr P, Krüger H G, et al. Fabrication technologies for oxide-oxide ceramic matrix composites based on electrophoretic deposition [J]. Journal of the European Ceramic Society, 2006, 26: 1567-1576.

[271] 张福平,陈照峰,张立同,等.PIP 法制备 3D Nextel™ 720/Mullite 复合材料[J].航空材料学报,2002, 22: 33-36.

[272] Guglielmi M, Kickelbick G, Martucci A (Eds.). Sol-Gel nanocomposites [M]. New York: Springer Science+Business Media, 2014.

[273] Russell-Floy R S, Harri B, Cooke R G, et al. Application of Sol-Gel processing techniques for the manufacture of fiber-reinforced ceramics [J]. Journal of the American Ceramic Society, 1993, 76: 2635-2643.

[274] Dey A, Chatterjee M, Naskar M K, et al. Near-net-shape fibre-reinforced ceramic matrix composites by the sol infiltration technique [J]. Materials Letters, 2003, 57: 2919-2926.

[275] Jurf R A, Butner S C. Advances in all-oxide CMC [J]. Journal of Engineering for Gas Turbines and Power, 2000, 122: 202-205.

[276] Schneider H, Schreuer J, Hildmann B. Structure and properties of mullite-a review [J]. Journal of the European Ceramic Society, 2008, 28: 329-344.

第 3 章　传统雷达吸波材料结构形式及其优化设计方法

雷达吸波材料要具有优异的吸波性能,必须同时满足两个条件: ① 吸波材料的阻抗要与自由空间波阻抗相匹配,以确保电磁波能够进入材料内部;② 吸波材料要具有合适的损耗,从而有效损耗电磁能量。但这两个要求往往是相互矛盾的,损耗较大的材料阻抗较低,阻抗高的材料往往损耗又小。因此雷达吸波材料的主要工作之一是解决好以上矛盾使之具有较好的吸波性能。经过几十年的发展,为解决以上矛盾发展成熟了几种传统结构形式的雷达吸波材料,其中以 Salisbury 屏吸收体、单层吸波材料(Dallenbach 吸收体)、多层阻抗匹配吸波材料、Jaumman 吸收体最为典型。本章首先对传统结构形式的吸波材料的反射率计算方法以及吸波性能的优化设计方法进行介绍,然后重点针对以上四种典型结构形式的吸波材料特性进行分析。

本章传统吸波材料的说法主要是为了与超材料吸波材料相区分,超材料吸波材料的相关内容将在第 4 章详细讨论。

3.1　传统结构形式雷达吸波材料优化设计方法

优化设计是雷达吸波材料研究过程中最为关键的步骤之一,主要包括两部分: 计算吸波材料的反射率;采用高效的优化方法获得全局最优化参数。

3.1.1　反射率计算方法

雷达吸波材料反射率最为常用的计算方法是等效传输线法和阻抗传递法[1],本节重点对两种常用的反射率计算方法进行说明。

1. 等效传输线法

等效传输线法是将不同电磁参数的多层平板材料看成多段传输线,每段传输线的散射参数可由材料的电磁参数和厚度计算出来,即可计算多层材料的反射率[2]。n 层吸波材料结构示意图如 3.1 所示,第 m 层的电磁场关系如图 3.2 所示,对界面 $k(m)$ 有

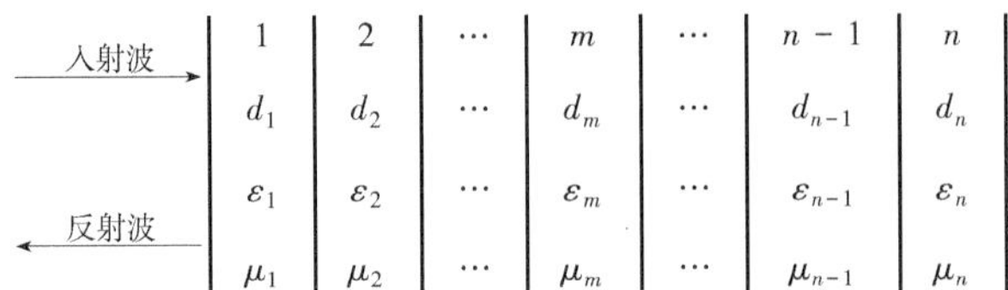

图 3.1　多层吸波材料结构示意图

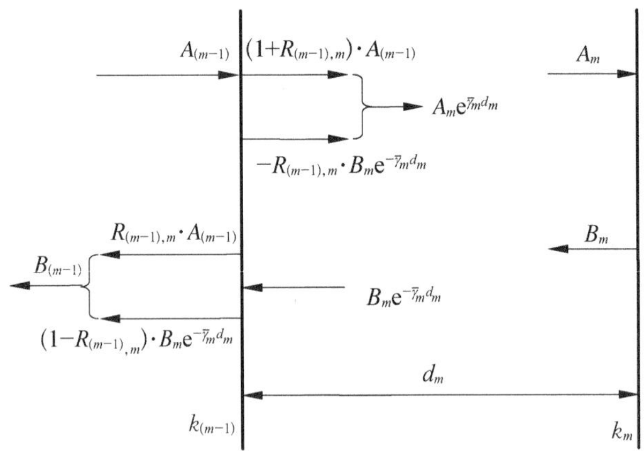

图 3.2　多层吸波材料第 m 层上的电磁场关系

$$\begin{bmatrix} B_{(m-1)} \\ A_{(m-1)} \end{bmatrix} = \begin{bmatrix} \exp(-\gamma_m d_m) & R_{(m-1),m}\exp(\gamma_m d_m) \\ R_{(m-1),m}\exp(-\gamma_m d_m) & \exp(\gamma_m d_m) \end{bmatrix} \begin{bmatrix} B_m \\ A_m \end{bmatrix} \tag{3.1}$$

其中

$$\gamma_m = \mathrm{j}2\pi f\sqrt{\varepsilon_m \mu_m}/c \tag{3.2}$$

$$R_{(m-1),m} = \frac{\mu_m \gamma_{m-1} - \mu_{m-1}\gamma_m}{\mu_m \gamma_{m-1} + \mu_{m-1}\gamma_m} \tag{3.3}$$

上面三式中:ε_m、μ_m 分别为第 m 层材料的介电常数与磁导率;f 为频率;c 为光速;$\mathrm{j}=\sqrt{-1}$ 是虚数单位。

对界面 $k(0)$、$k(1)$、$k(2)$、…、$k(n)$ 写出 $n+1$ 个类似式(3.1)的矩阵方程,将其相乘,可以得到

$$\begin{bmatrix} r \\ 1 \end{bmatrix} = C\begin{bmatrix} U_{11} & U_{12} \\ U_{21} & U_{22} \end{bmatrix}\begin{bmatrix} B_n \\ A_n \end{bmatrix} \tag{3.4}$$

式中,C 是 $n+1$ 个矩阵系数的乘积, $\boldsymbol{U} = \begin{bmatrix} U_{11} & U_{12} \\ U_{21} & U_{22} \end{bmatrix}$ 是 $n+1$ 个矩阵的乘积。

吸波材料有反射背衬时,在 $k(n)$ 处全反射, 有 $B_n = -A_n$, 由式(3.4)得反射系数为

$$r = \frac{-U_{11} + U_{12}}{-U_{21} + U_{22}} \tag{3.5}$$

吸波材料没有反射背衬时, 有 $B_n = R_{0,n}A_n$, 由式(3.4)得到反射系数 r 和透射系数 t 为

$$r = \frac{-R_{0,n}U_{11} + U_{12}}{-R_{0,n}U_{21} + U_{22}} \tag{3.6}$$

$$t = \frac{1 - R_{0,n}}{C(-R_{0,n}U_{21} + U_{22})} \tag{3.7}$$

由反射系数,可求出反射率为

$$R = 20\lg|r| \tag{3.8}$$

通过以上推导过程可以发现,等效传输线法清晰的描绘了电磁波在多层材料界面的传输过程,但计算过程略显复杂。

2. 阻抗传递法

相对等效传输线法,阻抗传递法的计算过程较为简单,这一方法更多的是关注了多层材料输入阻抗的计算方法,并根据输入阻抗计算多层材料的反射率。

对于多层材料,第 k 层的输入阻抗为[3]

$$Zin(k) = Z_C^m(k)\frac{Zin(k-1) + Z_C^m(k)\tanh[\gamma(k)\cdot d(k)]}{Z_C^m(k) + Zin(k-1)\tanh[\gamma(k)\cdot d(k)]} \tag{3.9}$$

其中

$$\gamma(k) = \mathrm{j}2\pi f\sqrt{\mu_k\varepsilon_k}/c \tag{3.10}$$

$$Z_C^m(k) = \sqrt{\mu_k/\varepsilon_k} \tag{3.11}$$

计算时从最底层材料开始算起，如果有反射背衬，$Zin(0)=0$；如果没有反射背衬，$Zin(0)=1$。依次计算出上一层材料的输入阻抗，直到得出最表层的输入阻抗 $Zin(n)$，则材料的复反射系数为

$$r=[Zin(n)-1]/[Zin(n)+1] \tag{3.12}$$

再根据式(3.8)即可算出多层材料的反射率。

根据阻抗传递法，可以得出带反射背衬的单层雷达吸波材料的反射系数计算公式为

$$r=\frac{\sqrt{\frac{\mu}{\varepsilon}}\tanh\left(\mathrm{j}\frac{2\pi f}{C}\sqrt{\mu\varepsilon}\,d\right)-1}{\sqrt{\frac{\mu}{\varepsilon}}\tanh\left(\mathrm{j}\frac{2\pi f}{C}\sqrt{\mu\varepsilon}\,d\right)+1} \tag{3.13}$$

对于电损耗材料，则带反射背衬的单层雷达吸波材料的反射系数计算公式可进一步简化为

$$r=\frac{\sqrt{\frac{1}{\varepsilon}}\tanh\left(\mathrm{j}\frac{2\pi f}{C}\sqrt{\varepsilon}\,d\right)-1}{\sqrt{\frac{1}{\varepsilon}}\tanh\left(\mathrm{j}\frac{2\pi f}{C}\sqrt{\varepsilon}\,d\right)+1} \tag{3.14}$$

从本质上讲，等效传输线法和阻抗传递法均是将每一层材料看成一个对称的二端口传输网络，两种反射系数的计算方法仅是表达方式不同，并且两种方法均可对没有反射背衬材料的透射系数进行计算。以上两种方法在传统结构形式的雷达吸波材料的反射率计算中应用较为广泛，尤其以阻抗传递法应用居多。

3.1.2　优化方法

解决了吸波材料的反射率计算问题，即可采用相应的优化设计方法对吸波材料参数进行优化，从而得到最优吸波性能所对应的参数解。目前吸波材料优化方式主要有两种：一种是根据吸波性能、厚度等目标函数要求，优化出吸波材料的层数、各层厚度以及电磁参数，但这种优化方法所得的优化参数值主要是作为吸波材料研制过程中的理论指导，因为优化出的电磁参数所对应的材料不一定能制备出来；另一种是根据已有材料的电磁参数数据库，对吸波材料的层数、组合方式、厚度等参数进行优化，从而获得在限定电磁参数数据库条件下的优化

解,这种优化方法具有较强的可操作性以及可实现性,是目前吸波材料研制过程中最为常用的方法,本节重点针对后一种优化方法进行讨论。

吸波材料优化设计是一个复杂的多目标规划问题,目标是根据已有材料电磁参数数据库,在厚度、吸波性能等约束条件下获得最优参数解。优化设计变量有离散的,例如材料种类和层铺顺序,也有连续的,如各层厚度。此外,吸波材料反射率优化目标又是一个多极值复杂函数,易陷入局部优化。因此,采用何种优化方法获得全局最优解就成为吸波材料优化过程要解决的主要难题。下面重点针对几种常用优化方法展开分析。

1. 穷举法

穷举法也称为枚举法,是最简单的优化方法。对于离散变量的优化,只要对所有的参数组合计算出函数值并进行对比,目标函数值最优的组合即为优化结果。对于连续变量而言,首先将连续变量以一定步长离散,然后将各离散变量进行组合,每种组合计算出函数值,比较所有函数值,即可得出最优解。穷举法的优点是算法简单,无条件得到全局最优解,但是对厚度稍大或层数较多的材料,计算量巨大,容易发生"组合爆炸"。例如,对于有 a_n 种吸波材料,n 层材料,总厚度为 d,厚度步长 Δd 的优化设计过程,需要计算的组合数为 $N=\left(a_n\dfrac{d}{\Delta d}\right)^n$。比如总厚度为 3 mm 的 3 层材料,厚度步长取 0.1 mm,10 种备选材料,则 $N=2.7\times10^7$,由此可见其计算量是非常惊人的。另外,优化设计结果精度取决于步长,为提高优化精度,必须减小步长,进一步导致计算量剧增,故穷举法只适合优化厚度较小、层数较少的吸波材料。

2. 随机搜索法

随机搜索法的优化过程是首先确定初始点,并在初始点附近一定范围内产生数个随机点,比较这些点的目标函数值,再以这些函数值最优点作为初始点,重复以上过程,直到获得满意的结果。随机搜索法算法简单,效率比穷举法高,但易陷入局部最优,收敛速度慢。对于吸波材料优化这一复杂的多目标规划问题,采用随机搜索法很难得到全局最优解,因此应用较少。

3. 遗传算法

遗传算法(genetic algorithms, GA)是模拟达尔文的遗传选择和自然淘汰的生物进化过程的计算模型，由美国 Michigan 大学的 Holland 教授于 1975 年提出[4]。其主要特点是群体搜索策略和群体中个体之间的信息交换，搜索不依赖于梯度信息。该方法尤其适用于处理传统搜索方法难以解决的复杂的非线性问题，可广泛应用于组合优化、机器学习、自适应控制、规划设计等领域，也可用于吸波材料的性能优化[5]。GA 算法计算过程如图 3.3 所示，先将连续变量以一定步长离散，按照一定规则进行编码，随机产生初始种群，对每个个体适应度进行评估，然后根据适应度择优选择个体，通过交叉产生下一代个体，适应度高的个体有更多的机会将自身的染色体遗传至下一代。为了使遗传算法具有更强的全局优化能力，产生的个体将以较小的概率改变某些染色体，称为“变异”。通过一定世代数的迭代，就会有适应度很高的个体产生，可以当作优化设计的结果输出。遗传算法具有卓越的全局搜索能力，但对于吸波材料优化来说，也存在优化精度不高的缺点。从某种意义上说，遗传算法只能获得比较满意的结果，但不能确保得到最优解。

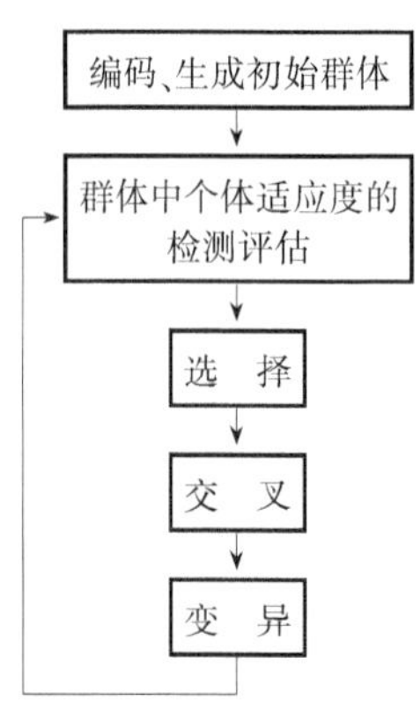

图 3.3　遗传算法流程图

4. 组合优化和连续优化相结合的优化方法

在吸波材料优化设计中，输入参数可分为连续变量和离散变量两类，连续变量可在某个范围内取任意值（如材料厚度），离散变量只能取有限的离散值（如材料的种类以及铺层顺序）。离散变量的优化又称为组合优化，即寻找多个离散变量的最优组合，前面提到的三种方法均属于组合优化方法，这种优化方法存在两个问题：一是变量稍多的时候会使计算量急剧增大；二是连续变量离散后优化精度有限。为了克服这些缺点，周永江提出了组合优化和连续优化相结合的优化算法，即先对所有的离散变量进行组合，再采用连续优化方法对每一种组合下的连续变量进行优化，得到每种组合下最优的连续变量，然后对比各种组合下的目标函数值，获得全局优化解[3]。这种优化方法结合了组合优化与连续优化的优点，仅对离散变量进行组合优化，由于组合数大大降低，可以采用无条件即可获得全局优化解的穷举法；而对于连续变量则可以采用连续优化方法，从而获得较大的收敛范围和较快的搜索速度，提高优化效率。前文中重点对三种组合优化方法进行了阐述，下面重点针对连续优化方法进行讨论。

1）连续优化方法

连续优化方法较多，可以分为梯度法和直接法两大类。梯度法根据目标函数的梯度信息确定搜索方向，包括牛顿迭代法、最速下降法、共轭梯度法等，但由于反射率函数较为复杂，难以求得梯度，因此采用梯度法会降低算法的稳定性与性能。直接法不依赖于函数的梯度，特别适合目标函数梯度不存在或很难求得的情况，因此直接法比较适合作为吸波材料连续变量的优化方法。数值实验表明，直接法中 Powell 法具有较大的收敛范围，单纯形法具有较快的搜索速度，下面重点针对这两种优化方法进行讨论。

（1）Powell 法

Powell 法是一种不依赖于目标函数梯度的直接搜索方法，它逐步构造共轭方向作为搜索方向，Powell 法的优点是具有二次收敛速度，基本流程如下：

① 给定一点 P_0^0 作为初始点，并令 n 个单位方向 u_i（第 i 个分量为 1，其他分量为 0）为初始搜索方向；

② 从 P_0^0 出发沿 u_n 方向作一维搜索，求 λ_0 使得当 $P_0 = P_0^0 + \lambda_0 u_n$ 时 $f(P_0)$ 最小；

③ 依次对 $i = 1 \sim n$，P_{i-1} 沿 u_i 方向作一维搜索，求 λ_i 使得当 $P_i = P_{i-1} + \lambda_i u_i$ 时 $f(P_i)$ 最小；

④ 对于 $i = 1 \sim n-1$，令 $u_i = u_{i+1}$，再令 $u_n = P_n - P_0$；

⑤ 从 P_n 出发沿 u_n 方向作一维搜索，求 λ 使得当 $P_{n+1} = P_n + \lambda u_n$ 时 $f(P_{n+1})$ 最小；

⑥ 若 $|P_{n+1} - P_0| < \text{eps}$，输出 P_{n+1} 为最优化结果，否则令 $P_0 = P_{n+1}$，跳转到第③步。

图 3.4 给出了 Powell 法的计算过程，由于 P_0 和 P_n 都是沿 u_n 方向搜索得到的最小值，因此 $P_n - P_0$ 为共轭方向，这就是 Powell 法构造共轭方向的方法，Powell 法是直接法中少有的具有严密理论体系的方法。

采用 Powell 法时，需要用到一维搜索，最为常用的是黄金分割法，如图 3.5 所示，计算步骤为：

① 在区间 $[a, b]$ 内取 c、d 两点（其中 $0<w<1$）：

$$c = a + (1 - w)(b - a) \tag{3.15}$$

$$d = a + w(b - a) \tag{3.16}$$

② 计算 $f(c)$ 和 $f(d)$，若 $f(c) < f(d)$，则 a 不变，$b = d$，否则 b 不变，$a = c$；

③ 若 $|b - a| < \text{eps}$，则所求极值点为 $(a + b)/2$，否则转①。

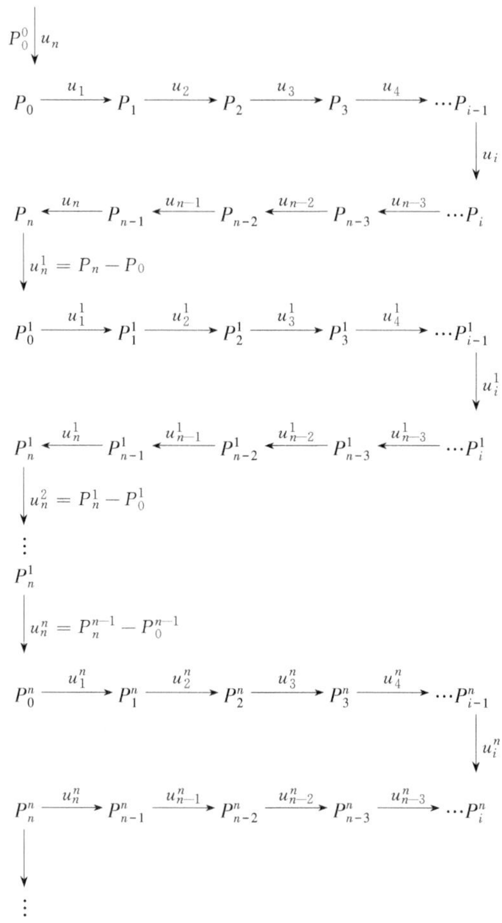

$$P_0^0 \downarrow u_n$$

$$P_0 \xrightarrow{u_1} P_1 \xrightarrow{u_2} P_2 \xrightarrow{u_3} P_3 \xrightarrow{u_4} \cdots P_{i-1}$$

$$\downarrow u_i$$

$$P_n \xleftarrow{u_n} P_{n-1} \xleftarrow{u_{n-1}} P_{n-2} \xleftarrow{u_{n-2}} P_{n-3} \xleftarrow{u_{n-3}} \cdots P_i$$

$$\downarrow u_n^1 = P_n - P_0$$

$$P_0^1 \xrightarrow{u_1^1} P_1^1 \xrightarrow{u_2^1} P_2^1 \xrightarrow{u_3^1} P_3^1 \xrightarrow{u_4^1} \cdots P_{i-1}^1$$

$$\downarrow u_i^1$$

$$P_n^1 \xleftarrow{u_n^1} P_{n-1}^1 \xleftarrow{u_{n-1}^1} P_{n-2}^1 \xleftarrow{u_{n-2}^1} P_{n-3}^1 \xleftarrow{u_{n-3}^1} \cdots P_i^1$$

$$\downarrow u_n^2 = P_n^1 - P_0^1$$

$$\vdots$$

$$P_n^1$$

$$\downarrow u_n^n = P_n^{n-1} - P_0^{n-1}$$

$$P_0^n \xrightarrow{u_1^n} P_1^n \xrightarrow{u_2^n} P_2^n \xrightarrow{u_3^n} P_3^n \xrightarrow{u_4^n} \cdots P_{i-1}^n$$

$$\downarrow u_i^n$$

$$P_n^n \xrightarrow{u_n^n} P_{n-1}^n \xrightarrow{u_{n-1}^n} P_{n-2}^n \xrightarrow{u_{n-2}^n} P_{n-3}^n \xrightarrow{u_{n-3}^n} \cdots P_i^n$$

$$\downarrow$$

$$\vdots$$

图 3.4　Powell 法计算过程

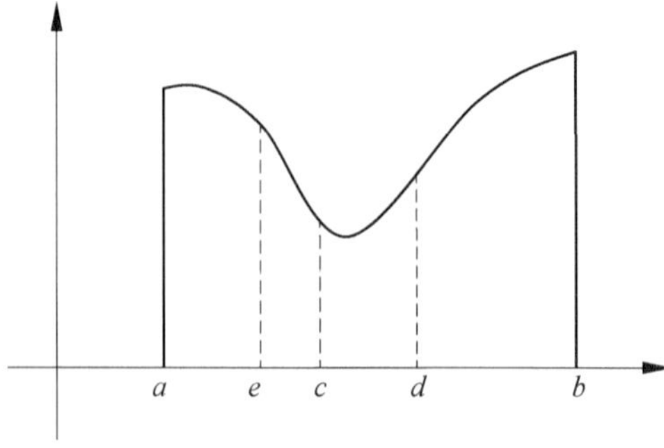

图 3.5　黄金分割法示意图

上面的算法每次循环都需要计算两次函数值，如果 $f(c) < f(d)$，则 d 取代 b，此时 $[a, b]$ 间有一点 c 的函数值已知，如果取 $c = a + w(d - a)$，则 c 点可以作为下一次迭代的新 d 点，只需要计算一个新点 e 的函数值，此时有

$$a + (1 - w)(b - a) = a + w[a + w(b - a) - a] \tag{3.17}$$

整理得

$$1 - w = w^2 \tag{3.18}$$

解得

$$w = \frac{\sqrt{5} - 1}{2} = 0.618 \tag{3.19}$$

因此黄金分割法又称 0.618 法。

（2）单纯形法

单纯形法是 20 世纪 60 年代后期出现的一种直接搜索最优值的算法，是拓扑学与计算数学结合的产物，它的主要优点是具有大范围的收敛性和简单的收敛条件，收敛速度较快，迭代过程不需要计算梯度，也不需要对矩阵求逆，程序简单，鲁棒性强。单纯形算法流程如图 3.6 所示，主要包含反射、延伸、收缩和缩小边长几种运算，下面对其实现方法进行说明。

① 反射。设 p_t 为单纯形中函数值最大的点（即最坏点），对应的函数值为 f_t，先找到除 p_t 以外的其他点的形心，设为 p_c，有

$$p_c = \frac{1}{n}\left(\sum_{i=0}^{n} p_i - p_t\right) \tag{3.20}$$

则 p_t 关于 p_c 的反射运算为

$$p_{n+1} = p_c + \alpha(p_c - p_t) \tag{3.21}$$

式中，α 为反射系数，一般取 $\alpha = 1$。

② 延伸。p_{n+1} 为 p_t 关于 p_c 的反射点，p_b 为函数值最小点（即最好点），如果 $f(p_{n+1}) \leqslant f_b$，则将向量 $p_{n+1} - p_c$ 延伸，得

$$p_{n+2} = p_c + \gamma(p_{n+1} - p_c) \tag{3.22}$$

$\gamma > 1$ 为延伸系数，一般取 $\gamma = 2$。

③ 收缩。p_{n+1} 为 p_t 关于 p_c 的反射点，p_k 为除 p_t 外函数值最大点（即次坏点），

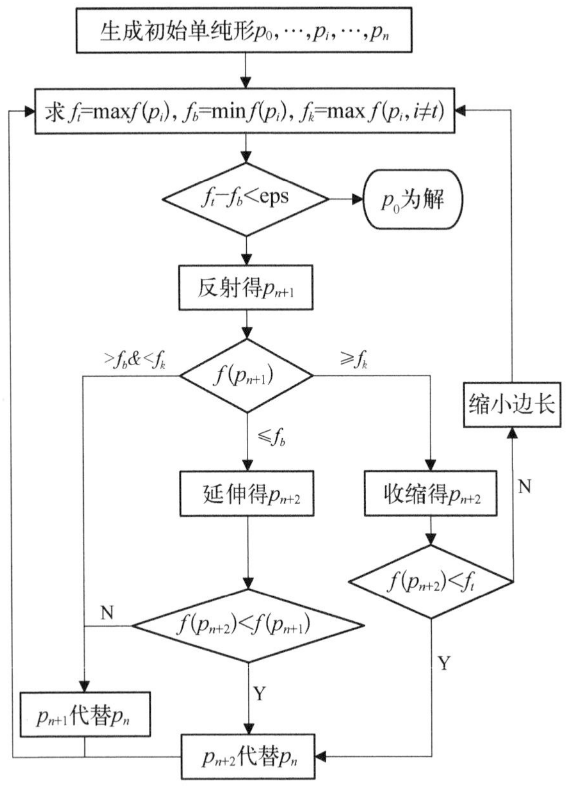

图 3.6　单纯形算法流程图

如果$f(p_{n+1}) \geqslant f_k$，则收缩，得

$$p_{n+2} = p_c + \beta(p_t - p_c) \tag{3.23}$$

式中，$0 < \beta < 1$为收缩系数，一般取$\beta=0.5$。

④ 缩小边长。如果收缩失败，即$f(p_{n+2}) \geqslant f_t$，则将向量$p_i - p_b$的长度缩小一半，得

$$p_i = p_b + \frac{1}{2}(p_i - p_b) \quad (i = 0, 1, \cdots, n, i \neq b) \tag{3.24}$$

从算法流程可以看到，单纯形法每次迭代都不需要进行一维搜索，只要比较几次函数值就能得到较优的点，因此单纯形法迭代速度要远远优于 Powell 法。

2）算法比较

为说明组合优化与连续优化相结合算法的优越性，分别对枚举法、遗传算法的组合优化算法，以及分别基于单纯形法和 Powell 方法的组合优化和连续优化

相结合的算法进行了比较,分别记录了优化时间以及结果,如表 3.1 所示。以上算法的优化设计程序采用 Microsoft Visual C++ 6.0 编制,操作系统为 Mircrosoft Windows XP,CPU 为 Pentium4 2.0G。

表 3.1　优化设计算法比较

层数	材料种类	总厚度/mm	计算时间/s				最大带宽/GHz			
			枚举法	遗传算法	单纯形法	Powell法	枚举法	遗传算法	单纯形法	Powell法
3	10	1	7 987	4 763	70	153	11.39	11.39	11.46	11.46
3	10	2	120 923	21 363	83	161	15.21	15.10	15.45	15.45
3	20	1	108 265	24 927	582	911	11.39	11.39	11.51	11.51
4	20	1	—	36 000	19 215	20 342	—	11.22	11.52	11.52

由表可见,基于单纯形法和 Powell 法的组合优化和连续优化相结合的算法优化速度远远优于枚举法、遗传算法的组合优化方法,且优化带宽更大。当吸波材料层数为 3 层、材料种类为 10 种、总厚度限定为 2 mm 的情况下,基于单纯形法的组合优化与连续优化相结合的算法优化时间约为枚举法的 1/1 450。同时从表中的算例可以发现,随着总厚度的增大,枚举法和遗传算法计算时间急剧增大,而 Powell 法和单纯形法计算时间几乎不变;随着材料种类的增加,所有算法的计算时间都随之增加,对于枚举法和遗传算法,厚度和材料种类加倍对计算量的影响几乎相同;层数的增加对所有算法的计算时间影响最大,一是由于需要计算的组合数呈指数增加,二是设计变量增多,迭代过程计算量增大。

本节简要介绍了雷达吸波材料的优化设计方法,并对几种优化方法进行了比较,本章后续内容将利用相应的优化设计方法,重点对 Salisbury 屏吸收体、单层吸波材料、多层阻抗匹配吸波材料、Jaumman 吸收体几种最为典型和成熟的传统结构形式雷达吸波材料展开讨论,最后对一种由 Jaumann 吸收体衍生的,且实用性较强的夹层结构吸波材料进行介绍。

3.2　Salisbury 屏吸收体

Salisbury 屏是一种经典的电磁波吸收材料,是根据其发明人美国麻省理工学院辐射实验室的 Salisbury 的名字命名的,并于 1952 年获得了专利[6]。经过设计的 Salisbury 屏吸收体能在一定频段内实现电磁波的强吸收,其结构如图 3.7 所示。Salisbury 屏吸收体由电阻片、介质层和反射背衬构成。当其面积远大于

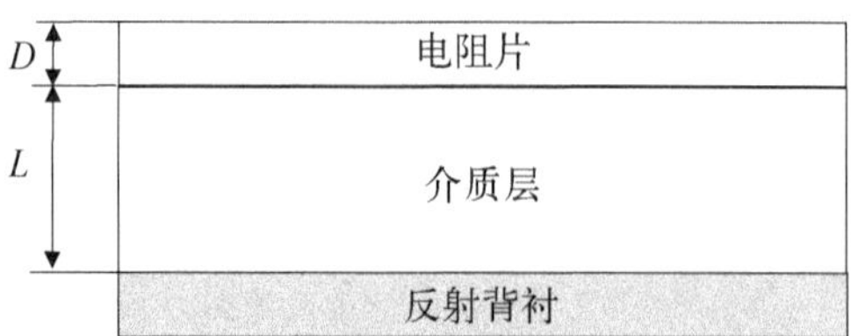

图 3.7 Salisbury 屏吸收体结构示意图

电磁波波长,入射波为平面波且垂直入射时,其反射系数 Γ_α 可用传输线理论进行分析[7]:

$$\Gamma_\alpha = \sqrt{\frac{(\alpha-1)^2\eta_2^2\tan^2\left(\frac{\pi}{2}\bar{f}\right)+\alpha^2\eta_0^2}{(\alpha+1)^2\eta_2^2\tan^2\left(\frac{\pi}{2}\bar{f}\right)+\alpha^2\eta_0^2}} \tag{3.25}$$

式中, $\alpha=R_s/\eta_0$; $R_s=1/\sigma D$ 为电阻片方阻, σ 为电阻片的电导率;D 为电阻片厚度; $\eta_0\approx 377\ \Omega$; η_2 为介质层波阻抗, $\eta_2=\sqrt{\mu_2/\varepsilon_2}$, ε_2 和 μ_2 分别为介质层介电常数和磁导率; $\bar{f}=f/f_0$, f_0 为 Salisbury 屏吸收体谐振频率, $f_0=1/4\sqrt{\varepsilon_2\mu_2}L$, 只与介质层的电磁参数和厚度有关。

对式(3.25)进行分析可得以下结论:

① 当 $\bar{f}=2n+1$(n 为 0, 1, 2…)时, $\Gamma_a=|(\alpha-1)/(\alpha+1)|$, 此时反射系数仅与电阻片方阻有关,且 $R_s=\eta_0$ 时,反射为零;

② 当 $\bar{f}\neq 2n+1$ 时,反射系数除与方阻有关外,还受介质层波阻抗 η_2 影响;

③ 反射系数有多个对称轴,分别关于 $\bar{f}=2n+1$ 对称;

④ 小于某反射系数阈值带宽的影响因素比较复杂,一般情况下,在介质层波阻抗 $\eta_2=\eta_0$,且 $R_s=\eta_0$ 时带宽最大。

下面通过具体算例进一步分析 Salisbury 屏吸收体吸波特性。对介质层厚度为 15 mm,介质为空气,不同方阻电阻片对应的 Salisbury 吸波体的反射率进行了数值计算,结果如图 3.8 所示。可以发现,吸波峰出现在介质层厚度为介质中波长 1/4 的奇数倍位置。当电阻片方阻为377 Ω/sq 时,对应的吸波性能最好,并且在吸收峰位置近似于完全吸收,与前面的理论分析结果一致。

Salisbury 屏吸收体的吸波机制主要是依靠电磁波的干涉,当满足干涉条件时,即当介质层厚度为介质中波长 1/4 的奇数倍时,此时在电阻片位置处电磁波相位相反产生干涉,利用电阻片的电导损耗吸收电磁波,因此也称之为共振吸收体。

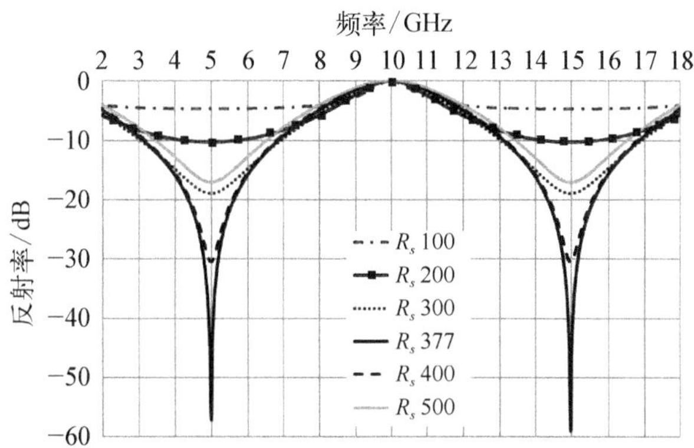

图 3.8　不同方阻电阻片 Salisbury 屏吸收体反射率曲线(L = 15 mm)

为更加直观地说明这一问题,对介质层厚度为 15 mm、电阻片方阻为 377 Ω/sq 的 Salisbury 屏吸收体在不同频率处的功率损耗密度进行了计算,见图 3.9。由图可见,电磁波能量主要被电阻片损耗,当频率为 5 GHz 时,即满足干涉条件时,此时电阻片功率损耗密度最大,而当频率为 10 GHz 时,即非吸收点,此时电阻片功率损耗密度接近 0。

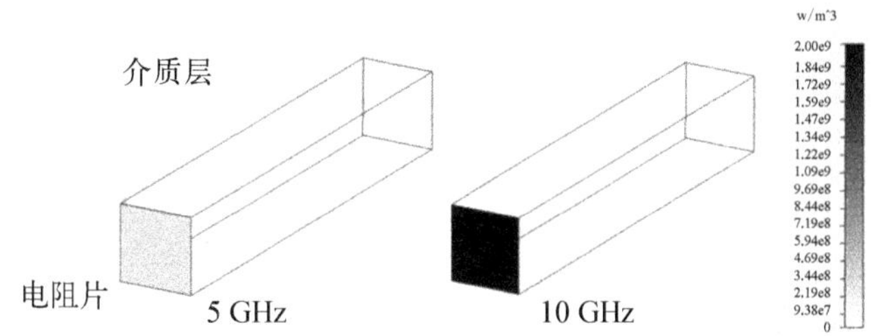

图 3.9　不同频率 Salisbury 屏吸收体功率损耗密度图(L = 15 mm)

通过以上分析,Salisbury 屏吸收体可在某个频段内实现强吸收,但吸收频带窄,若要实现低频吸收,要求介质层厚度较大,Salisbury 屏吸收体存在的这些缺点使其在雷达吸波材料中应用较少。

3.3　单层吸波材料

单层吸波材料(Dallenbach 吸收体)依靠材料本身的电或磁损耗吸收电磁波,结构示意图见图 3.10。单层吸波材料的反射系数计算方法在 3.1.1 节中已经讨论,其反射系数可以用公式(3.13)计算。本书重点讨论高温吸波结构材料,由

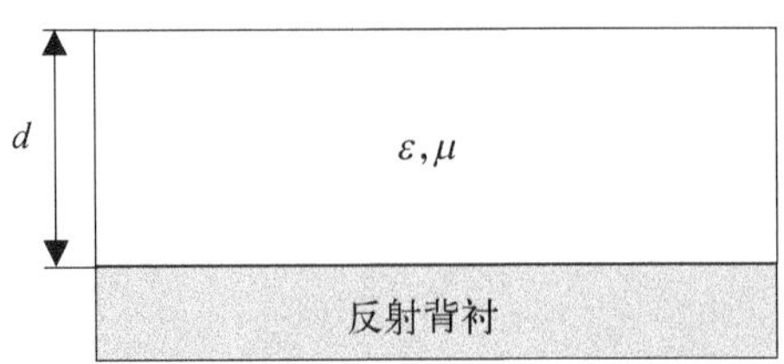

图 3.10　单层吸波材料结构示意图

于磁性材料存在高温退磁问题，因此本节仅对单层电损耗吸波材料进行讨论，其反射系数可采用式(3.14)计算。

本节首先讨论单层吸波材料对电磁波完全吸收条件下的理想电磁参数范围，然后讨论满足一定反射率阈值条件下的电磁参数范围，最后对单层吸波材料的特性进行简要总结。

3.3.1　单层吸波材料完全吸收条件下的电磁参数范围

对于带反射背衬的单层吸波材料，有两种机制可以实现对电磁波的完全吸收：① 电磁波完全进入材料内部，并被材料完全吸收；② 材料表面的反射波与反射背衬的回波相位相反，相互抵消。对于第一种情况，要求材料的输入阻抗与自由空间相同，并且介电常数虚部要足够大，这样的材料目前还不存在。对于第二种情况，采用式(3.14)单层电损耗吸波材料的反射率计算公式以及相应的优化方法，得到厚度为 1 mm、完全吸收情况下材料的介电常数如图 3.11 所示。可以发现，对于第二种情况，要求介电常数实部远大于虚部，且要求介电常数随频率增加呈现明显的下降趋势。

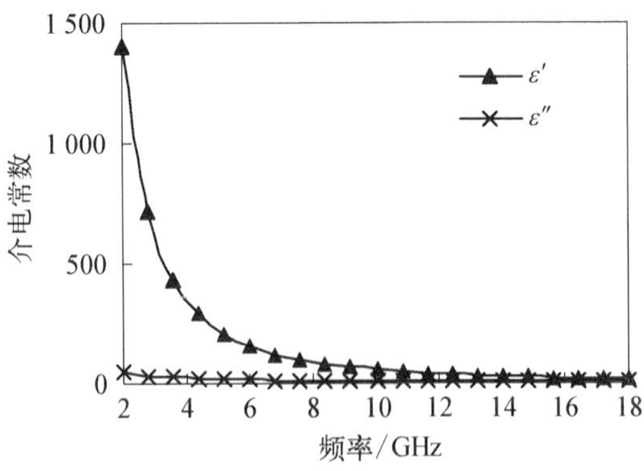

图 3.11　单层电损耗吸波材料理想介电常数(1 mm)

为更好地说明第二种完全吸收情况下介电常数需要满足的条件,通过电磁场理论对其进行解析分析。根据电磁场理论,电磁波在材料中的传播方程为

$$A(x)=A_0\exp\left(-\mathrm{j}\frac{2\pi fx}{c}\sqrt{\varepsilon\mu}\right)=A_0\exp(\alpha+\mathrm{j}\beta) \tag{3.26}$$

式中,f 为电磁波频率;c 为真空中的光速;j 为虚数单位;x 为波传播的距离;$\exp(\alpha+\mathrm{j}\beta)$称为传播常数,其中实部 α 影响电磁波的振幅,称为损耗因子,β 影响电磁波的相位,称为相位因子。以入射波在材料上表面的相位为参考,一次反射的相位为 π,二次反射的相位为 $\beta+\pi$,考虑半波损失,要使一次反射和二次反射相位相反,就要使 $\beta=(2n+1)\pi$, 由式(3.26)可得

$$-\operatorname{Re}\left(\frac{2\pi fx}{c}\sqrt{\varepsilon\mu}\right)=(2n+1)\pi \tag{3.27}$$

式中, $x=2d$, d 为材料的厚度,解得

$$\sqrt{\frac{\varepsilon'\mu'-\varepsilon''\mu''+\sqrt{(\varepsilon'\mu'-\varepsilon''\mu'')^2+(\varepsilon'\mu''+\varepsilon''\mu')^2}}{2}}=(2n+1)\frac{c}{4fd} \tag{3.28}$$

当 $n=0$ 时,根据图 3.11 数值计算结果,假设 $\varepsilon'\gg\varepsilon''$, 对于电损耗材料,式(3.28)可以简化为

$$\varepsilon'\approx\left(\frac{c}{4fd}\right)^2 \tag{3.29}$$

以上是单层吸波材料完全吸收情况下介电常数实部需要满足的条件。现在讨论电磁波完全吸收条件对材料介电常数虚部的要求。根据单层吸波材料的反射率计算公式(3.14)可知,反射系数为 0 的条件是材料的归一化输入阻抗等于 1,即

$$\frac{\exp(\gamma d)-\exp(-\gamma d)}{\exp(\gamma d)+\exp(-\gamma d)}\sqrt{\frac{\mu}{\varepsilon}}=1 \tag{3.30}$$

其中

$$\gamma=\mathrm{j}\frac{2\pi f}{c}\sqrt{\mu\varepsilon} \tag{3.31}$$

由式(3.30)解得

$$\exp(2\gamma d)=\frac{\sqrt{\varepsilon}-\sqrt{\mu}}{\sqrt{\varepsilon}+\sqrt{\mu}} \tag{3.32}$$

对电损耗材料,同样设 $\varepsilon' \gg \varepsilon''$, 此时 $\sqrt{\varepsilon} \approx \sqrt{\varepsilon'} - \mathrm{j}\dfrac{\varepsilon''}{2\sqrt{\varepsilon'}}$, 代入式(3.32)中,利用式(3.32)左右两边实部相等,得到

$$\exp\left(-\varepsilon''\frac{8\pi f^2 d^2}{c^2}\right) = \frac{c-4fd}{c+4fd} \tag{3.33}$$

将左边按 Taylor 公式展开,取一阶近似,有

$$1-\varepsilon''\frac{8\pi f^2 d^2}{c^2} = \frac{c-4fd}{c+4fd} \tag{3.34}$$

由于讨论的吸波材料厚度一般在 mm 量级,频率在 2~18 GHz 范围内, 有 $c \gg 4fd$, 因此有

$$\varepsilon''\frac{8\pi f^2 d^2}{c^2} = \frac{8fd}{c+4fd} \approx \frac{8fd}{c} \tag{3.35}$$

即

$$\varepsilon'' \approx \frac{c}{\pi fd} \tag{3.36}$$

由上述讨论可知,单层电损耗吸波材料采用反相相消机制在完全吸收电磁波的情况下,介电常数实部与频率和厚度的乘积的平方成反比,介电常数虚部与频率和厚度的乘积成反比。根据图 3.11 的计算结果,分别以 $(fd)^{-2}$ 和 $(fd)^{-1}$ 为横坐标,描绘 ε' 和 ε'' 的图像,为两条直线,斜率分别为 5 628.1 和 95.5(图 3.12),

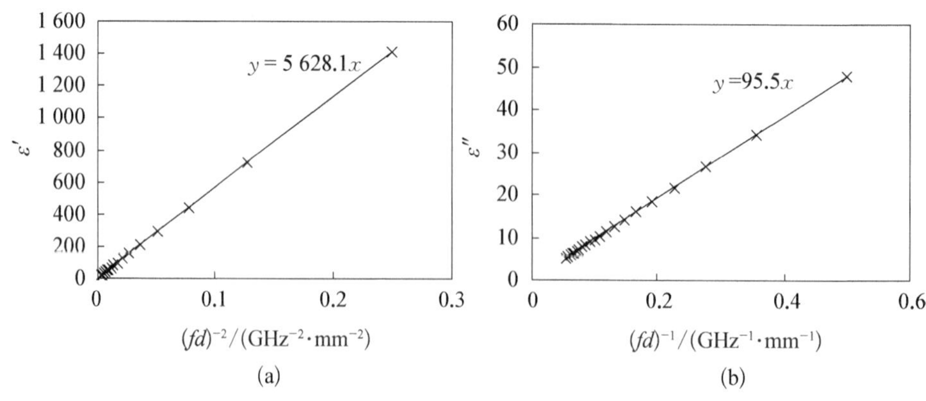

图 3.12　理想介电常数与频率和厚度的关系

而根据式(3.29)和式(3.36)计算出的斜率分别为5 625.0和95.5,两者完全吻合。

3.3.2　单层吸波材料一定反射率阈值条件下的电磁参数范围

通过3.3.1节分析可知,单层电损耗吸波材料在完全吸收电磁波情况下,其介电常数需要满足苛刻的条件。对于实际材料,除个别频点外,其介电常数很难在一定频段范围内满足以上要求,因此单层吸波材料在实际设计与应用过程中,常常需要确定某一反射率阈值。

根据单层电损耗吸波材料的反射率计算公式(3.14)可以发现,当单层吸波材料厚度 d 和频率 f 一定时,反射率 R 是 ε' 和 ε'' 的函数。如果反射率阈值 R 确定,ε' 和 ε'' 就构成了二维平面上的一组圆(实际上是函数 R 在 $\varepsilon'-\varepsilon''$ 平面上的等高线),同一个圆上的点对应的吸波材料在相同厚度与频率时反射率相等,称为等反射率圆[8]。图3.13列出了不同厚度单层电损耗吸波材料在 f=2 GHz时的等反射率圆。可以发现,反射率阈值越小,则对应的等反射率圆的直径越小;等反射率圆内点的反射率低于圆外的点,如果吸波材料的反射率要小于某个阈值,则其对应的点要在对应阈值的等反射率圆内。

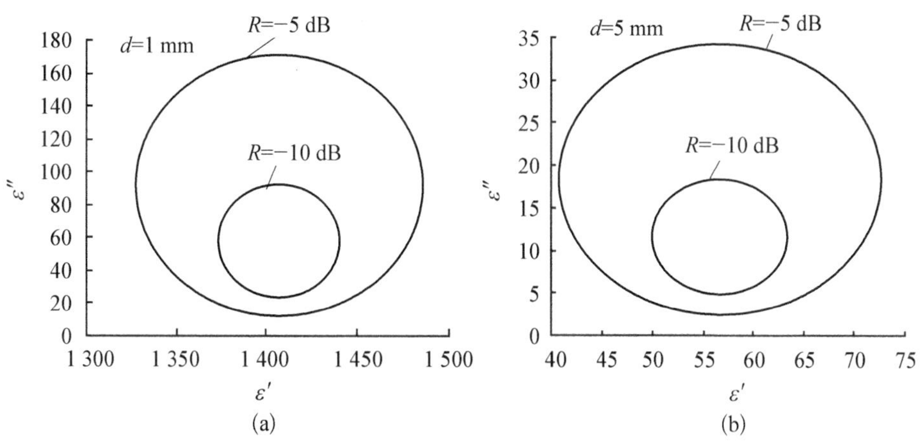

图3.13　2 GHz频率不同厚度材料的等反射率圆

为研究单层吸波材料不同频率下、一定反射率阈值的介电常数范围,可以计算不同频率的等反射率圆,将得到一个介电常数通道,只有在此介电常数通道内的材料反射率才能满足阈值要求。图3.14分别计算了单层吸波材料不同材料厚度以及反射率阈值条件下的介电常数范围。由图可见,对于单层电损耗吸波材料,若要在2~18 GHz频段范围内具有较好吸波功能,介电常数实部与虚部均需要具备较好的频散特性，即随着频率的增加，介电常数呈快速下降特性，当降低反射率阈值要求时，对介电常数的要求可以放宽。对于实际电损耗吸波材料，受制于材料电性能频散特性，要实现较宽频段范围内的强吸波是很困难的，一般只能保证在较窄频段范围内的介电常数落到通道内，因此反射率曲线常常表现为单吸收峰形，具体实例将在本书 5.1 中讨论。

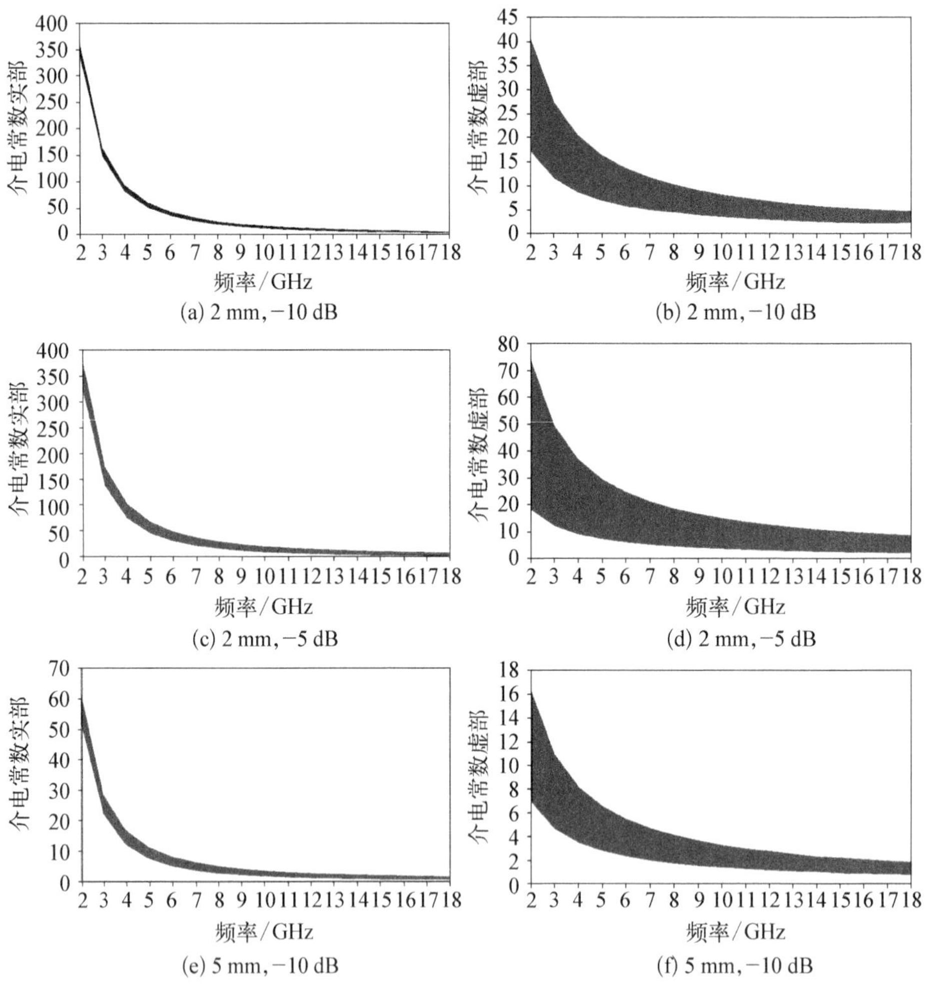

图 3.14　不同材料厚度以及反射率阈值条件下的介电常数范围

通过以上分析，单层电损耗吸波材料受介电常数频散特性限制很难实现宽频吸波功能，需要采用其他吸波材料结构形式以降低对材料的介电性能要求，从而实现宽频吸波。本章后续内容将重点对具有宽频吸波功能的几种吸波材料结构形式进行介绍。

3.4　多层阻抗匹配吸波材料

单层电损耗吸波材料要实现宽频吸波功能，其介电常数频散特性需满足非常苛刻的条件，现有材料很难满足。因此，人们开发出多层阻抗匹配吸波材料，旨在降低对各层材料的介电常数要求。如前文中所述，性能优异的雷达吸波材料电性能需要满足两个条件：一是阻抗要与自由空间尽量匹配；二是材料要具有较大损耗。单层吸波材料很难同时满足这两个要求。多层阻抗匹配吸波材料的目的是在一定程度上缓解以上矛盾，将阻抗大的材料放在外层，以与自由空间相匹配；将损耗大的材料放在内层，以损耗电磁波，这就是多层吸波材料的阻抗渐变原则。

3.4.1　多层阻抗匹配吸波材料的阻抗渐变原则

阻抗渐变原则中的阻抗指的是各层材料的输入阻抗，而不是各层材料的特征阻抗（特征阻抗即波阻抗，$\sqrt{\dfrac{\mu}{\varepsilon}}$），由于输入阻抗除与各层材料的电磁参数有关外，还与厚度相关。因此，从很多多层阻抗匹配吸波材料的设计结果看，其特征阻抗不一定遵循阻抗渐变原则，即不一定都是介电常数小的材料在外层，介电常数大的在内层，还要看各层材料的厚度情况。下面通过具体算例对阻抗渐变原则进行分析。

为了评价的方便，采用特定频段的平均反射率 R_{Avg} 来表征吸波材料吸波性能的优劣，以避免选用不同反射率阈值对结果分析的干扰。平均反射率的计算公式为

$$R_{\text{Avg}} = 10\lg\left(\frac{\int_{f_{\text{start}}}^{f_{\text{stop}}} 10^{\frac{R(f)}{10}}df}{f_{\text{stop}} - f_{\text{start}}}\right) \tag{3.37}$$

选用 A、B、C、D 四种吸收剂，四种吸收剂特征阻抗大小关系为 A>B>C>D，电磁参数见图 3.15。以平均反射率最低为目标，分别对厚度为 2～8 mm（步长为 1 mm）的三层吸波材料进行了优化设计，结果如表 3.2 所示。从设计结果看到，只有厚度较大时吸波材料最优组合才满足特征阻抗渐变原则，厚度越薄，越有将低特征阻抗材料放在表层的趋势。

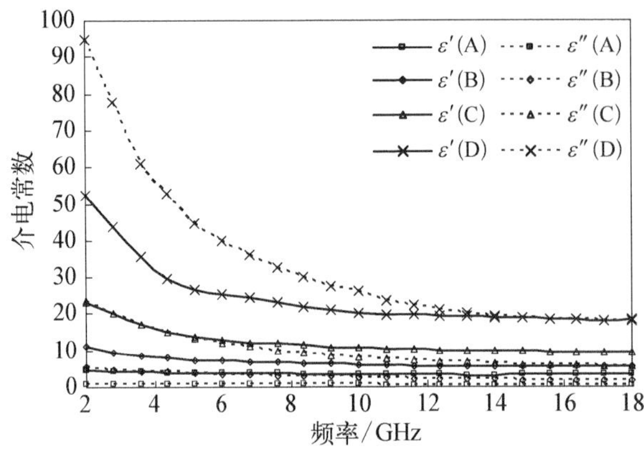

图 3.15　算例选用材料的电磁参数

表 3.2　不同厚度吸波材料的优化设计结果

厚度/mm	方案(内层至面层)	平均反射率/dB	是否满足特征阻抗渐变原则
2	A/B/D	-4.24	否
3	D/A/D	-5.46	否
4	D/A/C	-6.80	否
5	C/A/C	-7.48	否
6	D/C/A	-8.39	是
7	D/C/A	-9.18	是
8	D/B/A	-9.61	是

3.4.2　多层阻抗匹配吸波材料的最佳层数

对于多层阻抗匹配吸波材料,兼顾性能与工艺,在不同厚度约束条件下其层数存在一个合适值。一方面,在一定厚度约束条件下,不一定是层数越多吸波性能越好;另一方面,过多的层数给设计以及材料制备带来一定困难。因此本节重点讨论不同厚度条件下多层阻抗匹配吸波材料的最佳层数的选取。

同样选定如图 3.15 所示的四种电损耗吸收剂,分别对总厚度为 2 mm、3 mm、4 mm、8 mm 的吸波材料进行了 1~5 层优化设计,设计频段选定为 2~18 GHz,厚度为 2~4 mm 时反射率阈值取为-5 dB,厚度为 8 mm 时反射率阈值取为-8 dB。图 3.16 是优化设计结果,图 3.17 是不同厚度时带宽与层数的关系。从中可以发现,2 mm 时多层与单层材料吸波性能差异不大,但随着厚度的增加,多层材料的性能比单层材料提高越来越明显。由此可见,厚度越大,多层设计的作用也越大。从单层到两层性能提高最显著,3 层以上增加层数对吸波性能改善有限。因此，对于可选吸收剂种类不是很多的情况下，一般2层设计方案可作为首选，最多采用3层设计方案即可。

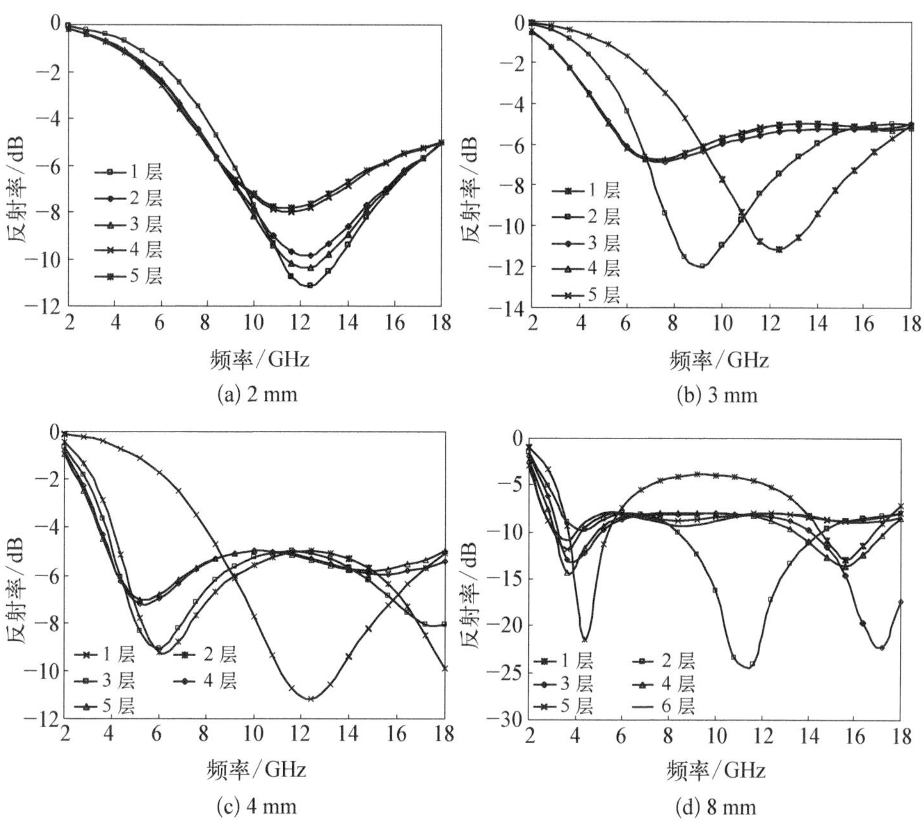

图3.16　不同厚度以及层数多层阻抗匹配吸波材料优化设计结果

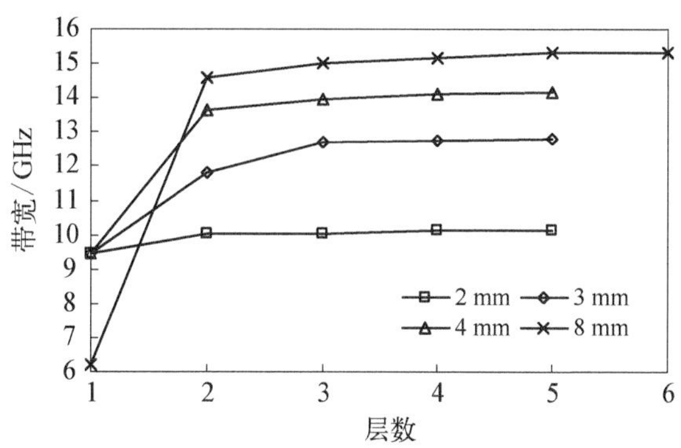

图3.17　不同厚度多层阻抗匹配吸波材料层数与带宽关系

3.5　Jaumann 吸收体

Jaumann 吸收体在 1943 年被提出(图 3.18),其结构类似于多层的 Salisbury 屏吸收体,吸波原理也属于共振损耗型。相对于 Salisbury 屏吸收体,Jaumann 吸收体引入了多层共振结构,具备宽频吸波功能[9-11]。

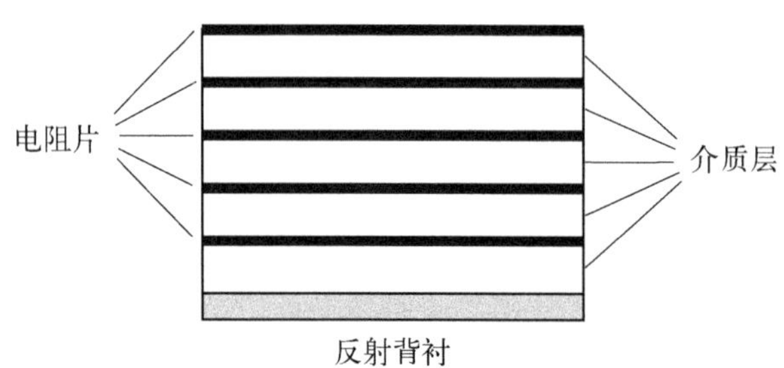

图 3.18　Jaumann 吸收体结构示意图

Jaumann 吸收体的吸波性能由各层电阻片方阻、介质层电磁参数和介质层厚度决定。Jaumann 吸收体作为一种多层结构吸波材料,同样可以采用 3.1.1 节中介绍的方法对反射率进行计算,然后采用 3.1.2 节中介绍的优化方法对吸波性能进行优化设计。这里重点对 Jaumann 吸收体中电阻片的电磁参数处理方法进行说明[12]。

对于电阻片,电导损耗占主导地位,其介电常数虚部可表示为

$$\varepsilon'' = \sigma/\varepsilon_0\omega \tag{3.38}$$

式中,σ 为材料的电导率;ε_0 为真空介电常数;ω 为角频率。

对于方阻为 R_s的电阻片,设其厚度为 d,则电导率为

$$\sigma = 1/R_s d \tag{3.39}$$

因此有

$$\varepsilon'' = 1/2\pi f\varepsilon_0 R_s d \tag{3.40}$$

由于电阻片厚度和介质层厚度相比要小得多,因此介电常数实部取值对吸波性能影响较小,为方便起见,电阻片的实部可取为 1。

根据上述处理方法,对 Connolly 专利中的六层 Jaumann 吸收体吸波性能进行了计算[13],其中介质层介电常数 $\varepsilon' = 1.03$, 厚度均为 7 mm,由内至外各电阻片方阻 R_s = 236、471、943、1 508、2 513、9 425 Ω/sq, 计算的反射率曲线如图

3.19所示。由图可见，Jaumann 吸收体的吸波频段非常宽，吸波性能优异，缺点是材料厚度较大。上述6层结构的 Jaumann 吸收体厚度达到了40 mm 以上，应用受到较大限制。

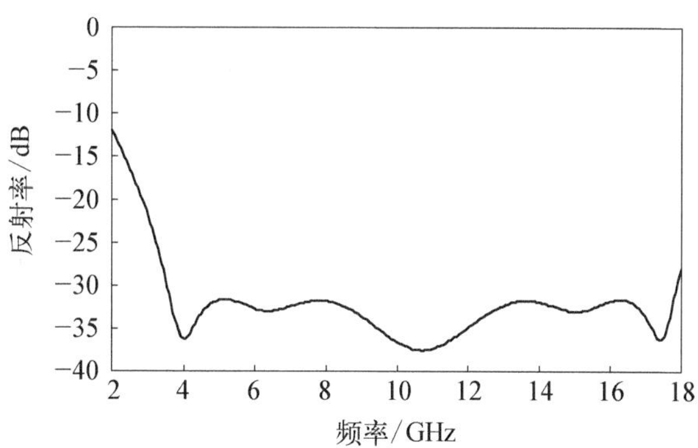

图3.19　六层 Jaumann 吸收体反射率曲线

3.6　夹层结构吸波材料

3.5节中讨论的 Jaumann 吸收体的主要不足是材料厚度较大，但通过调控介质层材料的介电常数可以显著降低材料厚度，其基本原理如下[14,15]。

Jaumann 吸收体属于共振损耗型吸波材料，可以近似利用干涉理论进行分析。对于此类吸波材料，当介质层厚度 d 满足式(3.41)时，可以达到最小反射。

$$d = (2n + 1)\lambda/4(n = 0,\ 1,\ 2,\ \cdots) \tag{3.41}$$

式中，λ 是电磁波在材料中的波长，其值与材料的电磁参数有关，即

$$\lambda = \lambda_0/\sqrt{\varepsilon\mu} \tag{3.42}$$

式中，λ_0 为电磁波在真空中的波长；ε、μ 分别为介质层的相对介电常数和磁导率。

因此，当材料厚度满足式(3.43)时，材料的反射最小。

$$d = (2n + 1)\lambda_0/4\sqrt{\varepsilon\mu} \tag{3.43}$$

对式(3.43)进行简单变形，得

$$d\sqrt{\varepsilon\mu} = (2n + 1)\lambda_0/4 \tag{3.44}$$

由此可以引入电厚度 d_e 的概念,其中 $d_e = d\sqrt{\varepsilon\mu}$。由式(3.44)可知,材料反射率最小的位置与材料的电厚度相关。由电厚度的概念可知,当材料具有相同的电厚度 d_e 时,可以通过增加材料电磁参数的方法减小材料的物理厚度。材料电磁参数的增加可能会带来材料吸收带宽减小以及吸收强度减弱等问题,但是通过增加介质层电磁参数以减小材料物理厚度的方法具有较强的应用价值。

3.6.1 夹层结构吸波材料吸波性能优化及其对材料性能要求

本节重点讨论一种由两层 Jaumann 吸收体衍生的吸波材料。对于两层 Jaumann 吸收体,其可变参数仍然较多,为研究方便,此处做一定简化: ① 设两介质层的介电常数相同;② 由于一般表层电阻片方阻较大时 Jaumann 吸收体具有较好的吸波性能,故此处忽略表层电阻片。简化后的两层 Jaumann 吸收体称为夹层结构吸波材料(sandwich structural RAMs, SSRAMs)(图 3.20)。

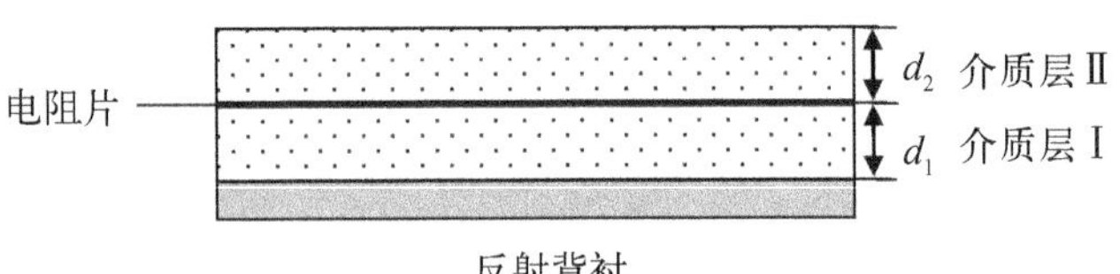

图 3.20　夹层结构吸波材料示意图

对夹层结构吸波材料吸波性能产生影响的参数主要有: 电阻片方阻 R_s,介质层相对介电常数实部 ε',介质层介电损耗正切 $\mathrm{tg}\,\delta$,介质层厚度 d_1 和 d_2。由于夹层结构吸波材料仍有 5 个变量可对其吸波性能产生影响,并且电阻片方阻的取值范围较大,因此需要采用合适的优化设计方法对夹层结构吸波材料的吸波性能进行优化。夹层结构吸波材料吸波性能的优化设计方法与 Jaumann 吸收体基本相同,为优化的方便,可以将介质层介电常数固定,则夹层结构吸波材料反射率则为电阻片方阻、介质层厚度和频率的函数,可表示为 $Rf(R_s, d_1, d_2, f)$。此处以所选频段范围内平均反射率最低为优化目标,优化目标函数可以表述为

$$g(R_s, d_1, d_2) = \frac{\int_{f_{\mathrm{start}}}^{f_{\mathrm{stop}}} Rf(R_s, d_1, d_2, f)\,\mathrm{d}f}{f_{\mathrm{stop}} - f_{\mathrm{start}}} \tag{3.45}$$

以上优化设计就是对函数 g 的三元带约束的最小值优化,由于函数 g 难以求得准确梯度,比较适合选用不需要求梯度的单纯形法进行优化。根据以上要求,编制了优化设计软件,软件界面见图 3.21,并利用优化设计软件对夹层结构

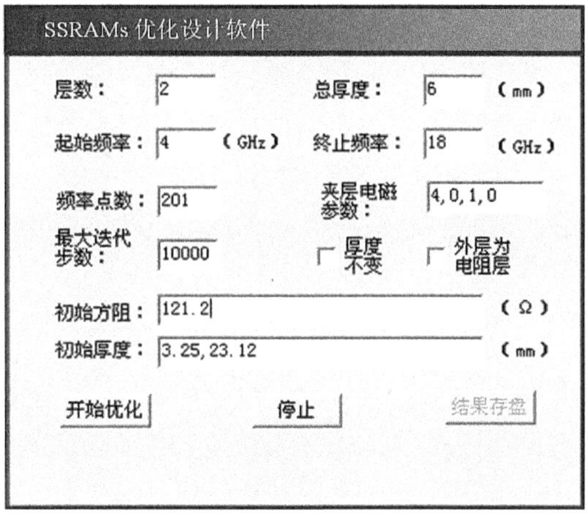

图 3.21　夹层结构吸波材料优化设计软件界面

吸波材料吸波性能进行了优化。

设计参数范围如下：频段 4～18 GHz，由于本书所研究的陶瓷介质层材料的 ε' 一般大于 3，故取值范围设为 3～10；介电损耗 tg δ 分别取为 0～0.5，步长为 0.1，优化结果见表 3.3。

表 3.3　夹层结构吸波材料吸波性能优化结果

参 数 $\varepsilon'-\mathrm{tg}\,\delta$	介电常数		d_1 /mm	d_2 /mm	$d=d_1+d_2$ /mm	R_s /(Ω/sq)	BW /(GHz)	BW/d /(GHz/mm)
	ε'	tg δ						
3-0	3	0	3.46	3.42	6.88	158.0	11.97	1.74
3-0.1	3	0.1	3.59	3.69	7.28	167.4	12.22	1.68
3-0.2	3	0.2	3.69	3.79	7.48	183.5	12.53	1.68
3-0.3	3	0.3	3.85	3.84	7.69	199.1	12.75	1.66
3-0.4	3	0.4	3.86	3.93	7.79	213.4	12.87	1.65
3-0.5	3	0.5	3.81	4.02	7.83	229.8	12.84	1.64
4-0	4	0	3.14	3.06	6.20	134.3	11.90	1.92
4-0.1	4	0.1	3.24	3.12	6.36	144.9	12.11	1.90
4-0.2	4	0.2	3.33	3.19	6.52	156.0	12.28	1.88
4-0.3	4	0.3	3.36	3.27	6.63	166.3	12.17	1.84
4-0.4	4	0.4	3.32	3.35	6.67	177.0	10.81	1.62
4-0.5	4	0.5	3.23	3.43	6.66	190.0	7.11	1.07
5-0	5	0	2.90	2.71	5.61	118.2	11.63	2.07
5-0.1	5	0.1	2.97	2.76	5.73	127.5	11.69	2.04
5-0.2	5	0.2	3.02	2.83	5.85	136.1	11.55	1.97
5-0.3	5	0.3	3.01	2.89	5.90	144.1	7.64	1.29
5-0.4	5	0.4	2.95	2.97	5.92	152.5	4.35	0.73

续表

参数 $\varepsilon' - \text{tg}\,\delta$	介电常数		d_1 /mm	d_2 /mm	$d = d_1 + d_2$ /mm	R_s /(Ω/sq)	BW /(GHz)	BW/d /(GHz/mm)
	ε'	tg δ						
5-0.5	5	0.5	2.84	3.04	5.88	163.6	0	0
6-0	6	0	2.70	2.45	5.15	106.5	11.18	2.17
6-0.1	6	0.1	2.75	2.50	5.25	114.1	11.05	2.10
6-0.2	6	0.2	2.78	2.56	5.34	121.3	5.43	1.02
6-0.3	6	0.3	2.76	2.62	5.38	127.8	3.59	0.67
6-0.4	6	0.4	2.67	2.69	5.36	134.7	0	0
6-0.5	6	0.5	2.55	2.76	5.31	144.4	0	0
7-0	7	0	2.53	2.26	4.79	96.9	10.52	2.20
7-0.1	7	0.1	2.58	2.30	4.88	103.8	4.85	0.99
7-0.2	7	0.2	2.59	2.36	4.95	109.8	3.84	0.78
7-0.3	7	0.3	2.55	2.42	4.97	115.2	1.94	0.39
7-0.4	7	0.4	2.46	2.48	4.94	121.1	0	0
7-0.5	7	0.5	2.33	2.55	4.88	129.8	0	0
8-0	8	0	2.40	2.10	4.50	89.2	5.13	1.14
8-0.1	8	0.1	2.43	2.14	4.57	95.4	4.07	0.89
8-0.2	8	0.2	2.44	2.19	4.63	100.6	2.94	0.63
8-0.3	8	0.3	2.39	2.25	4.64	105.0	0	0
8-0.4	8	0.4	2.29	2.32	4.61	110.1	0	0
8-0.5	8	0.5	2.16	2.38	4.54	118.1	0	0
9-0	9	0	2.28	1.97	4.25	82.9	4.35	1.02
9-0.1	9	0.1	2.31	2.01	4.32	88.5	3.49	0.81
9-0.2	9	0.2	2.31	2.06	4.37	92.9	2.11	0.48
9-0.3	9	0.3	2.25	2.12	4.37	96.6	0	0
9-0.4	9	0.4	2.15	2.18	4.33	101.1	0	0
9-0.5	9	0.5	2.01	2.24	4.25	108.4	0	0
10-0	10	0	2.18	1.87	4.05	77.5	3.84	0.95
10-0.1	10	0.1	2.21	1.90	4.11	82.6	3.01	0.73
10-0.2	10	0.2	2.20	1.95	4.15	86.5	1.02	0.25
10-0.3	10	0.3	2.14	2.00	4.14	89.5	0	0
10-0.4	10	0.4	2.03	2.06	4.09	93.4	0	0
10-0.5	10	0.5	1.89	2.12	4.01	100.3	0	0

BW：低于−10 dB 的吸波带宽。

对表 3.3 的数据进一步整理，研究不同 ε' 下，夹层结构吸波材料吸收带宽 BW 随介质层介电损耗 tg δ 的变化关系，结果如图 3.22 所示。由图可见，BW 随 ε' 的增加呈下降趋势，当 ε' 在 3~7 范围内，夹层结构吸波材料具有较好的带宽特性；当 $\varepsilon' > 7$ 时，$BW<10$ GHz，因此从带宽特性角度考虑，ε' 在 3~7 范围内为较佳值。当 ε' 在 3~6 范围内时，在相同 ε' 情况下，随着 tg δ 的增加，BW 首先经过一较为平稳的区域，并且 ε' 越小，这一平稳区域越大；随着 tg δ 的继续增加，

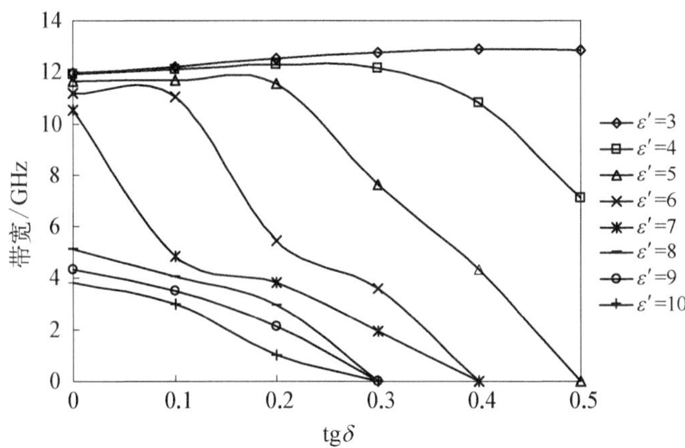

图 3.22　不同 ε' 下 BW 与 $\mathrm{tg}\,\delta$ 之间关系

吸收带宽整体呈下降趋势，因此 $\mathrm{tg}\,\delta$ 值较小时，有利于夹层结构吸波材料实现宽频吸收。

对于吸波材料，除吸收带宽外，厚度也是重要的指标。因此，引入吸波带宽与材料厚度的比值（BW/d）对夹层结构吸波材料吸波性能进行综合评价，此值越大，表示综合性能越好。

不同 ε' 下 BW/d 与 $\mathrm{tg}\,\delta$ 之间关系如图 3.23 所示。可以发现，当 $\mathrm{tg}\,\delta$ 值较小时，随着 ε' 的增加，BW/d 先增后降；$\varepsilon'=6$ 时，BW/d 达到最大值，当 $\varepsilon'=7$ 时，BW/d 开始减小，并且随着 $\mathrm{tg}\,\delta$ 值的增加急剧下降。当 $\varepsilon'=4\sim6$ 时，BW/d 值均较大，并且随着 $\mathrm{tg}\,\delta$ 的增加，BW/d 同样先经过一平稳区，$\mathrm{tg}\,\delta$ 继续增加，BW/d 开始急剧下降，因此较小的 $\mathrm{tg}\,\delta$ 值有利于提升夹层结构吸波材料的综合性能。

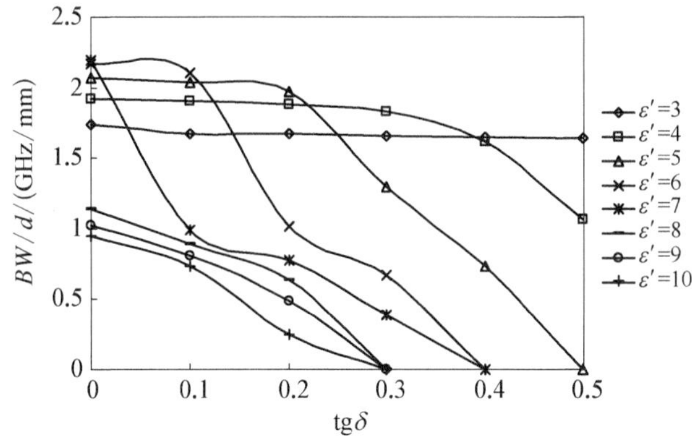

图 3.23　不同 ε' 下 BW/d 与 $\mathrm{tg}\,\delta$ 之间关系

从上面的分析可知,综合考虑夹层结构吸波材料的吸波性能,ε' 取值在 4~7 范围内,并且当 tg δ 满足相应条件时,夹层结构吸波材料具有优良的吸波性能。ε' 的取值越小,对 tg δ 的取值范围越为宽松,即小的 ε' 值对 tg δ 的宽容度较好。介质层介电常数需要满足的范围可近似由图 3.24 阴影部分表示。

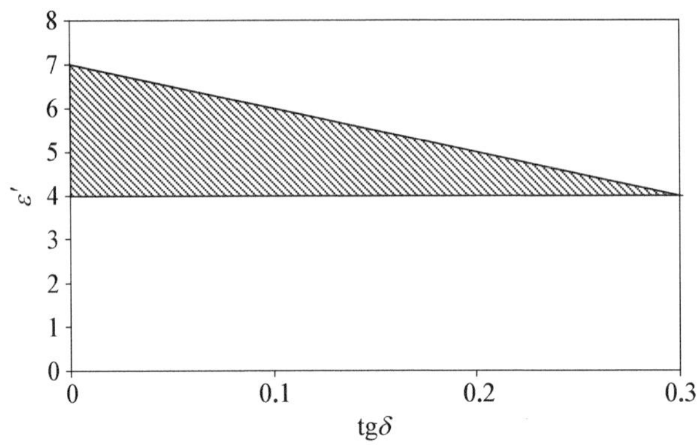

图 3.24　夹层结构吸波材料介质层理想介电常数范围

从表 3.3 中还可以发现,在满足以上介质层介电性能要求的条件下,吸收层方阻主要分布在 100~200 Ω/sq。

为说明夹层结构吸波材料的性能优点,将其与 Salisbury 屏吸收体的吸波性能进行比较。假设两种吸波材料介质层材料相同,对 Salisbury 屏吸收体的吸波性能进行优化,为简便起见,设 tg $\delta=0$。两种吸波材料的 *BW* 和 *BW/d* 优化结果随 ε' 的变化规律如图 3.25 所示。夹层结构吸波材料 *BW/d* 值与 Salisbury 屏吸收体基本相同(图 3.25a),但带宽是 Salisbury 屏吸收体的 2 倍(图 3.25b),因此

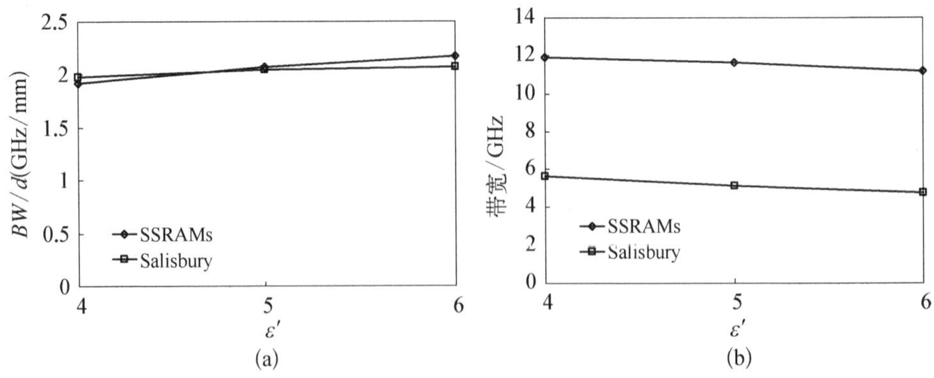

图 3.25　夹层结构吸波材料与 Salisbury 屏吸收体吸波性能比较

从带宽和 BW/d 值两者的综合性能看,夹层结构吸波材料的吸波性能明显优于 Salisbury 屏吸收体。

3.6.2　夹层结构吸波材料吸波性能参数敏感度分析

吸波材料吸波性能对各参数的敏感程度是评价吸波材料优劣的重要标准,尤其是针对高温吸波结构材料,参数敏感度的大小一方面决定着设计结果是否容易实现;另一方面也决定着高温条件下吸波材料性能是否稳定。本节将对夹层结构吸波材料吸波性能对各参数的敏感度进行分析。

首先定义函数 $S = |\Delta BW/BW| / |\Delta p/p|$ 为敏感度,表示当参数 p 变化 Δp 时,带宽随参数变化的敏感程度。S 值越大,表示带宽对参数变化越敏感,S 值小于 1 时,表示带宽的变化小于相应参数的变化。选取图 3.24 中优化的介质层介电常数范围内的典型介电常数值,分别研究了 S 值与 R_s、ε'、$\mathrm{tg}\,\delta$、d_1 和 d_2 的关系,各参数的变化范围选取 −10% ~ +10%,S 值随各参数的变化规律见图 3.26。

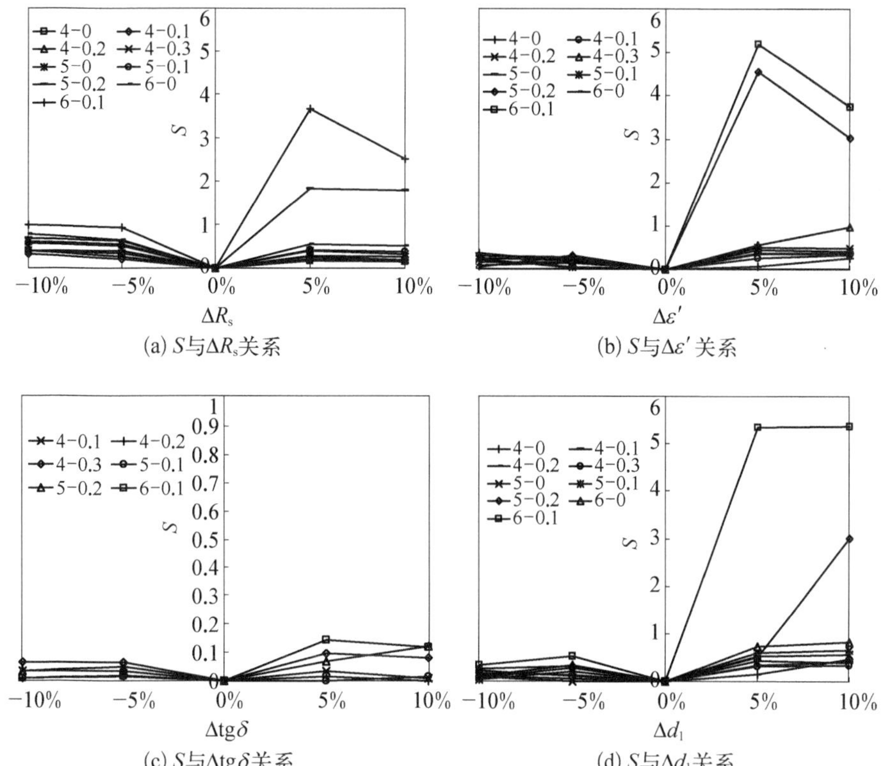

(a) S与ΔR_s关系　(b) S与$\Delta\varepsilon'$关系

(c) S与$\Delta\mathrm{tg}\,\delta$关系　(d) S与Δd_1关系

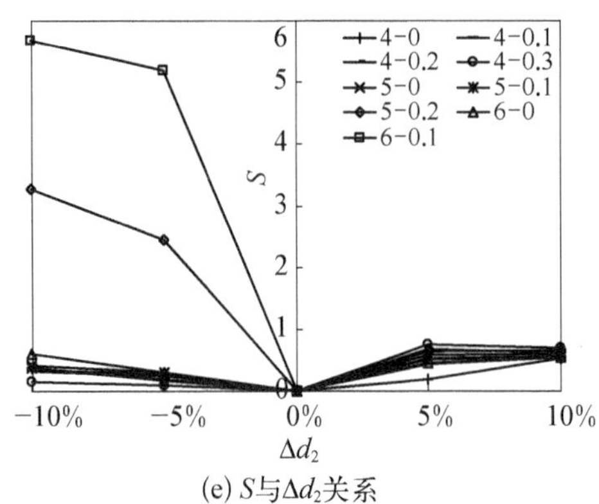

(e) S与Δd_2关系

图 3.26　S 值与各参数之间关系

由图可见，随着 ε' 和 tg δ 的增加，夹层结构吸波材料吸波带宽对各参数的敏感度基本呈上升趋势，除少数 ε' 或 tg δ 较大的情况外，S 值均小于 1，说明此时带宽的变化小于参数的变化范围。对 $\varepsilon'=4$，tg $\delta=0$、0.1、0.2；$\varepsilon'=5$，tg $\delta=0$、0.1；$\varepsilon'=6$，tg $\delta=0$ 时各参数的 S 值取平均值，以比较夹层结构吸波材料带宽对各参数的敏感度大小，结果如表 3.4 所示。由表可见，在选取的参数范围内，夹层结构吸波材料的带宽对 tg δ 的敏感度最小，$\bar{S}$仅有 0.024，可以认为 tg δ 在 −10%～+10%范围内波动时，对带宽基本没有影响；其他参数的$\bar{S}$值基本在 0.3～0.4 范围内，相差不大，可以认为 SSRAMs 的带宽对各参数的敏感度没有明显差别。总体上讲，在合适的介电常数范围内，夹层结构吸波材料吸波带宽对各参数变化不敏感，具有较好的鲁棒性，这对夹层结构吸波材料吸波性能的实现非常有利。

表 3.4　夹层结构吸波材料带宽对各参数敏感度

参数	R_s	ε'	tg δ	d_1	d_2
$\bar{S}$	0.375	0.292	0.024	0.322	0.425

参 考 文 献

[1] 饶克谨，赵伯琳，高正平.吸波纤维层板的等效电磁参数研究[J].隐身技术，1999，(3)：2-5.

[2] 曹义.单层宽频薄层吸波材料研究[D].长沙：国防科学技术大学，2003.

[3] 周永江.基于 FDTD 方法的等效电磁参数研究及吸波涂层优化设计[D].长沙：国防科学

技术大学,2006.

[4] Holland J H. Adaptation in nature and artificial systems [M]. Ann Arbor: University of Michigan Press, 1975.

[5] 程海峰.改性 SiC 吸收剂的制备及其电磁参数表征与优化设计[D].长沙: 国防科学技术大学,1999.

[6] Salisbury W W. Absorbent body of electromagnetic waves [P]. U.S. Patent, 2599944, 1952.

[7] 伍瑞新,王相元,钱鉴,等.影响 Salisbury 屏高频响应的若干因数[J].物理学报,2004,(2): 745-749.

[8] Cihangir K Y. Radar absorbing material design [D]. Monterey: Naval postgraduate school, 2003.

[9] Munk B A. Frequency selective surface: theory and design [M]. New York: Wiley, 2000.

[10] 徐欣欣.频率选择表面吸波特性的直接图解法分析与优化设计[D].武汉: 华中科技大学, 2013.

[11] 阮颖铮,等.雷达截面与隐身技术[M].北京: 国防工业出版社,1998.

[12] 程海峰,周永江,陈朝辉.Jaumann 吸收体的优化设计[J].功能材料,2006,(增刊): 1113-1116.

[13] Connolly T M, Luoma E J. Microwave absorbers [P]. U.S. Patent, 4038660, 1977.

[14] 刘海韬.夹层结构 SiC_f/SiC 雷达吸波材料设计、制备及性能研究[D].长沙: 国防科学技术大学, 2010.

[15] Liu H T, Cheng H F, Tian H. Design, preparation and microwave absorbing properties of resin matrix composites reinforced by SiC fibers with different electrical properties [J]. Materials Science and Engineering B, 2014, 179: 17-24.

第 4 章　超材料吸波材料结构形式及其优化设计方法

第 3 章对几种传统结构形式的雷达吸波材料进行了分析，可以发现，传统结构形式雷达吸波材料受材料电磁参数频散特性或谐振电厚度的限制，很难实现小厚度情况下的宽频吸波性能，并且随着吸收剂性能的不断挖掘以及材料设计与制备水平的不断提高，传统结构形式吸波材料性能的提升空间逐渐缩小并趋于极限，亟需发展新的结构形式的吸波材料突破瓶颈。

近年来，超材料的出现和发展使人们能够从宏观尺度层面控制材料的电磁性能，给吸波材料性能的提升带来了新的契机。本章首先简要概述电磁超材料的概念、吸波原理以及超材料在吸波材料中的研究现状，然后重点针对可应用于高温吸波结构材料的两种实用性较强、性能较好的超材料吸波材料进行详细阐述与分析。

4.1　电磁超材料在吸波技术中的应用概况

4.1.1　电磁超材料的概念

电磁超材料（Metamaterial）是 21 世纪科技界出现的一个新学术名词，用于描述由两种或两种以上的自然媒质结构单元按照特定的规则组合而成的人工复合结构或人工复合材料，其宏观性质不仅取决于组成媒质本身的性质，还由组合规则决定[1,2]，通过合理设计，可以构造出自然媒质不具备的新型电磁特性的人工材料[3]。图 4.1 为普通媒质与超材料媒质的区别，其中图 4.1a 为普通媒质，图 4.1b 为超材料媒质。普通媒介中的特征尺度 a_0 与构造材料的基本单元有关，一般在纳米级以下；而超材料媒介的特征尺寸 a 往往与波长相关，对于微波频段，特征尺寸一般在厘米量级。

电磁超材料的兴起与左手材料（双负材料）[4-7] 的发展密切相关，早期狭义的超材料通常就是指左手材料。后来随着左手材料的发展，人们逐渐认识到单

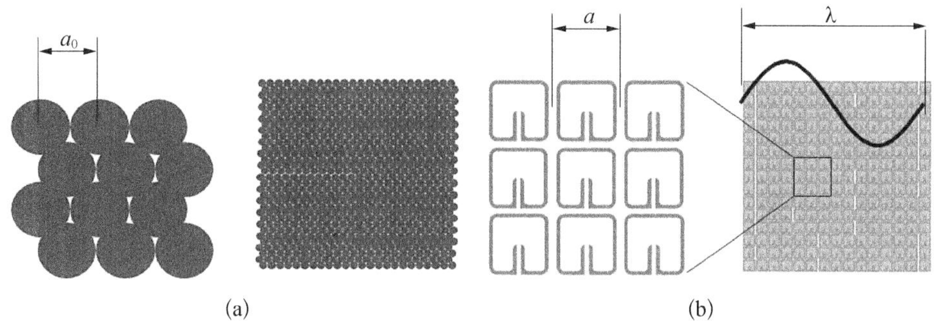

(a)　　(b)

图 4.1　普通媒质与超材料媒质的区别

纯的左手材料已经无法满足某些应用需求(如折射率渐变透镜[8,9]、透波隐身结构[10-13]等)。随着相关的研究领域不断扩展,为了更加准确的描述这种变化,超材料的内涵得到了进一步的拓展与外延。与左手材料相比,电磁超材料不仅包括介电常数和磁导率同时为负的材料,也包括介电常数或磁导率单独为负或介于 0~1 的材料,甚至将光子晶体(photonic crystal)[14,15]、高阻抗表面(high impedance surface)[16]等其他人工电磁周期结构也可归结到超材料的范畴。可见,目前所讲的电磁超材料概念所包含的内容非常广泛,可以看作是 21 世纪对人工电磁材料(artificial electromagnetic material)一种新的表述方式,因而也有国内学者将“Metamaterial”翻译成“新型人工媒质”[17]或“新型人工电磁材料”[18]。

超材料不仅仅是一种材料形态,更代表着一种全新的材料设计理念,因此它的出现为新型功能材料及器件的设计与开发提供了广阔的空间[19,20]。其中,在电磁波吸收技术中的应用是近年来超材料领域中一个比较热门的研究方向。由于超材料在材料本征电磁性能的基础上引入了宏观结构,这些结构可以显著影响材料与电磁波的相互作用关系,通过结构参数的改变也可以方便地调控材料的等效电磁参数以及阻抗等特性,有望突破传统结构形式吸波材料仅能通过调控材料本征电磁特性达到改善吸波材料吸波性能的局限,有望摆脱传统结构形式吸波材料宽频吸波性能对材料本征电磁参数频散特性的依赖性,从而使宽频吸波材料更易实现。

超材料的种类较多,并且现阶段学术界尚未形成严格的分类标准,目前有些概念已经模糊或者归为同类,为遵从超材料在吸波材料技术中的发展脉络,本节后续内容的讨论仍将沿用最初始的概念,并重点对研究较多的高阻抗表面吸波材料以及电磁吸波超材料进行详细阐述。

4.1.2 高阻抗表面吸波材料

高阻抗表面(high-impedance surface, HIS)是美国加利福尼亚大学洛杉矶分校 Sievenpiper 在 1999 年提出的[16],其结构是在介质基板一侧为金属贴片型频率选择表面,每个贴片通过金属过孔与介质基板另一侧的金属层相连,由于与蘑菇的形状类似,因而又把这种结构称为蘑菇状高阻抗表面。高阻抗表面具有很高的阻抗,更为重要的是,当电磁波入射这种结构表面时,反射波与入射波的电场相位相同,即具有同相反射特性(这与金属板的反射特性不同,金属板反射波与入射波电场的相位相反),由于这与理想磁导体特性相类似,因而学术界也将此结构称为人工磁导体(artificial magnetic conductor)。同相反射特性在提高天线增益、实现天线小型化等方面有着显著效果,因而高阻抗表面最先在天线工程领域得到广泛应用[16,21-27]。

高阻抗表面吸波材料的概念出现在 2002 年的一篇 IEEE 会议论文上,美国宾夕法尼亚大学的 Engheta[28] 在论文中提出利用高阻抗表面的同相反射特性来制备吸波材料的构想,其基本原理如图 4.2 所示。由于高阻抗表面的同相反射特性,其表面的切向电场和磁场分别为 $E_t^{\text{total}} = 2E_t^{\text{incident}}$ 和 $H_t^{\text{total}} = 0$,其中下标"t"表示沿表面的切线方向,上标"total"和"incident"分别表示总场和入射场。若在靠近高阻抗表面上方放置一薄层电损耗媒质,如图 4.2b 所示,由于表面电场得到加强(入射电场的 2 倍),所以部分电磁波能量将会被电阻层消耗,从而使反射系数不大于 1。在未放置电阻层的时候,高阻抗表面的反射率为 $R=+1$,如图 4.2a 所示。根据传输线理论可知,添加电阻薄层后的反射率变为 $R = (R_{\text{resistive}} - Z_0)/(R_{\text{resistive}} + Z_0)$,其中 $R_{\text{resistive}}$ 是电阻层的等效集总电阻。因此,通过选择合适电阻率的电阻层有望实现对电磁波的吸收。特别地,当等效集总电阻和自由空间波阻抗相等时,高阻抗表面对电磁波的吸收率可达 100%。事实上,上述吸

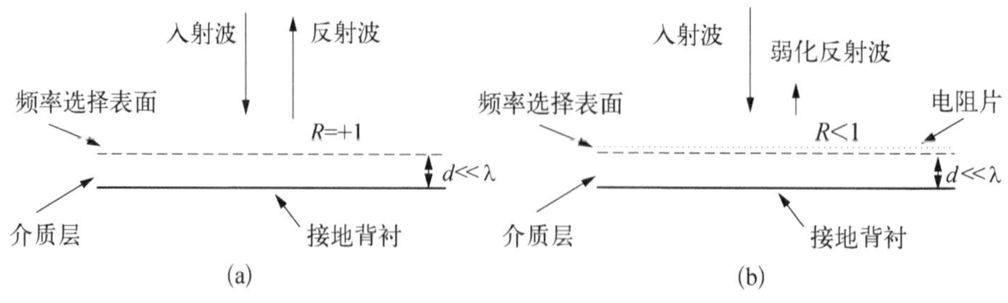

图 4.2 高阻抗表面及相应吸波材料电磁响应特性[28]

波原理与本书 3.2 节中介绍的 Salisbury 屏吸收体[29]非常类似，唯一的不同是后者是利用了自然界接地介质材料四分之一波长厚度的磁导体特性，而高阻抗表面吸波材料可以利用人工周期结构带来的同相反射特性，从而突破了 Salisbury 屏吸收体四分之一波长厚度的限制，其电厚度远小于波长，给吸波材料带来的直接好处就是显著降低了材料厚度。

2005 年英国贝尔法斯特女王大学 Fusco 等[30]按照 Engheta 的设想首次制备出了高阻抗表面吸波材料，实验测得 4.42 GHz 频率处的反射率为−18.4 dB，而吸波结构的厚度大约为吸收频率对应波长的十分之一。随后，高阻抗表面吸波材料的理论和实验研究得到了世界各国研究者的广泛关注。例如，同年国防科学技术大学 Yuan 等[31]直接在高阻抗表面的金属贴片阵列之间加载集总电阻元件引入损耗源，电阻元件的加载并不影响高阻抗表面的同相反射特性，数值仿真和实验测试均表明通过合理的设计可以在一定频段内吸收入射电磁波（图 4.3），并且该吸波材料的结构更加紧凑，实用性强。2010 年，意大利比萨大学 Costa 等[32]研究了接地介质基体加载不含金属过孔结构电阻贴片阵列的高阻抗表面吸波材料，提供了一种结构更加简单、制备成本更低的吸波结构，此类结构已经成为目前高阻抗表面吸波材料的主流。总体而言，目前向高阻抗表面引入损耗的方式主要有三种：一是在金属贴片阵列中加载集总电阻元件[31,33-35]；二是采用电阻型贴片替代金属贴片阵列[32,36-40]；三是利用有耗媒质构成接地介质基体[41-43]。

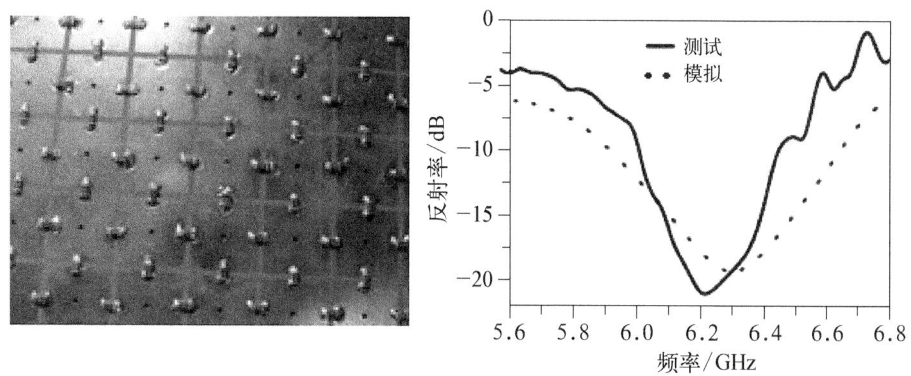

图 4.3　加载电阻元件的高阻抗表面吸波材料及其反射率曲线[31]

在以上三种损耗方式中，电阻型贴片替代金属贴片阵列方式最为实用。电阻型贴片阵列结构可以同时赋予材料同相反射和损耗特性，使得高阻抗表面吸波材料结构更为紧凑。作为一种高阻抗表面吸波材料的拓展,发展出周期结构材料为有耗介质的电阻型超材料吸波材料,同时也发展了多层电阻型超材料的结构形式,并且根据使用要求的不同可以将多层超材料设计成不同拓扑结构的单元形式,已经成为一种重要的新型吸波材料,本章 4.3 节的内容将对此类吸波材料进行专门讨论。

4.1.3　电磁吸波超材料

电磁吸波超材料与高阻抗表面吸波材料的典型差异主要体现在三个方面:① 电磁吸波超材料不需要具备同相反射特性;② 电磁吸波超材料不需要专门加载损耗源;③ 电磁吸波超材料的周期单元材料一般为金属材料。

在超材料的发展初期,很多应用研究均需要超材料具有低损耗特性,即要求等效介电常数和磁导率具有较小的虚部。例如,对于超材料隐身衣,很小的损耗就会对其隐身效果造成极大的负面影响[44,45],也会弱化完美透镜的性能[46,47]。因此,学术界长期关注如何有效降低超材料的损耗问题,而其损耗所具有的潜在应用价值却被忽视。

Landy 等人最先将超材料的损耗特性用于吸波材料[48],他们认为通过合理设计超材料的单元结构,可以使其在一特定频率的等效介电常数和磁导率完全相同(实部和虚部分别同时相等),使超材料的输入阻抗与自由空间的阻抗完全匹配,让入射波几乎无反射地被超材料完全吸收。他们设计出了由开口环电谐振器(electric ring resonator, ERR)和金属线阵列构成的经典的电磁吸波超材料结构形式(图 4.4),并在微波频段对其吸波性能进行了实验验证。

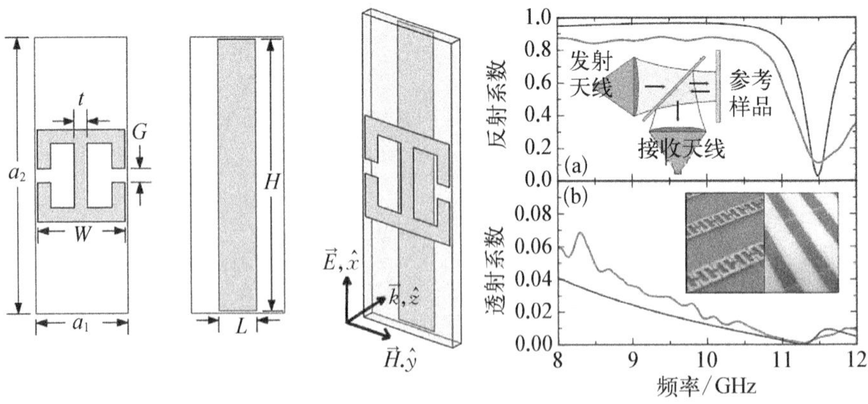

图 4.4　电磁吸波超材料单元结构示意图及其反射系数和透射系数[48]

Landy 等[48]提出的电磁吸波超材料存在电磁各向异性的缺点，只能吸收 TM 或 TE 一种极化的入射电磁波，从而限制了在某些领域的应用。为此，包括 Landy 等在内的众多研究者对超材料结构单元进行了改进与拓展，实现了具有任意极化特性的电磁吸波超材料[49-70]。图 4.5 给出了部分典型具有任意极化特性的超材料单元结构，它们的共同点是沿结构中心至少具有四重以上的旋转对称性，使其对水平或垂直极化的入射波具有相同的电磁响应特性，从而获得对极化不敏感的电磁吸波超材料。

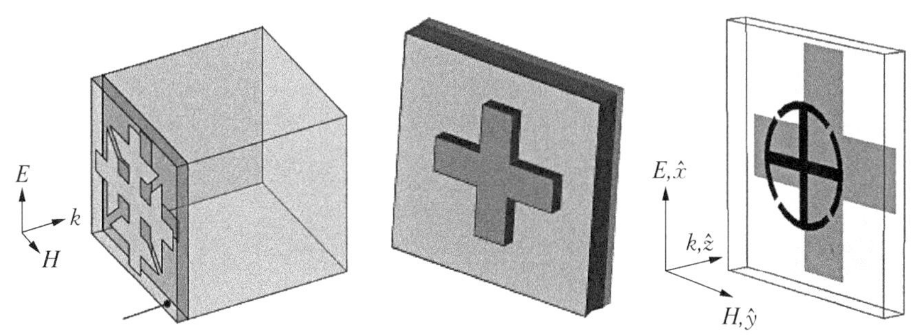

图 4.5　具有任意极化特性的超材料单元结构[38,69,70]

除任意极化特性外，超材料的多吸收频带特性也受到了广泛的关注[50,56,61,62,64,65,68,69,71-76]。例如，美国波士顿大学的 Tao 等[71]利用含有两个开口谐振环的单元结构实现了双带吸收特性，实验测得在 1.4 THz 和 3.0 THz 的吸收率分别可达 0.85 和 0.94，在太赫兹光谱成像与探测方面有很大的应用潜力。美国波士顿大学的 Liu 等[56]研制的由两种共振尺度的十字形亚单元结构组成的棋盘状超材料结构在 6.18 μm 和 8.32 μm 处的吸收率可分别达到 0.8 和 0.935，可应用于选择性热发射器。总结起来，实现电磁吸波超材料多带吸收的方式主要有两种：一种是设计具有多共振尺度的结构单元，利用这种思路设计的结构单元一般具有比较复杂的拓扑结构[61,62,64,71,72,73]，典型代表如图 4.6 所示；另一种是将若干个尺寸不同但拓扑结构相同的独立谐振单元以棋盘状或嵌套的形式组合成一个复合结构单元[69,50,56,65,68,74-76]，典型代表如图 4.7 所示。然而，两种形式的电磁吸波超材料的吸波机制是相同的，均是利用不同尺度超材料的电磁共振特性产生对应频率的电磁吸收。

需要注意的是，尽管电磁吸波超材料具有厚度薄、多带吸收等优点，但是由于其对电磁波的吸收都是基于强电磁谐振原理，因而其吸波带宽通常较窄，相对中心吸收频率的半峰带宽一般小于 10%。针对此缺点，通常在上述多带吸波超

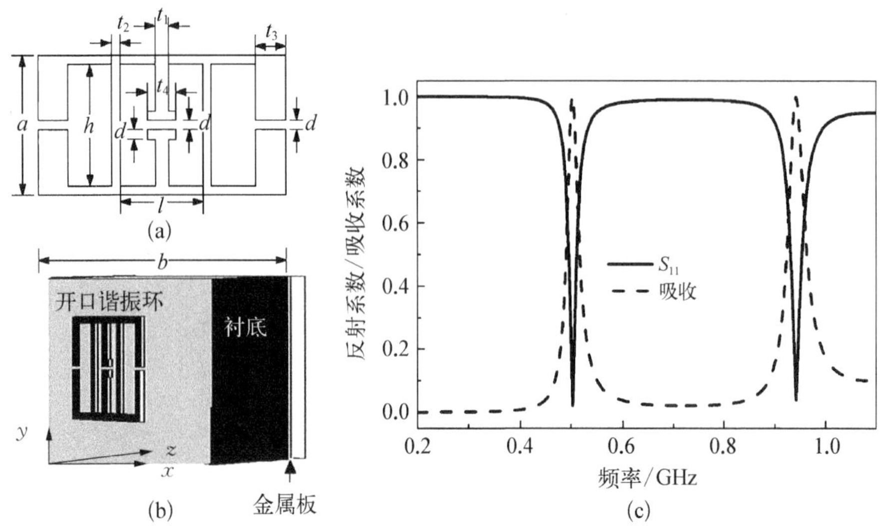

图 4.6　具有两个吸收频带的电磁吸波超材料及其反射率和吸收率[72]

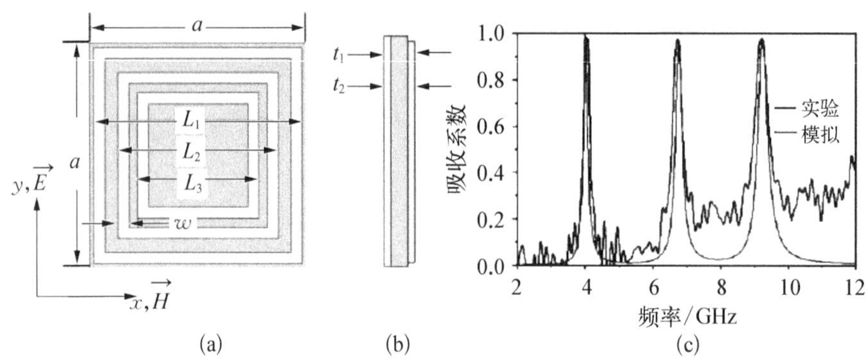

图 4.7　具有三个吸收频带的电磁吸波超材料及其计算和测试吸收率[65]

材料的基础上通过调整谐振单元的物理尺寸将多个吸收带叠加在一起以拓展超材料的吸波带宽[68,77-80]。例如,Huang 等人[77]通过将两种不同尺寸的“I”字形结构单元组合构成具有双带吸收的超材料,并微调其中一个“I”字形结构的物理尺寸使两个吸收频带非常接近,两者叠加后即可获得平坦而宽化的吸收谱曲线,如图 4.8 所示。虽然通过上述方法可以在一定程度上拓展吸波超材料的工作带宽,但是由于耦合作用,单纯通过增加吸收频带的数量并不能获得理想的宽带吸波材料,原因将在 4.4 节中详细讨论。

通过以上讨论可以发现,电磁吸波超材料设计具有非常大的灵活性,其性能主要由周期结构特性决定,对材料电磁特性要求低,易于实现。但从吸波材料工

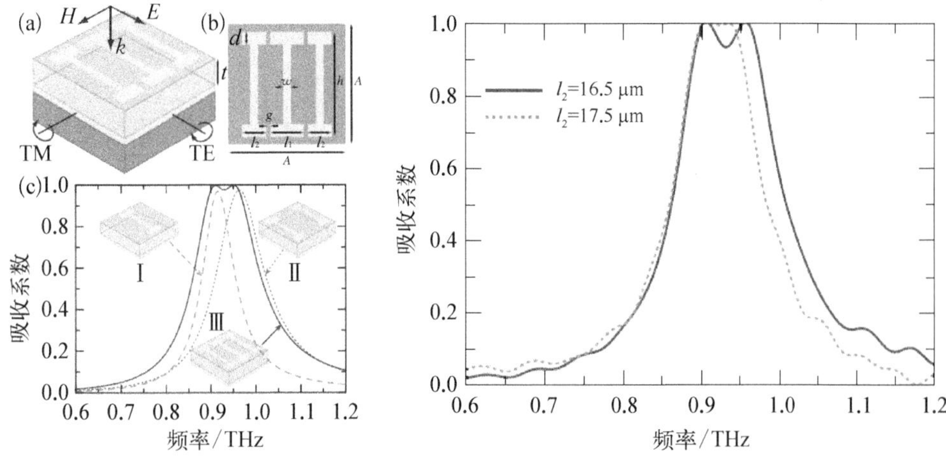

图 4.8　宽带吸波超材料及其计算吸收率和测试吸收率[77]

程应用角度看，电磁吸波超材料的最大不足是吸波频段窄，如何拓展吸波带宽是目前电磁吸波超材料需要解决的主要问题。本章 4.4 节中将针对如何实现电磁吸波超材料的宽频吸波功能展开讨论。

为本章后续内容阐述的方便，将高阻抗表面吸波材料称为电阻型超材料吸波材料，将电磁吸波超材料称为导体型超材料吸波材料。

4.2　超材料吸波材料的优化设计方法

对于第 3 章讨论的传统结构形式的吸波材料，优化设计过程更多关注的是材料本身的电磁特性，获取材料的电磁参数后即可对吸波性能进行优化设计。对于超材料吸波材料，除材料本征电磁参数外，其周期结构特性也是重要参数，这就决定了超材料吸波材料的优化设计方法与传统吸波材料存在显著不同，本节将重点针对超材料吸波材料的几种优化设计方法进行介绍。

4.2.1　解析方法

1. 等效媒介理论

等效媒介理论是描述超材料电磁特性的重要方法，也是超材料等效电磁参数提取的理论基础[81]，获取超材料的等效电磁参数后，即可采用第 3 章介绍的传统吸波材料的优化设计方法对超材料吸波材料的吸波性能进行优化设计。等效媒介理论将由周期结构单元组成的超材料看成均匀媒介,具有等效的电磁参数,可通过计算或实验得到的电磁散射参数提取,并可以进一步获得超材料的阻抗、共振与损耗特性等。

如何提取超材料的等效电磁参数是等效媒介理论的核心问题。最先提出超材料等效电磁参数提取方法的是 Smith 课题组,基本原理是采用 S 参数反演获得等效电磁参数[82,83],具体方法如下。

若平面波垂直入射到厚度为 d 的超材料上,S 参数、折射率 n、阻抗 z 的关系为

$$S_{11} = S_{22} = \frac{i}{2}\left(\frac{1}{z} - z\right)\sin(nk_0 d) \tag{4.1}$$

$$S_{21} = S_{12} = \frac{1}{\cos(nk_0 d) - \frac{i}{2}\left(z + \frac{1}{z}\right)\sin(nk_0 d)} \tag{4.2}$$

式中,k_0为自由空间的波数。由式(4.1)和式(4.2)可得超材料的 n 和 z 为

$$n = \pm\frac{1}{k_0 d}\left[\arccos\left(\frac{1 - S_{11}^2 + S_{21}^2}{2S_{21}}\right) + 2m\pi\right] \tag{4.3}$$

$$z = \pm\sqrt{\frac{(1 + S_{11})^2 - S_{21}^2}{(1 - S_{11})^2 - S_{21}^2}} \tag{4.4}$$

式中,m 为整数。需要注意的是,式(4.3)求反余弦函数过程中会出现 n 和 z 的多值问题。对于无源材料,需要满足阻抗的实部和折射率的虚部大于零,其值具体的确定方法可参考文献[84]。

由 n 和 z 即可方便地求出超材料的等效介电常数和磁导率

$$\varepsilon = \frac{n}{z} \tag{4.5}$$

$$\mu = nz \tag{4.6}$$

2. 电磁周期结构解析方法的理论基础

周期结构是超材料的典型特征,求解电磁波在周期结构中的传输特性是采用解析方法研究超材料的基础。Floquet 定理较好地解决了电磁波在周期结构

中传输的求解问题,下面作简要介绍[85]。

在周期性系统中传输的电磁波受到周期性边界条件的影响,波的振幅呈现周期性变化。1884 年,法国数学家 Floquet 对一个无限大周期系统中的波给出了一个普遍化定理,即 Floquet 定理。后来物理学家 Bloch 在固体物理中分析电子在周期性势场中的运动规律时,又将标量 Floquet 定理推广至三维矢量形式,因此 Floquet 定理也被称为 Bloch 定理或者 Floquet-Bloch 定理,具体描述为:"对于给定的传输模式,在给定的稳态频率下,任一截面内的场与相距一个周期空间的另一截面内的场只相差一个复常数。"该定理用数学形式表示为

$$\boldsymbol{E}(x_1,\ y,\ z)=\boldsymbol{E}(x_1+d,\ y,\ z)\mathrm{e}^{j\gamma d} \tag{4.7}$$

式中,$\boldsymbol{E}(x_1,\ y,\ z)$ 为沿 $\hat{x}$ 轴周期变化的周期系统中任意一点的复数场;d 为变化的周期;γ 值由波的传输模式决定。对上式两端取模,可以得到相隔一个周期的任意两点波的振幅满足:

$$|\boldsymbol{E}(x_1,\ y,\ z)|=|\boldsymbol{E}(x_1+d,\ y,\ z)| \tag{4.8}$$

由式(4.8)可以看出,周期系统中波的振幅 $|\boldsymbol{E}(x,\ y,\ z)|$ 为 x 的周期函数,对其进行 Fourier 展开,得

$$|\boldsymbol{E}(x,\ y,\ z)|=\sum_{n=-\infty}^{\infty}\boldsymbol{E}_n(y,\ z)\mathrm{e}^{-j(2n\pi/d)x} \tag{4.9}$$

$$\boldsymbol{E}_n(y,\ z)=\frac{1}{2\pi}\int_{x}^{x+d}|\boldsymbol{E}(x,\ y,\ z)|\ \mathrm{e}^{j(2n\pi/d)x}\mathrm{d}x \tag{4.10}$$

因此,周期系统中的场可表示为

$$\begin{aligned}&\boldsymbol{E}(x,\ y,\ z)\mathrm{e}^{j\gamma x}=|\boldsymbol{E}(x,\ y,\ z)|\ \mathrm{e}^{j\alpha}\mathrm{e}^{j\gamma x}=\\&\sum_{n=-\infty}^{\infty}\boldsymbol{E}_n(y,\ z)\mathrm{e}^{j\alpha}\mathrm{e}^{j(\gamma+2n\pi/d)x}=\sum_{n=-\infty}^{\infty}\boldsymbol{E}_n(y,\ z)\mathrm{e}^{j\alpha}\mathrm{e}^{j\gamma_n x}\end{aligned} \tag{4.11}$$

式中 α 为复矢量 $\boldsymbol{E}(x,\ y,\ z)$ 的初相,每一个分量 $\boldsymbol{E}_n(y,\ z)\mathrm{e}^{j\alpha}$ 对应一个传输常数:

$$\gamma_n=\gamma+\frac{2n\pi}{d} \tag{4.12}$$

对传输模式 $\gamma=\beta_0$,相应的有 $\gamma_n=\beta_n$

$$\beta_n=\beta_0+\frac{2n\pi}{d} \tag{4.13}$$

式中，n 为简谐行波的次数，可正可负，$n=0$ 的波叫基波，$n\neq0$ 的波叫高次波；β_n 为第 n 次简谐行波 $\hat{x}$ 轴方向的波数。不同的 n 值可以使谐波表现为快波、慢波、前向波和后向波等传输特性，对于开放的周期结构，还对应导波和辐射波等特性。

通过 Floquet 定理，得到电磁波在周期结构中传播的两个重要结论，这是对周期结构电磁场研究工作的基础：

① 周期结构由于受周期性边界条件的影响，存在一系列简谐行波，这些谐波可以通过对场的空间分布作 Fourier 展开得到；

② 根据 Floquet 定理，无限周期结构的分析可以归结为对一个周期内电磁场传播特性的分析，从而大大降低计算量。

4.2.2　数值计算方法

解析方法的计算结果精确可靠，但由于 Maxwell 方程组非常复杂，采用解析方法只能求解一些简单规则系统的严格解或近似解。伴随着计算电磁学的发展，利用计算机技术求解 Maxwell 方程，能有效解决许多实际工程中的复杂电磁问题，对现代电子工程技术产生巨大影响。

计算电磁学中常用的数值计算方法有高频方法和低频方法[86]。高频方法是基于等效源模型的近似方法，主要有物理光学（PO）、几何光学（GO）、射线追踪（Ray Trace）、一致性几何绕射理论等。低频方法包括以矩量法（MOM）为代表的二阶方法（CPU 时间和内存与网格数的三次方成正比）、以有限元法（FEM）为代表的一阶方法（CPU 时间和内存与网格数的二次方成正比）、以有限积分法（FIT）和时域有限差分法（FDTD）为代表的零阶方法（CPU 时间和内存与网格数成正比）。本节重点对具有代表性的 FIT、MOM 以及 FDTD 方法进行简要介绍。

1. FIT 法

FIT 法是由 Weiland 教授在 20 世纪 70 年代提出的。该数值方法提供了一种通用的离散化方案，可用于解决从静态场到时域和频域的高频场的各种复杂电磁问题[85]。

$$\oint_C \boldsymbol{E}\cdot d\boldsymbol{l}=-\int_S \frac{\partial \boldsymbol{B}}{\partial t}\cdot \mathrm{d}S\oint_C \boldsymbol{H}\cdot \mathrm{d}\boldsymbol{l}=\int_S\left(\boldsymbol{J}+\frac{\partial \boldsymbol{D}}{\partial t}\right)\cdot \mathrm{d}S$$

$$\oint_S \boldsymbol{D}\cdot \mathrm{d}\boldsymbol{S}=\rho\oint_S \boldsymbol{B}\cdot \mathrm{d}\boldsymbol{S}=0 \tag{4.14}$$

FIT 法的计算过程是将积分形式的 Maxwell 方程组进行离散化，见式(4.14)，把相应的计算区域分割为许多小的网格单元。此类网格系统包含两套相互嵌套、相互正交的网格：基网格和伴随网格。对 Maxwell 方程组的空间离散最终由这两套正交的网格系统完成。参照图 4.9，在基网格的棱边上定义了电压 e，在基网格的面上定义了磁通 b；相应地，在伴随网格的棱边上定义了磁压 h，在伴随网格的面上定义了电通 d。

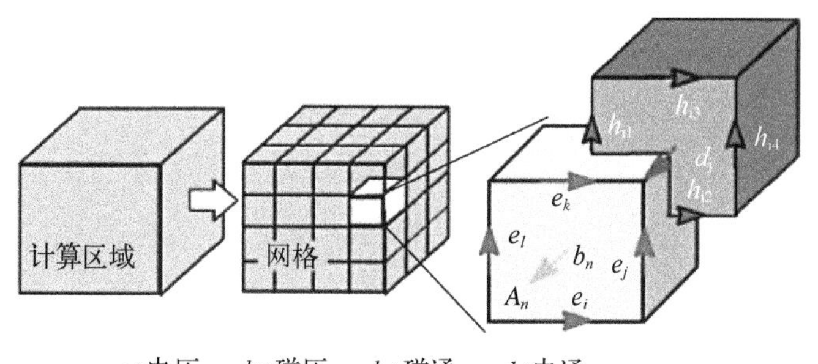

图 4.9　FIT 法计算区域生成的基网格和伴随网格示意图

将 Maxwell 方程在每个网格面上进行离散(图 4.10)，如法拉第电磁感应定律，等式左边的回路积分可以表示为四个基网格棱边电压之和，等式的右边可以用前面四个棱边所包含的基网格面磁通的时间偏导来表示。需要注意的是，此操作并没有引起任何的近似。将以上离散过程应用于所有的基网格面，并将此写成矩阵形式，同时定义一个与解析旋度算子相对应的矩阵 $\boldsymbol{C}$，便可以得到图 4.10 所示的矩阵形式的法拉第电磁感应定律。矩阵 $\boldsymbol{C}$ 被称为离散旋度算子，该算子的拓扑结构只与结构和边界相关，其元素只包含-1、0、1。

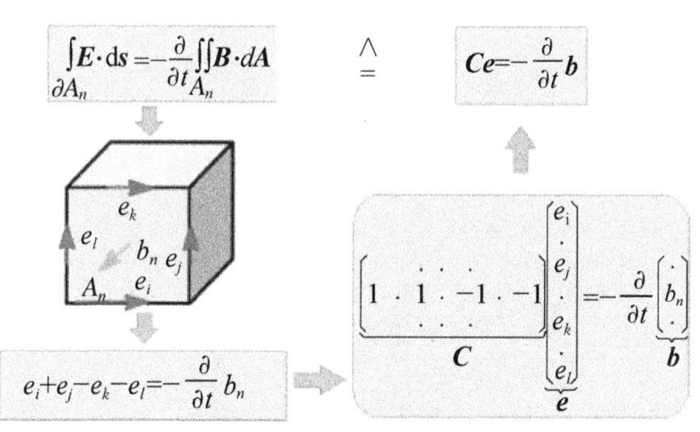

图 4.10　Maxwell 方程在每个网格面上离散过程示意图

采用上述离散方法,把安培环路定律在伴随网格上进行离散,便可以得到相应的伴随离散旋度算子$\tilde{C}$。采用同样的方法将剩余的两个旋度方程离散化,将得到分别作用于基网格和伴随网格的两个离散散度算子 S 和$\tilde{S}$,正如前面所述,这些离散散度、旋度算子仅含元素-1、0、1,代表了结构的拓扑信息。最终得到完全离散的麦克斯韦网格方程。

在 FIT 法离散化过程中,没有引入任何近似。与其他各类计算电磁学方法相比,有限积分法有一个独特的特性:解析形式下的梯度,旋度和散度算子在网格空间中完全保持不变,即旋度的散度恒等于零,梯度的旋度恒等于零。

除了正交六面体网格,FIT 法还可以用于更通用的网格类型,如不规则的拓扑网格以及四面体网格。其在更通用网格上的应用可以作为上述基本方法的扩展。

2. MOM 法

MOM 法基于叠加原理,其基本思想是将算子方程转化为代数矩阵方程,然后求解该矩阵方程[87]。设算子方程为

$$L(f) = g \tag{4.15}$$

式中,L 代表线性算子;f 为待求函数;g 是激励函数。用矩量法解方程是把 f 在算子的定义域内用已知函数族$\{f_n\}$展开:

$$f = \sum_{n=1}^{\infty} I_n f_n \tag{4.16}$$

式中,I_n是待求的系数;f_n为基函数。上式取有限项代入,则方程两边一般不会严格相等,而是近似相等:

$$L\left[\sum_{n=1}^{N} I_n f_n(r')\right] \approx g(r) \tag{4.17}$$

以上近似过程的关键问题是如何确定有限个 I_n 以使近似解尽可能的逼近准确解。把上式两边的差定义为残差 $R(r)$:

$$R(r) = L\left[\sum_{n=1}^{N} I_n f_n(r')\right] - g(r) \tag{4.18}$$

如果求得精确解则 $R(r)=0$,但是一般得不到精确解,只能使 $R(r)$ 尽量小。具体做法就是选用一组已知函数$\{W_m\}$,称为权函数,使 $R(r)$ 与所有的 W_m的内积为

零,内积又称为求矩量,故该方法称为矩量法。

$$\langle W_m(r),\ R(r)\rangle = 0\ (m = 1,\ 2,\ 3,\ \cdots,\ N) \tag{4.19}$$

于是产生含有 N 个未知数 I_n的线性方程组:

$$\sum_{n=1}^{N} I_n \langle W_m,\ L(f_n)\rangle = \langle W_m,\ g\rangle (m = 1,\ 2,\ 3,\ \cdots,\ N) \tag{4.20}$$

表示成矩阵方程即为

$$[\boldsymbol{Z}][\boldsymbol{I}] = [\boldsymbol{V}] \tag{4.21}$$

其中,$[\boldsymbol{Z}]$ 为 N×N 矩阵,称为广义阻抗矩阵。解上式即可求得 $[\boldsymbol{I}]$,即求得原方程的近似解。

矩量法的关键是选择合适的基函数、权函数以及算子的近似公式,使在满足一定精度要求下的计算时间最短。

著名的商业化电磁仿真软件 FEKO 的核心算法就是矩量法。例如对于导体,首先计算导体表面的面电流分布;对于介质体,则计算介质体表面的等效面电流和等效面磁流,获得面电流以后,就可以计算近场、远场、RCS、方向图或者天线的输入阻抗。计算电小尺寸的物体,采用矩量法精度高。计算电大尺寸的物体时,需要采用矩量法和物理光学法或者一致性几何绕射理论的耦合方法,关键区域使用矩量法,其他区域使用物理光学法或者一致性几何绕射理论。

3. FDTD 法

FDTD 法是目前发展较快和应用较广泛的一种时域方法,由 Yee 于 1966 年首先提出并将其用于研究电磁脉冲的传输和反射问题[88],FDTD 法的基本要点如下。

1) Yee 元胞

E、H 场分量取样节点在空间和时间上交替排布,每一个 E(或 H)场分量周围有四个 H(或 E)场分量环绕,如图 4.11 所示。应用这种离散方式将含时间变量的 Maxwell 旋度方程转化为一组差分方程,并在时间轴上逐步推进地求解空间电磁场。由电磁问题的初始值以及边界条件就可以逐步推进求得以

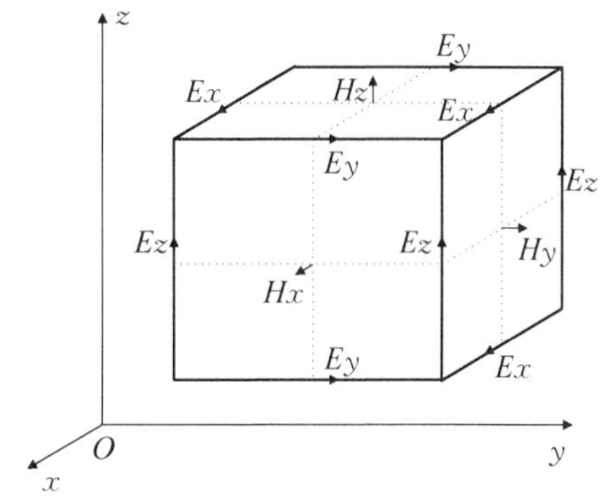

图 4.11　Yee 元胞示意图

后各时刻空间电磁场分布。

2）FDTD 区的划分

对于散射问题，通常在 FDTD 计算区域引入总场边界（即连接边界），图 4.12a 为散射计算，图 4.12b 为辐射计算。FDTD 计算区域分为总场区和散射场区，这样做的好处是：① 应用惠更斯原理，可以在连接边界处设置入射波，使入射波的加入变得简单易行；② 可以在吸收边界处设置吸收边界条件，通过计算有限区域就能够模拟开域的电磁散射特性；③ 根据等效原理，应用输出边界处的近区场便可以实现远场的外推计算。对于辐射问题，激励源直接加载于辐射天线上，整个 FDTD 计算区域均为辐射场。

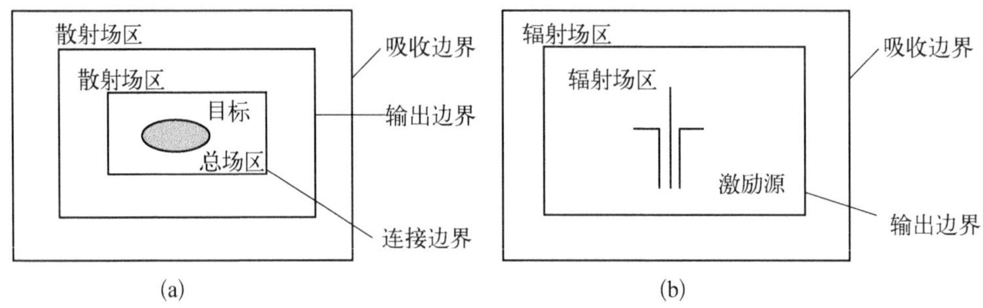

图 4.12　散射和辐射计算时 FDTD 区域的划分

3）吸收边界条件

吸收边界的设置是为了在有限的计算区域模拟无界空间中的电磁问题。吸收边界从开始简单的插值边界发展出了多种吸收边界，如 Mur 吸收边界、完全匹配层（PML）吸收边界。

4）近远场变换

FDTD 法的模拟只限于有限空间，为了获得计算区域以外的散射或辐射特性，可借助等效原理，应用计算区域内的近场数据实现计算区域以外远场的外推。

4. 商业化电磁仿真软件计算方法

以上介绍的各种算法对于电磁场理论和编程不熟悉的工程技术人员实现起来具有较大难度，幸运的是，目前基于以上计算电磁学原理已经开发出多种商业化电磁仿真软件，具有计算精度效率高、三维建模方便、用户界面友好、输出参数丰富等优点，已经成为目前电磁仿真与优化的首选工具。下面重点对目前应用较为广泛的 CST MICROWAVE STUDIO 软件对超材料吸波材料进行优化设计的方法进行说明。

CST MICROWAVE STUDIO 是基于 FIT 算法的电磁仿真软件。对于以周期结构为典型特性的超材料吸波材料,根据 Flouet 定理,只需要计算一个周期的电磁散射特性即可。当电磁波从+z 方向到-z 方向,计算模型及周期边界的设置如图 4.13 所示。在 Z_{min} 方向设置理想电边界,以代替金属背衬。在超材料 x 和 y 方向上设置周期边界,采用时域或频域方法即可对 S 参数进行求解。

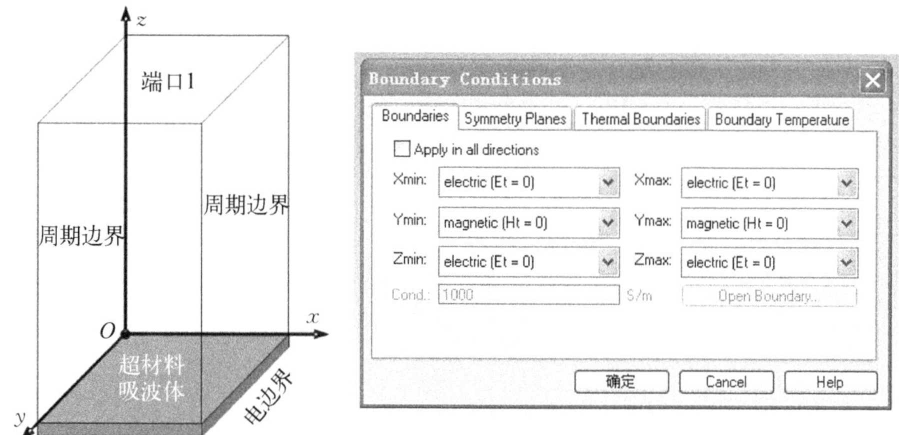

图 4.13 超材料吸波材料计算模型及 CST 软件中边界条件的设置

同时,CST 软件还提供了参数优化方法,可以针对设置的目标函数进行参数优化。CST 软件提供了 Genetic Algorithm、Particle Swarm Optimization、Nelder Mead Simplex Algrithm、Interpolated Quasi Newton、Trust Region Framework、Classic Powell 优化方法,基本可满足不同条件下的参数优化需要。

4.2.3 等效电路法

4.2.1 节中介绍的解析方法适用范围较窄,仅能对结构较为简单的周期结构进行计算。4.2.2 节中介绍的数值计算方法适用范围广,但仅能对已知结构特性的超材料进行仿真与优化。由于超材料的周期结构种类繁多,如果采用数值计算方法逐个研究,一方面具有较大盲目性,难以得到较优解;另一方面工作量巨大。在实际超材料吸波材料优化设计过程中,首先需要进行定性分析,初步筛选出周期结构形式以及参数优化范围(如容性/感性、拓扑结构、周期结构材料的电性能等),然后再采用数值计算方法进行优化设计,从而得到满意解。

等效电路法在超材料的定性分析过程中具有重要作用，尽管等效电路法很难得出超材料吸波材料的优化参数，但其具有明确的物理含义，直观易懂，可以作为定性分析超材料吸波材料阻抗特性的有力工具，完成超材料周期结构特性的初步筛选工作。本节重点对等效电路法进行简要介绍。

1. 频率选择表面(FSS)的等效电路

FSS 是研究较为成熟的一种超材料形式，已有大量学者开展了研究工作，下面分别以简单的栅格型和贴片型 FSS 为例分析其等效电路模型(图 4.14)。

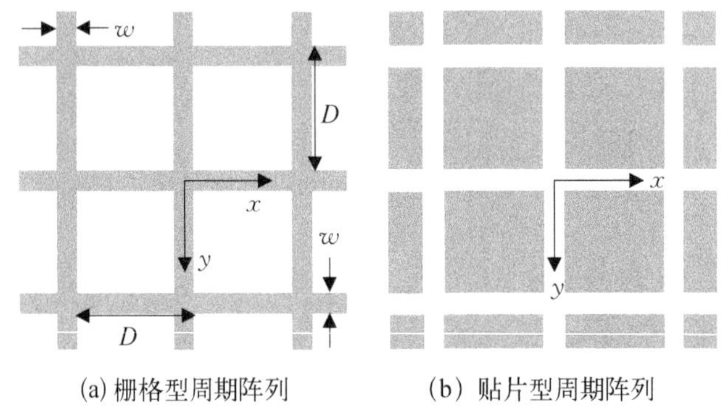

(a) 栅格型周期阵列　　(b) 贴片型周期阵列

图 4.14　两种互补的周期阵列结构示意图

FSS 主要可以分为感性(栅格型)和容性(贴片型)两种，可以分别表示为 LC 并联电路和 LC 串联电路，其阻抗可以分别采用式(4.22)计算，并定义谐振频率为 $\omega_0 = 1/\sqrt{LC}$。

$$Z_{感性} = \mathrm{j}\frac{\omega L}{1-\omega^2 LC},\ Z_{容性} = \mathrm{j}\left(\omega L - \frac{1}{\omega C}\right) \tag{4.22}$$

由以上公式可知，对于感性结构，$\omega \to 0$ 或 $\omega \to \infty$ 时，感性 FSS 阻抗虚部为 0，可以与自由空间阻抗相匹配，表现为带通型；而在谐振频率处，阻抗很大，表现为带阻型。相反的，对于容性结构，$\omega \to 0$ 或 $\omega \to \infty$ 时，表现为带阻型；而在谐振频率处，表现为带通型。

2. 左手材料的等效电路

1996 年，Pendry 提出可以采用周期排列的金属棒实现负的等效介电常数[5]，并理论计算了金属棒周围的电磁场分布，得到其等离子体频率表达式：

$$\omega_p = \frac{2\pi c^2}{a^2 \ln\left(\frac{a}{r}\right)} \tag{4.23}$$

推导过程中用到了金属棒中的电子密度,但是在等离子体频率表达式中发现,等离子体频率只与金属棒的尺寸和结构的周期长度有关。Maslovsky 采用等效电路模型对周期金属棒阵列结构的等离子效应进行了求解。设单位长度金属棒的总电感为 L,考虑到金属棒上的电流 I 由金属棒的外电场 E_z激发,则

$$E_z = -\mathrm{j}\omega LI \tag{4.24}$$

因此单位体积内的电偶极矩为

$$P = \frac{1}{a^2}\frac{I}{-\mathrm{j}\omega} = -\frac{E_z}{\omega^2 La^2} \tag{4.25}$$

单位长度的电感值可以通过计算由金属棒和与它相连金属棒的中心对称面(此处磁场为零)所围成区域内的磁通量得到

$$\Phi = \mu_0 \int_r^{a/2} H(\rho)\,\mathrm{d}\rho = \frac{\mu_0 I}{2\pi}\ln\left[\frac{a^2}{4r(a-r)}\right] \tag{4.26}$$

由 $\Phi = LI$, 以及 $P = (\varepsilon - 1)\varepsilon_0 E_z$, 在 $a \gg r$ 的情况下,可得到等效介电常数为

$$\varepsilon(\omega) = 1 - \frac{2\pi c^2}{\omega^2 a^2 \ln(a/r)} \tag{4.27}$$

如果在 z 方向上金属棒不是无限长,或者是由很多段不连续的金属棒组成,则在金属切口之间将引入一个等效电容值 C,对这类不连续的金属棒阵列可以进行类似推导,在有损耗 σ 存在的情况下,金属棒上的电场与电流的关系变为

$$E_z = -\mathrm{j}\omega LI + \sigma\pi r^2 I + \frac{I}{-\mathrm{j}\omega C} \tag{4.28}$$

因此得到其等效介电常数表达式为

$$\varepsilon(\omega) = 1 - \frac{\omega_p^2}{\omega^2 - 1/LC + \mathrm{j}\omega\gamma} \tag{4.29}$$

式中,引入谐振频率 $\omega_0 = 1/\sqrt{LC}$。

采用类似的方法可以推导开口谐振环的等效磁导率，磁谐振频率由于开口谐振环结构中的等效电容和等效电感谐振产生。

通过以上典型结构的等效电路分析发现，等效电路法可以给出电磁周期结构阻抗等电磁特性的显性表达式，但表达式中均有电感、电容等参数量，而这些量除个别简单的周期结构形式外很难给出数值解。等效电路法的最大优点是根据其电磁特性的显性公式可以对超材料的等效阻抗进行定性分析，在超材料吸波材料数值优化前给出定性的超材料结构形式，从而大大提高优化效率。此外，等效电路法也可以给出超材料吸波材料的电磁模型，对于分析电磁波在超材料中的传输特性具有重要的理论价值。本章后续内容将对等效电路法在超材料吸波材料中的应用进行详细讨论。

4.3 电阻型超材料吸波材料

电阻型超材料吸波材料可以认为是 4.1.2 节中讨论的高阻抗表面吸波材料的一种拓展形式，其中周期结构采用有耗电阻型材料，并且根据使用要求的不同，电阻型超材料具有非常灵活的布置方式，既可以在材料表面（此时即为高阻抗表面吸波材料），也可以置入材料内部，也可以采用多层结构形式。本节分别从电阻型超材料吸波材料的等效电路模型、吸波带宽极限、超材料各关键参数对吸波性能影响等角度展开讨论。

4.3.1 电阻型超材料吸波材料的等效电路模型分析

1. 电阻型超材料吸波材料的等效电路模型

本节的主要工作是给出电阻型超材料吸波材料的等效电路模型，并以此为工具，分析电阻型超材料吸波材料相比传统吸波材料电性能调控的优势，并揭示电阻型超材料吸波材料拓展吸波带宽的机制。

以结构最为简单的方格贴片型电阻型超材料吸波材料为例（图 4.15a），其由电阻型超材料、介质基底、金属背衬构成。其等效电路与 FSS 类似，与金属背衬相连的介质基底的阻抗采用一段传输线 Z_d 来等效，方格型电阻型超材料可以等效为 RLC 串联电路（图 4.15b），等效集总电阻 R 与周期结构单元的方阻 R_s 呈正比关系：$R \approx R_s \dfrac{S}{A}$，其中 S 和 A 分别为周期单元和电阻贴片的面积[32,89]。

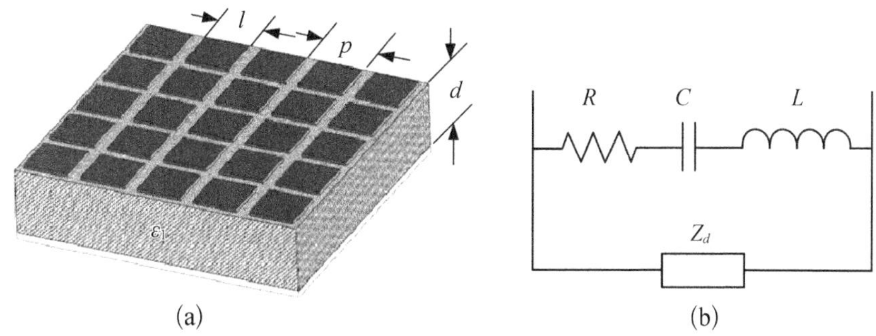

图 4.15　方格贴片型电阻型超材料吸波材料等效电路

根据以上等效电路模型,方格贴片型电阻型超材料阻抗可以表述为

$$Z_c = R + \mathrm{j}\left(\omega L - \frac{1}{\omega C}\right) \tag{4.30}$$

式中,L 和 C 分别为等效电感和电容。

2. 电阻型超材料吸波材料拓展吸波带宽机制

由本书 3.1.1 中单层吸波材料反射系数的计算公式可知,吸波材料的输入阻抗决定了材料的吸波性能。对于传统电损耗吸波材料,其输入阻抗 $Z_0\sqrt{\frac{1}{\varepsilon}}\tanh\left(\mathrm{j}\frac{2\pi f}{C}\sqrt{\varepsilon}d\right)$ 主要由材料的本征介电常数和材料的厚度决定,对于传统电损耗吸波材料,仅能通过材料组分和微观结构调整以调控材料的电性能,调控困难且范围有限。

通过式(4.30)可以发现,电阻型超材料吸波材料的阻抗由材料本征的电性能和周期结构特性共同决定,除了可以通过调控超材料所选材料的电性能调控阻抗外,还可以通过调整超材料的周期结构特性进一步调控阻抗,相对材料组成与微观结构固化后即确定的传统吸波材料的阻抗而言,超材料的阻抗具有更广阔的调控范围,为解决传统吸波材料存在的阻抗匹配与损耗的矛盾问题提供了更好的技术途径。下面进一步从等效电路模型出发,分析电阻型超材料吸波材料拓展吸波带宽机制。

根据如图 4.15 所示的等效电路模型,电阻型超材料吸波材料的输入阻抗为

$$\frac{1}{Z_{in}} = \frac{1}{Z_c} + \frac{1}{Z_d} \tag{4.31}$$

其中接地介质阻抗可以采用传输线法计算得到

$$Z_d = \mathrm{j}Z_0\sqrt{\frac{\mu_r}{\varepsilon_r}}\tan\left(\frac{2\pi f}{c}\sqrt{\mu_r\varepsilon_r}\,d\right) \tag{4.32}$$

式中,d 为基体厚度;c 为光在真空中的速度;f 为频率;Z_0为真空中的归一化阻抗;μ_r与 ε_r分别为基体的相对磁导率和相对介电常数;j 为虚数单位。如果只考虑电损耗型材料,则 $\mu_r=1$。

对于吸波材料而言,产生吸收峰的条件是 $\mathrm{Im}(Z_{in}) \approx 0$, 则方格贴片型电阻型超材料吸波材料输入阻抗的虚部需要满足

$$\mathrm{Im}(Z_{in})=\frac{R^2\mathrm{Im}(Z_d)+\mathrm{Re}^2(Z_d)\mathrm{Im}(Z_c)+\mathrm{Im}^2(Z_c)\mathrm{Im}(Z_d)+\mathrm{Im}(Z_c)\mathrm{Im}^2(Z_d)}{\{R+\mathrm{Re}(Z_d)+i[\mathrm{Im}(Z_c)+\mathrm{Im}(Z_d)]\}\{R+\mathrm{Re}(Z_d)-i[\mathrm{Im}(Z_c)+\mathrm{Im}(Z_d)]\}}\approx 0$$

解上面方程,当满足以下两个条件之一时,电阻型超材料吸波材料可以产生吸收峰:

① $\mathrm{Im}(Z_d) \to \infty$,且 $\mathrm{Im}(Z_c) \approx 0$;

② $\mathrm{Im}(Z_c) \approx -\mathrm{Im}(Z_d)$,且 $R \approx \mathrm{Re}(Z_d)$。

接地介质的阻抗虚部典型特性见图 4.16。由图可见,接地介质的阻抗虚部在共振频率附近为无穷大,当频率低于共振频率时,阻抗虚部为正值,高于共振频率时,阻抗虚部为负值。根据接地介质阻抗特性,进一步分析如图 4.15 所示的电阻型超材料吸波材料产生吸收峰的条件。

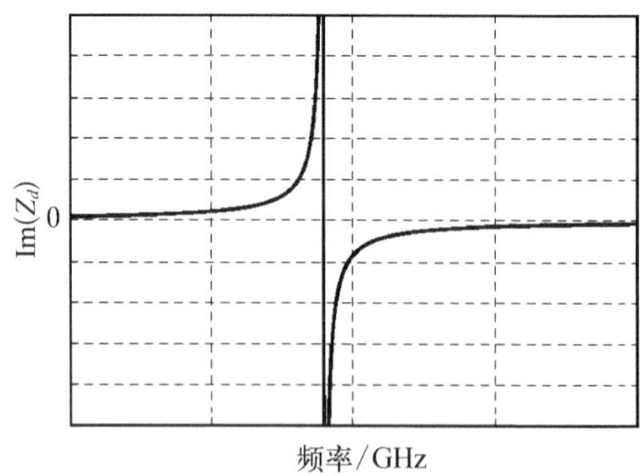

图 4.16　接地介质阻抗虚部典型特性

对于产生吸收峰的条件①,接地介质阻抗虚部无穷大为共振频率处,而超材料的阻抗虚部需趋近于 0,当两者相吻合时,超材料吸波材料将在接地介质的共

振频率处产生一个吸收峰。此时电阻型超材料吸波材料产生吸收峰的原理与本书 3.2 中介绍的 Sablisbury 屏吸收体相同。

对于产生吸收峰的条件②,根据方格型电阻型超材料的阻抗式(4.30),当频率低于共振频率($\omega_0 = 1/\sqrt{LC}$)时,阻抗虚部为负值,高于共振频率时,阻抗虚部为正值。对比图 4.16 中接地介质的阻抗虚部特性发现,可以满足 $\mathrm{Im}(Z_c) \approx -\mathrm{Im}(Z_d)$ 的条件。当电阻型超材料的集总电阻满足相应条件时,电阻型超材料吸波材料将在接地介质的共振频率两侧各产生一个吸收峰。相对 Salisbury 屏吸收体,此时电阻型超材料吸波材料可以表现出两个明显优势:① 出现的双吸收峰特性可以显著拓展带宽,实现宽频吸波功能;② 相对 Salisbury 屏吸收体仅能在接地介质共振频率处产生吸收峰不同,电阻型超材料吸波材料可以在低于共振频率处产生吸收峰,即可以在材料厚度较小的情况下实现低频吸波性能。

同时,满足产生吸收峰条件②的超材料的等效集总电阻 R 还需要与接地介质的阻抗实部近似相等,根据式(4.32)可以发现,对于损耗较小的介质,其阻抗实部也具有较小值,即 R 应该取较小值,根据 $R \approx R_s \dfrac{S}{A}$ 的关系,可以确定超材料周期单元方阻也应取较小值。

为验证以上推论,我们对接地介质厚度 $h = 3.0$ mm,相对介电常数 $\varepsilon_r = 4.0$,周期长度为 10.0 mm,方格尺寸为 6.5 mm 的超材料吸波材料的方阻进行了参数扫描,结果见图 4.17。可以发现,当方阻取较小值时,在介质基底共振频率($h = 3.0$ mm, $\varepsilon_r = 4.0$ 的基底共振频率为 12.5 GHz)两侧分别存在一个吸收峰;随着方阻值增大,两个吸收峰逐渐向基底共振频率移动,当方阻超过某一值后,将只在基底共振频率(12.5 GHz)附近出现一个吸收峰,此时退化为仅满足产生吸收峰的条件①。

通过以上等效电路模型较好地阐述了贴片型电阻型超材料吸波材料阻抗调控以及拓展吸波带宽的原理,后续内容进一步采用等效电路模型对什么类型的电阻型超材料才能产生多吸收峰进行讨论。

上面重点对典型的容性(贴片型)电阻型超材料吸波材料的等效电路模型及其吸波特性进行了分析,类似地,对于典型的感性(栅格型)电阻型超材料吸波材料,根据其等效电路模型(图 4.18),阻抗表达式为

$$Z_l = R + \mathrm{j}\left(\frac{\omega L}{1 - \omega^2 LC}\right) \tag{4.33}$$

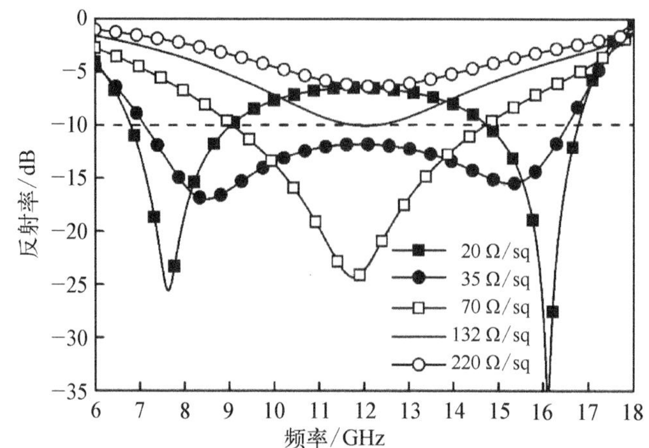

图 4.17　方阻值对方格贴片型电阻型超材料吸波材料反射率影响

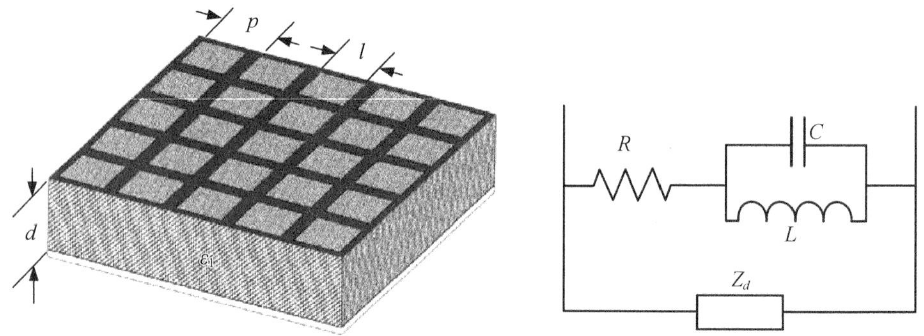

图 4.18　栅格型电阻型超材料吸波材料等效电路

通过式(4.33)可以发现,对于感性电阻型超材料,在低于谐振频率时阻抗虚部为正,高于谐振频率时阻抗虚部为负,不能满足产生吸波峰的条件②,仅能满足条件①,无法在介质基底谐振频率两侧产生双吸收峰,因此感性电阻型超材料吸波材料无法拓展吸波带宽。

4.3.2　电阻型超材料吸波材料极限吸波带宽分析

从工程应用角度,吸波材料追求在小厚度情况下的宽频吸波功能,但受材料电性能限制,厚度与吸波带宽之间是矛盾的,两者存在一平衡点,即极限带宽。因此,吸波材料研究的重点内容之一是在给定厚度的情况下尽可能获得最大的工作带宽。

2000 年,俄罗斯学者 Rozanov 根据柯西定理推导出了传统吸波材料任意层数和频散特性的吸波材料带宽极限为[90]

$$|\ln\rho_0|(\lambda_{max}-\lambda_{min}) < 2\pi^2\sum_i \mu_{s,i}h_i \tag{4.34}$$

式中,ρ_0 是反射系数阈值;h_i 和 $\mu_{s,i}$ 分别是第 i 层材料的厚度和静态相对磁导率。Rozanov 极限关系预测了在给定反射率阈值、材料电磁特性以及厚度情况下的最大可能工作带宽。

2009 年,新加坡国立大学 Huang 等人采用等效电路模型推导出了超材料吸波材料带宽极限为[42]

$$\frac{\Delta\omega}{\omega_0} \leqslant \frac{4\pi\rho_0}{1-\rho_0^2}\frac{\mu_r' h}{\lambda_0} \tag{4.35}$$

注意,式(4.35)中不包含基底材料的介电常数项,这是因为周期阵列的电磁响应表现为一个整体结构,通过调节其几何结构参数也可以具备相同的效应。

通过带宽极限式(4.35)可以得出以下结论: ① 反射系数阈值越小,则对应的极限带宽越小;② 增加材料厚度可以增加极限带宽;③ 磁性材料相比电损耗材料可以获取更大的极限带宽。以上结论与吸波材料工程应用的经验性结论一致。

4.3.3　电阻型超材料吸波材料周期结构特性对吸波性能影响

本书 4.3.1 中对电阻型超材料吸波材料中超材料的类型进行了分析,确定容性电阻型超材料可以拓展吸波带宽。即使这样,在设计电阻型超材料吸波材料时,仍然有一个问题困扰着设计人员: 容性超材料的图案种类繁多,具体采用什么图形方案可以达到最优效果? 本节从数值仿真的角度尝试给出答案。

1. 常见单元图形电阻型超材料吸波材料的吸波性能

常见电阻型超材料图案包括方形、方环、圆形、十字形等(图 4.19),为直观比较各种图形构成的电阻型超材料吸波材料性能优劣,优化了 3 mm 厚度下、四种常见图形超材料吸波材料的吸波性能(超材料均位于材料表面),优化结果如图 4.20 和表 4.1 所示。从优化结果看,各种图形对应的超材料吸波材料参数有一定差异,但从吸波带宽看,各种图形间并没有什么显著区别,基本相当。

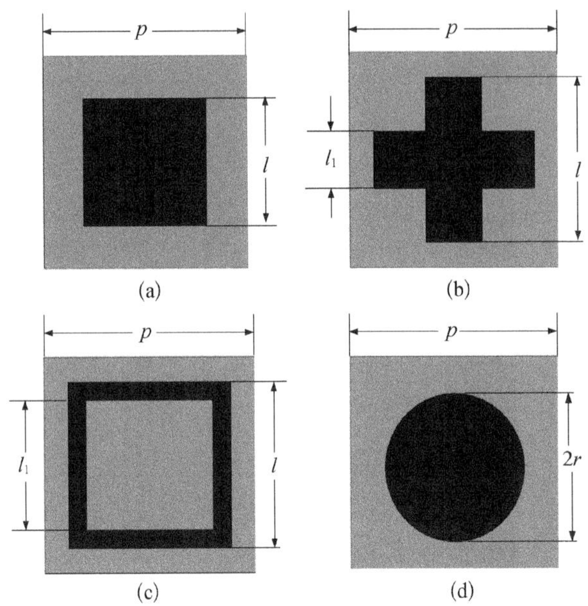

图 4.19　常见电阻型超材料单元图形

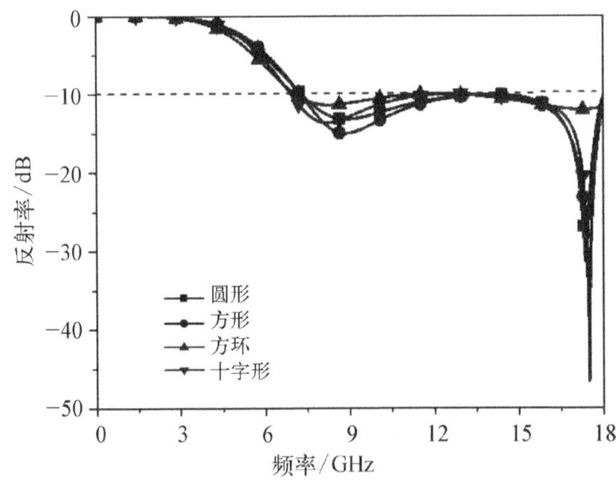

图 4.20　常见电阻型超材料单元图形对应的吸波材料最优反射率

表 4.1　常见电阻型超材料单元图形对应的吸波材料优化参数

图案类型	p/mm	r/mm	l/mm	l_1/mm	ε_r	R_s/(Ω/sq)	BW/GHz
圆形	11.80	5.04	—	—	2.87	100	7.29~18
方形	11.31	—	8.08	—	2.97	86	7.27~18
方环	9.19	—	7.52	4.02	2.93	48.2	7.09~18
十字	10.90	—	9.20	3.89	3.20	63.8	6.93~18

2. 分形单元图形电阻型超材料吸波材料的吸波性能

分形图形在天线以及频率选择表面中应用较多，是研究的一个热点。本部分以圆分形结构为例，研究分形图形超材料吸波材料的吸波性能。分别优化单元图形为 0 分形、4 分形、8 分形、16 分形单元吸波材料的吸波性能（图 4.21），优化结果如图 4.22 所示。从图 4.22 可见，采用不同的分形图案对最终的优化带宽影响很小，对拓展带宽的作用不大。

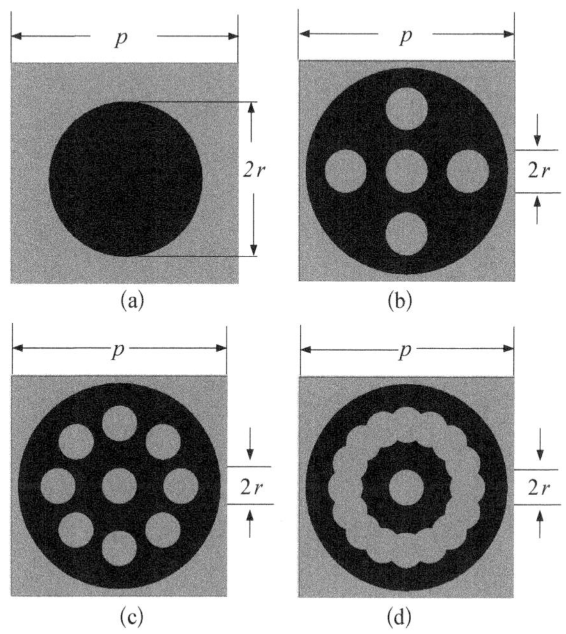

图 4.21　圆分形电阻型超材料示意图

通过以上分析发现，采用不同图形及其分形结构对电阻型超材料吸波材料的带宽影响不大。正如 4.3.1 节中分析的那样，影响电阻型超材料阻抗特性的关键参数是等效电路集总参数 R、L 和 C，尽管不同图形的超材料具有不同的 L 和 C，但研究发现，通过调整周期图形的结构参数以及电性能，不同拓扑结构图形单元总可以得出类似的阻抗特性，由它们构成的容性电阻型超材料吸波材料最大优化带宽也大致相当[91]，并不存在哪一种单元结构对改善带宽表现出明显的优势，正如前面获取的计算结果那样。同时，这也从另外一个角度对超材料吸波材料的极限带宽进行了验证，即吸波极限带宽与超材料的周期结构特性关系不大，见式（4.35）。当然，若考虑入射角稳定性、栅瓣抑制等其他性能的情况下，则

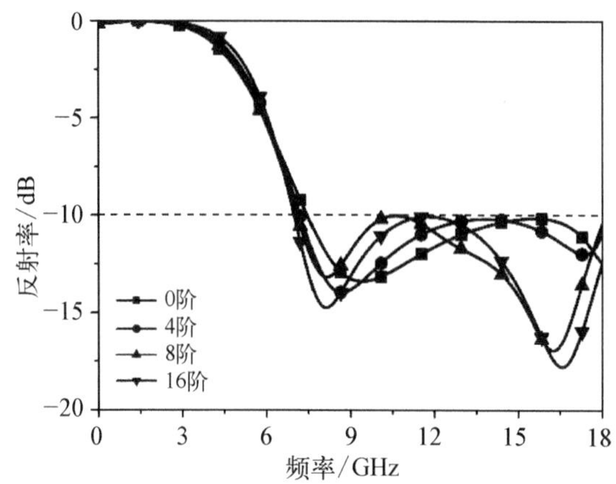

图 4.22 圆分形电阻型超材料吸波材料吸波性能优化结果

需考虑单元结构形状的选取[92]。

4.3.4 电阻型超材料吸波材料介质层厚度对吸波性能影响

4.3.2 节从理论上讨论了吸波材料的极限带宽以及拓展吸波带宽的方法，由于本书重点讨论高温吸波材料，因此对可以拓展吸波带宽的磁性材料不予讨论，重点分析增加材料厚度对吸波带宽的影响。

根据 4.3.1 节中等效电路的分析结果，要得到宽频吸波效果，较低频率吸收峰要尽量向低频移动，而较高频率的吸收峰则要向高频移动，同时保证吸收峰之间的吸收强度。根据接地基底阻抗计算式(4.32)可知，单纯增加接地介质厚度会导致共振频率向低频移动(图 4.23)，此时带来的好处是吸波材料的低频吸波性能将有所改善，但必然导致高频吸波性能变差。我们对 $\varepsilon_r=2.9$、$p=11$ mm、$l=7.2$ mm，不同介质基底厚度情况下的 $\mathrm{Im}(Z_c)$ 和 $\mathrm{Im}(Z_d)$ 进行了计算，结果见图 4.23。可以发现，增大基体厚度，低频吸收峰和高频吸收峰均向低频移动，但高频吸收峰移得更快，总体而言吸波带宽降低。因此，在不改变基底材料电性能参数的情况下，单纯增加介质基底厚度仅能改善低频吸波性能，并不能达到拓展吸波带宽的目的，还需调整其他参数。

进一步地，根据接地基底的阻抗计算式(4.32)可以发现，基底厚度增大的同时若减小其介电常数，可以在一定厚度范围内保证基底的共振频率不变，并且阻抗虚部的绝对值增加，有利于拓宽吸收峰之间的距离。图 4.24 为基底共振频率不变时，厚度对吸收峰位置的影响。可以发现，介质层厚度增加时，减小介质基

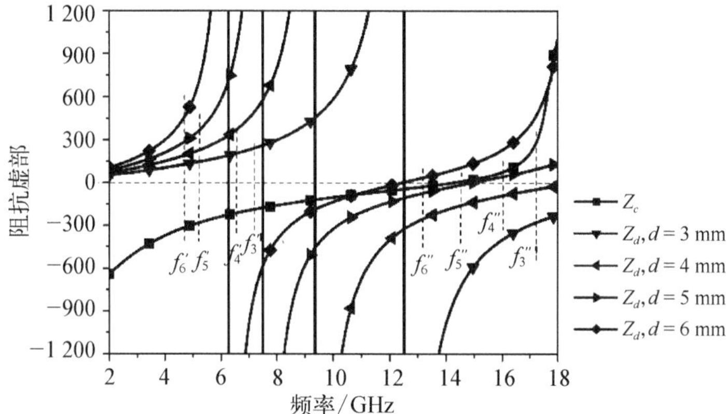

图 4.23　介质基底不同厚度的阻抗及其对吸波材料吸收峰位置影响

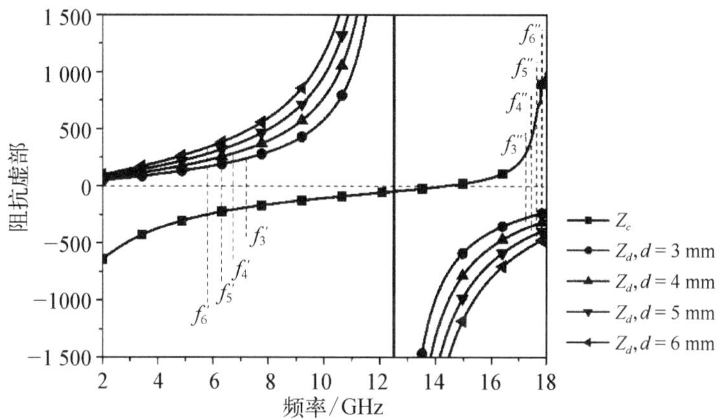

图 4.24　基体共振频率不变时基体厚度对阻抗和吸收峰位置影响

底的介电常数，可以保证基底的共振频率不变，同时可以增大两个吸收峰之间的距离，从而拓展吸收带宽。

为了进一步说明介质层厚度对吸波带宽的影响，在等效电路模型分析结果的基础上，优化了不同基底厚度下方格型容性电阻型超材料吸波材料反射率小于-10 dB 的最大吸波带宽（表 4.2）。优化结果如图 4.25 所示。优化结果表明，在厚度较小时，两个吸收峰频率较高，吸收带宽较窄。随着基底厚度的增加，并且伴随着基底介电常数的下降，低频吸收峰向低频移动，高频吸收峰变化不大，吸收带宽增大。但当基底相对介电常数接近 1 时，进一步增大厚度时，低频吸收峰继续向低频移动，而高频吸收峰也向低频移动，无法进一步拓展吸波带宽。

表 4.2　各厚度下吸波性能最好时的结构参数

d/mm	p/mm	ε_r	R_s/(Ω/sq)	l/mm	BW/GHz
3	11.43	2.89	89.13	8.22	7.38～18
4	13.91	1.79	99.68	10.44	6.28～18
5	23.23	1.05	112.68	18.32	5.23～18
6	27.22	1.00	124.69	21.48	4.60～16.6
7	30.17	1.00	129.94	24.14	3.91～14.9

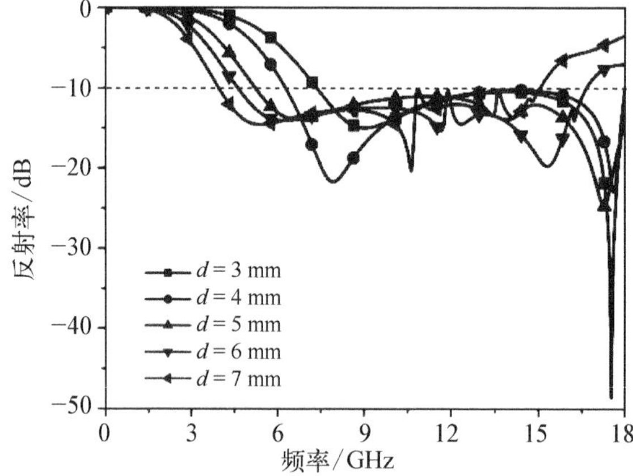

图 4.25　容性电阻型超材料吸波材料不同厚度下的最佳吸波带宽

4.3.5　电阻型超材料位置对吸波材料吸波性能影响

4.3.4 节中讨论的电阻型超材料位于吸波材料表面(即高阻抗表面吸波材料),基底厚度增加到一定值后无法进一步拓展吸波带宽。研究表明,将电阻型超材料置于基底内部时,可以进一步增加吸波带宽[85]。电阻型超材料位于基底内部的吸波材料的等效电路如图 4.26 所示,相当于在 4.3.1 节中讨论的高阻抗

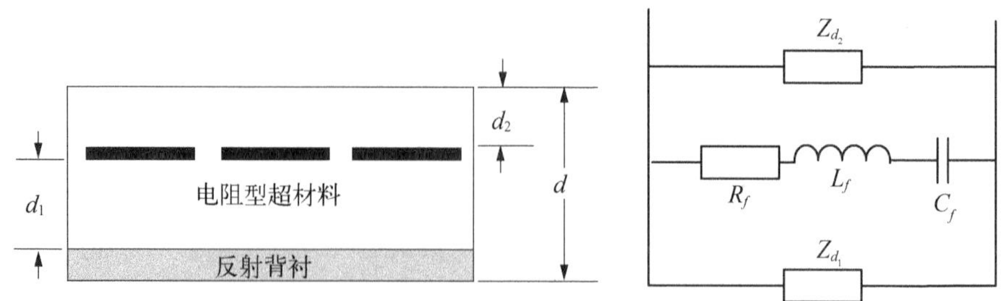

图 4.26　电阻型超材料位于基底内部的吸波材料及其等效电路示意图

表面吸波材料的等效电路模型的基础上并联了一个元件，在不考虑磁性材料的情况下，Z_{d_2}计算公式如下：

$$Z_{d_2} = \frac{1 + \mathrm{j}\sqrt{\frac{1}{\varepsilon_r}}\tan\left(\frac{2\pi f}{c}\sqrt{\varepsilon_r}d_2\right)}{1 + \mathrm{j}\sqrt{\varepsilon_r}\tan\left(\frac{2\pi f}{c}\sqrt{\varepsilon_r}d_2\right)} \tag{4.36}$$

图 4.26 所示的等效电路模型分析起来比较复杂，Smith 圆图的图示解法对此类吸波材料拓展吸波带宽的原理给出很好的解释，具体内容可以参考文献[85,93]。本书重点举例说明电阻型超材料位置对吸波性能的影响。

对材料厚度同为 6 mm，电阻型超材料位于介质基底表面以及内部的吸波材料吸波性能进行了优化，优化参数见表 4.3，吸波性能见图 4.27。由图可见，将电阻型超材料置于基底内部可以显著改善吸波材料高频吸波性能，并且低频的吸波频段也有所拓展，与电阻型超材料位于基材表面的情况相比，宽频吸波性能得到改善。

表 4.3　电阻型超材料不同位置对应的吸波材料优化参数

超材料位置	d/mm	d_2/mm	p/mm	l/mm	ε_r	R_s/(Ω/sq)
表层	6.0	—	27.2	21.5	1.0	124.7
内部	6.0	2.9	9.1	7.8	4.1	72.9

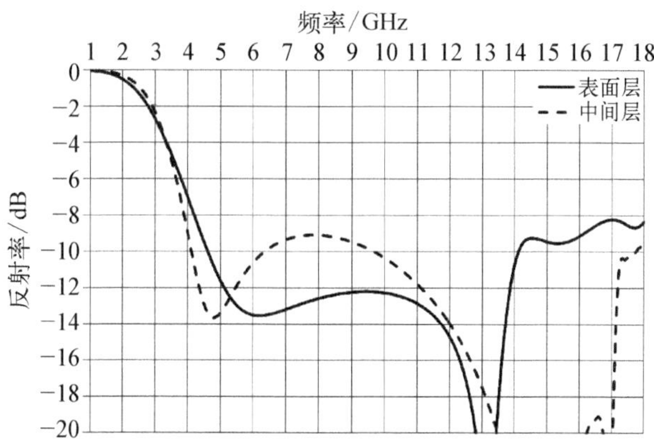

图 4.27　电阻型超材料不同位置对应的吸波材料吸波性能优化结果

4.3.6 双层电阻型超材料吸波材料的吸波性能

研究发现,当允许基底具有较大厚度的情况下,可以采用双层超材料方案进一步拓展吸波带宽,双层超材料吸波材料结构见图 4.28。由于双层电阻型超材料吸波材料的等效电路模型较为复杂,与电阻型超材料位于介质基底内部的吸波材料类似,可以采用 Smith 圆图的图示解法对双层超材料吸波材料拓展吸波带宽的原理进行分析[85,93],本书中不作详细讨论。本节重点从数值优化的角度分析双层超材料吸波材料的吸波性能。

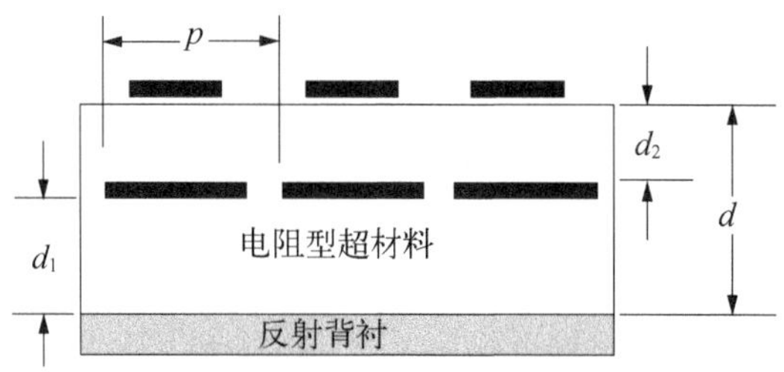

图 4.28 双层电阻型超材料吸波材料结构示意图

分别优化了不同厚度下单层和双层电阻型超材料吸波材料反射率小于 −10 dB 的最佳吸波带宽。优化结果如图 4.29 所示,优化参数如表 4.4 所示。表 4.4 中两层均为方格电阻型超材料,角标 1 代表下层超材料参数,角标 2 代表上层超材料参数,p 代表周期单元大小,l 为超材料边长。优化结果表明,在相同厚度的情况下,双层超材料比单层超材料吸波材料可以获取更大的吸波带宽,并且材料厚度越大,双层超材料拓展吸波带宽的效果越明显。

表 4.4 不同厚度下单层和双层超材料吸波材料吸波性能优化参数

d /mm	层数	p /mm	l_1 /mm	l_2 /mm	d_1 /mm	R_{s1} (Ω/sq)	R_{s2} (Ω/sq)	ε_r	BW /GHz
7	单层	13.9	11.5	—	3.5	82.7	—	3.1	4.3~18
	双层	14.3	6.4	3.4	3.6	72.1	147.3	2.9	3.6~18
8	单层	15.4	12.7	—	4.1	80.1	—	2.3	3.9~18
	双层	15.7	14.0	7.5	4.0	73.2	158.5	2.1	3.4~18
9	单层	15.9	13.5	—	4.5	99.4	—	1.8	4.12~18
	双层	20.1	18.8	13.2	4.4	74.6	203.5	1.2	3.2~18
10	单层	16.0	12.8	—	4.5	102.0	—	1.7	4.45~18
	双层	26.6	23.2	10.84	5.1	59.7	109.0	1.6	2.84~18

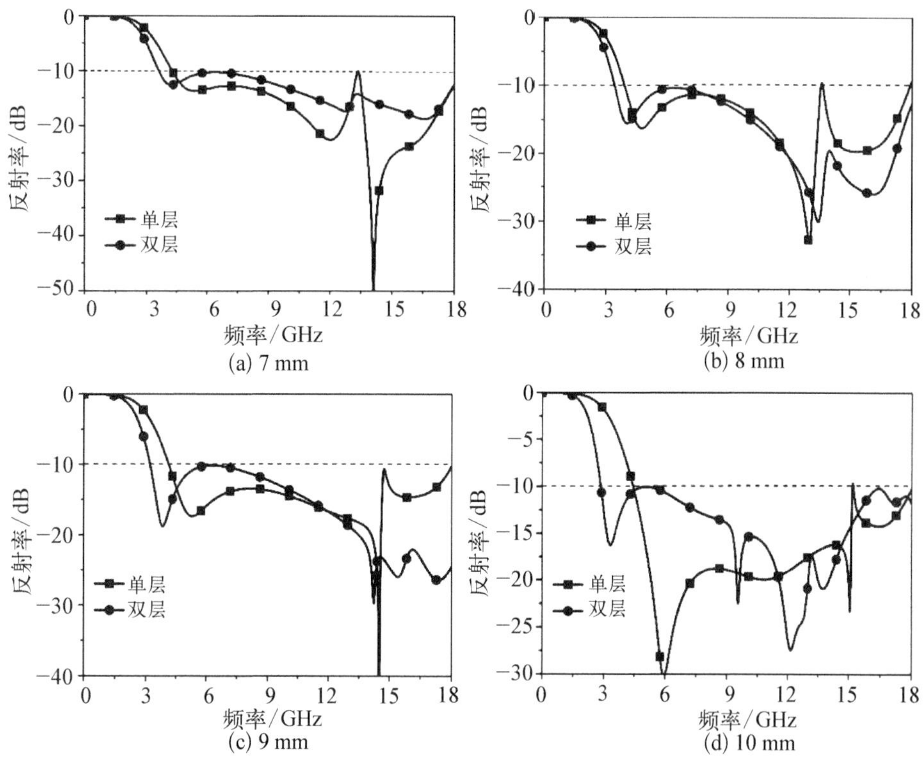

图 4.29　不同厚度下单层和双层超材料吸波材料吸波性能优化结果

4.4　导体型超材料吸波材料

对于导体型超材料吸波材料(即 4.1.3 节中讨论的电磁吸波超材料),其吸波的物理根源是电磁共振效应。需要说明的是,导体型超材料吸波材料的电磁共振主要源于超材料的尺度共振,而 4.3 节中讨论的电阻型超材料吸波材料则主要源于与基底厚度相关的电磁共振,两者具有显著差异。4.1.3 节中讨论了导体型与电阻型超材料吸波材料最主要的差异之一是导体型超材料的周期单元一般为导体材料,并且由于主要依靠周期结构的电磁共振吸波,因此一般不像电阻型超材料吸波材料那样要具备一定厚度,在基底材料厚度较小的情况下也可以实现低频吸波。但导体型超材料吸波材料是一种窄带吸波材料,如何拓展吸波带宽是其面临的最大难题。

本节重点针对结构较为简单且工程上易实现的导体型短切线超材料吸波材

料展开讨论,通过场分析建立短切线超材料吸波材料的等效电路模型,揭示结构组成参数与吸波性能之间的内在关联,并在此基础上讨论拓展导体型超材料吸波材料吸波带宽的思路与策略。

4.4.1 短切线超材料吸波材料等效电路分析

相对于开口环等周期结构单元的超材料,短切线单元[94]不仅结构简单,而且还和其他形式的周期单元一样,通过合理的设计可以实现任意极化、宽角度、近似完全吸收等吸波性能[52,68,74,78,79,95]。此外,由于具有较少的结构参数,短切线超材料在设计和制备方面也较为容易,因此,本节重点对由短切线结构单元构成的超材料吸波材料展开讨论。同时,由于导体型超材料吸波材料吸波原理的相似性,获取的规律也适用于其他周期单元结构形式的导体型超材料吸波材料[96]。

目前已经有学者采用等效媒介理论[49]、干涉理论[51]等揭示了导体型超材料吸波材料的物理本质,但是缺乏超材料结构组成参数与性能之间的关联。下面重点从短切线超材料吸波材料的等效电路模型出发,揭示其结构组成参数对吸波性能的影响机制,为进一步拓展导体型超材料吸波材料带宽提供理论依据。

对于如图 4.30 所示的短切线超材料吸波材料,其由导体型短切线阵列层/介质层/金属层构成,上层的短切线阵列和底层的金属层由介质层隔开,短切线的长度为 l,宽度为 w,在 x 和 y 轴方向的周期均为 p,介质隔离层的厚度为 h,单位均为 mm。介质层的相对介电常数为 $\varepsilon_r(1-\mathrm{jtg}\,\delta)$,短切线材料的电导率为 σ(单位: S/m)。除特别说明外,介质层的介电常数均取为 4.4(1−j0.02),短切线的电导率取为 5.8×10^7 S/m。由于该结构对电磁极化敏感,因此我们只考虑电磁波垂直入射的 x 极化情况,即电场方向与短切线轴向平行。

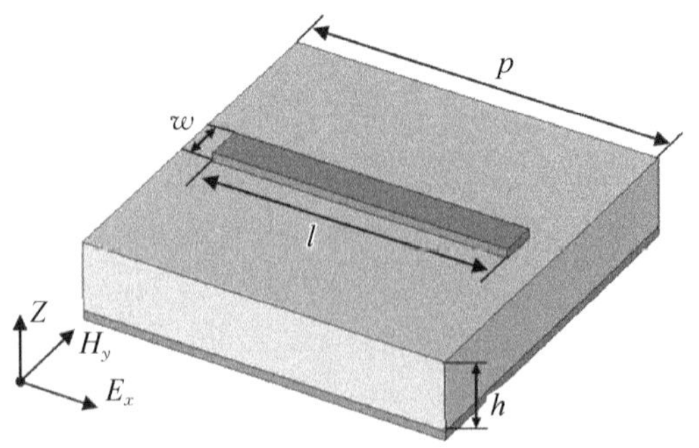

图 4.30 短切线超材料吸波材料周期单元示意图

为了建立等效电路模型,首先分析短切线超材料吸波材料在共振频率处的场分布情况。不失一般性,我们假设超材料的结构参数为 $p=8.0$ mm, $w=0.5$ mm, $l=6.0$ mm, $d=0.5$ mm。计算的反射率曲线如图 4.31 所示,在约为 13.0 GHz 处有一个吸收峰,吸收率接近 99.9%。

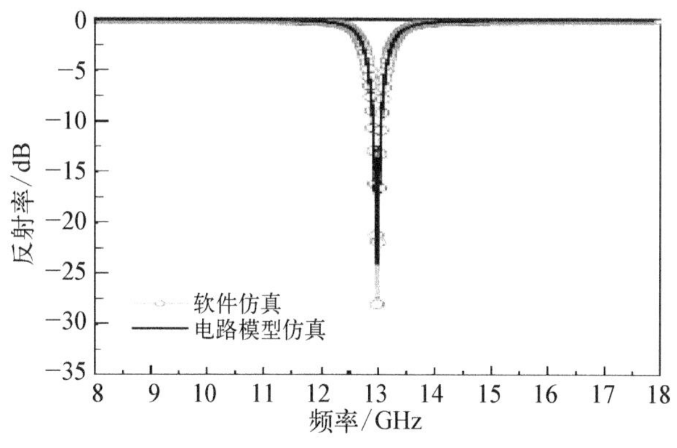

图 4.31　短切线超材料吸波材料反射率曲线

吸收频率 13.0 GHz 处的电场分布情况如图 4.32 所示。由图可见,在金属短切线一端的电场为正,另一端为负。在底层金属板上对应区域的电场分布正好与金属短切线相反,因而在上层短切线和底层金属板之间形成电流环流表现为磁共振响应。进一步研究发现,相邻单元之间并不激发电共振。在保持其他参数不变的情况下,改变周期 p 的值,即相邻短切线之间的距离,吸收频率并未发生改变,仍为 13.0 GHz,只是吸收强度发生变化,如图 4.33 所示。这说明每一个结构单元是一个独立的谐振单元,相邻短切线之间并不存在相互作用,即无电共振响应。这点与频率选择表面不同,频率选择表面整体表现出 LC 共振特性。

图 4.32　短切线超材料吸波材料在谐振频率处的电场分布图

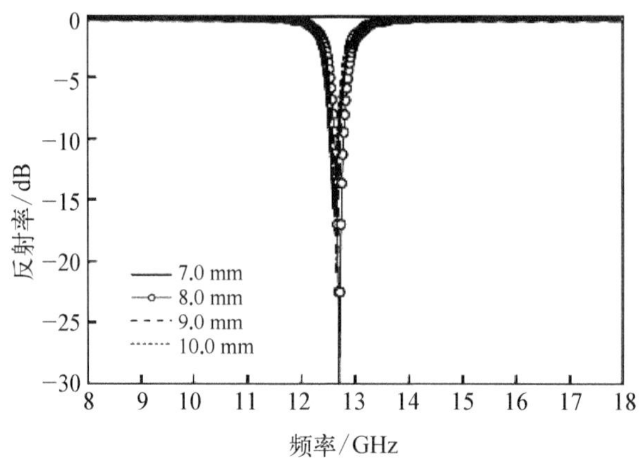

图 4.33 周期尺寸变化对短切线超材料吸波材料吸波性能影响

此外,对短切线超材料吸波材料在更宽范围的反射率进行仿真,其中,短切线的长度为 7.0 mm,其他结构参数与图 4.31 中的算例一致。从图 4.34 可以看到,除 11.05 GHz 处的吸收峰外,还在 31.9 GHz 出现了高阶吸收模。图 4.35 给出了对应吸收模的磁场分布图。可见,在 31.9 GHz 的吸收模是由三阶磁共振导致的,进一步证明相邻短切线之间不存在相互耦合作用,这种现象是由短切线与金属层之间的驻波相消和建立导致的[93]。由于短切线单元的对称性,偶数模相消,而奇数模则使驻波形成,使得局域的电场和磁场都得到显著加强,最终入射能量被金属的欧姆损耗和介质层的介电损耗所消耗。

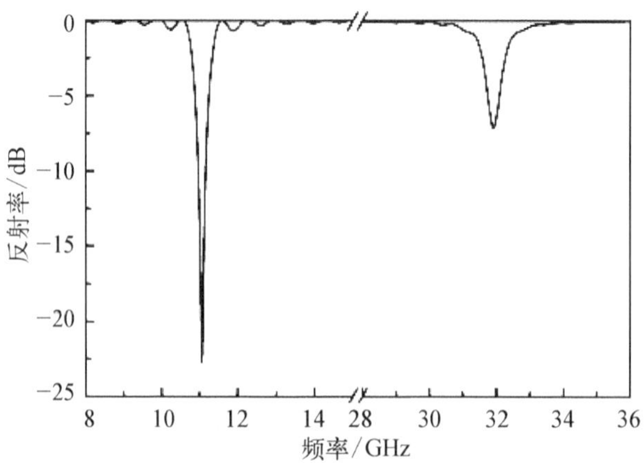

图 4.34 短切线超材料吸波材料宽频段范围内的反射率曲线

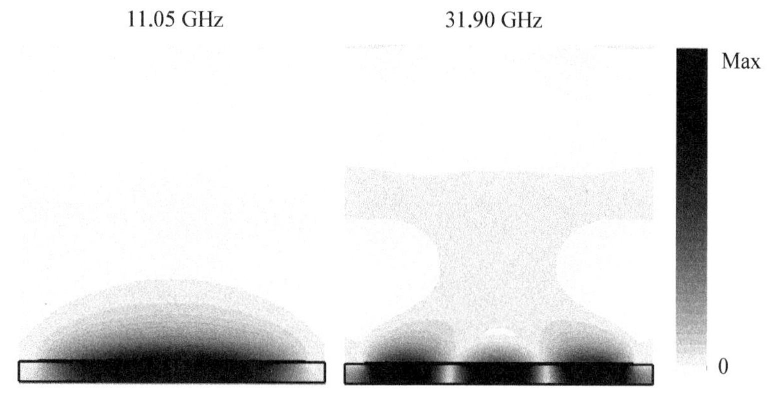

图 4.35　短切线超材料吸波材料在不同频率处的磁场分布

由前面的分析可知，每一个短切线/介质层/金属层结构单元是一个独立的谐振单元，因而在短切线以及底板上基本吸收模处积累的电荷分布情况可示意性地如图 4.36a 所示，表面短切线与底层金属板之间可等效为电容 C，而上下表面的金属结构可等效为电感 L。该结构单元的电磁谐振响应可用并联的 LC 共振电路来表示[95,97]，如图 4.36b 所示。另外，考虑到介质层和金属在微波频段分别存在介电和欧姆损耗，因而在等效电路模型中引入集总电阻参数 R_d 和 R_o，分别表示介质层的介电损耗和金属的欧姆损耗。

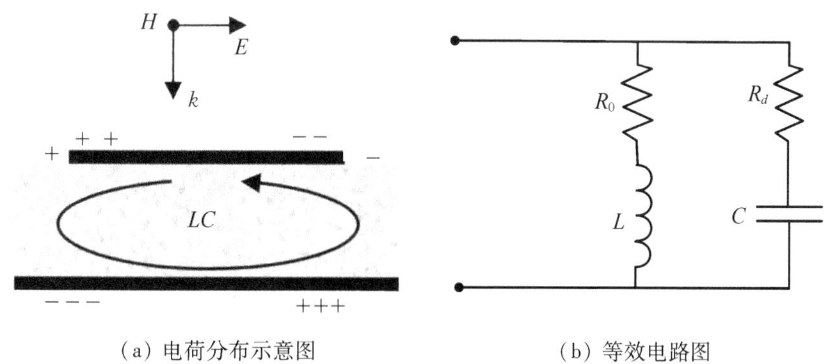

（a）电荷分布示意图　　（b）等效电路图

图 4.36　短切线超材料吸波材料吸收模处的电荷分布及等效电路

由图 4.36b 中的电路可以得到短切线超材料吸波材料的输入阻抗为

$$\frac{1}{Z_{\text{in}}} = \frac{1}{R_o + \mathrm{j}\omega L} + \frac{1}{R_d + 1/\mathrm{j}\omega C} \tag{4.37}$$

进一步地，输入阻抗的实部和虚部分别为

$$\operatorname{Re}\{Z_{\text{in}}\} = \frac{(R_o - R_d\omega^2 LC)(1 - \omega^2 LC) + \omega C(\omega L + R_o R_d \omega C)(R_o + R_d)}{(1 - \omega^2 LC)^2 + (R_o + R_d)^2\omega^2 C^2} \tag{4.38a}$$

$$\operatorname{Im}\{Z_{\text{in}}\} = \frac{(\omega L + R_o R_d \omega C)(1 - \omega^2 LC) - \omega C(R_o - R_d\omega^2 LC)(R_o + R_d)}{(1 - \omega^2 LC)^2 + (R_o + R_d)^2\omega^2 C^2} \tag{4.38b}$$

根据以上短切线超材料吸波材料的等效电路模型以及阻抗特性,便可以方便地对其吸收频率、吸收强度等吸波特性展开讨论。

4.4.2 短切线超材料吸波材料吸收频率

对于导体型超材料吸波材料,其吸波是基于电磁谐振原理,因而在共振频率处输入阻抗虚部应为零,即 $\operatorname{Im}\{Z_{in}\} = 0$,于是由式(4.38b)可得吸收频率为

$$\omega_{\text{absorption}}^2 LC = \frac{L - R_o^2 C}{L - R_d^2 C} \tag{4.39}$$

可以看到,吸收频率与等效电路模型中的集总参数 R、L 和 C 有关,可分为以下几种情况。

① 当 $R_o = R_d = 0$ 时,即同时没有欧姆损耗和介电损耗的情形,共振频率为 $\omega_{\text{resonance}}^2 LC = 1$,可以将之称为本征共振频率。

② 当 $R_o = 0$,但 $R_d \neq 0$ 时,即不存在欧姆损耗,只有介质层的介电损耗时,吸收频率为 $\omega_{\text{absorption}}^2 LC = L/(L - R_d^2 C) > 1$,高于本征共振频率。

③ 当 $R_o \neq 0$,但 $R_d = 0$ 时,即没有介电损耗,只有金属的欧姆损耗时,吸收频率为 $\omega_{\text{absorption}}^2 LC = (L - R_o^2 C)/L < 1$,低于本征共振频率。

④ 当 $R_o \neq 0$,且 $R_d \neq 0$ 时,即同时有欧姆损耗和介电损耗时,吸收频率由式(4.39)表示,其与本征共振频率相比,吸收频率取决于欧姆损耗和介电损耗之间的竞争。若 $R_o > R_d$,吸收频率低于本征共振频率;若 $R_o < R_d$,吸收频率高于本征共振频率。对于没有故意引入基底损耗的导体型超材料吸波材料,由于欧姆损耗和介电损耗都很小,两种损耗对吸收频率的影响很小,于是吸收频率关系式(4.40)可近似为

$$\omega_{\text{absorption}}^2 LC = \frac{L - R_o^2 C}{L - R_d^2 C} \approx 1 \tag{4.40}$$

为了验证式(4.40),对四种结构参数相同($p=8.0$ mm, $l=6.0$ mm, $w=0.5$ mm 和 $d=0.5$ mm)、但材料损耗不同的短切线超材料吸波材料进行了仿真:① PEC/无损耗介质($\varepsilon_r=4.4$);② PEC/损耗介质[$\varepsilon_r=4.4(1-j0.02)$];③ 损耗金属($\sigma=5.8\times10^7$ S/m)/无损耗介质;④ 损耗金属/损耗介质。图 4.37 给出了上述四种不同短切线超材料吸波材料反射系数相位角关于频率的变化关系,其中,相位角为零对应的频率即为吸收频率。可以看到,材料的损耗对吸收频率的影响很小,四种超材料吸波材料的吸收频率均约为 13.0 GHz,差异可忽略不计,因此式(4.40)吸收频率的近似是合理的。

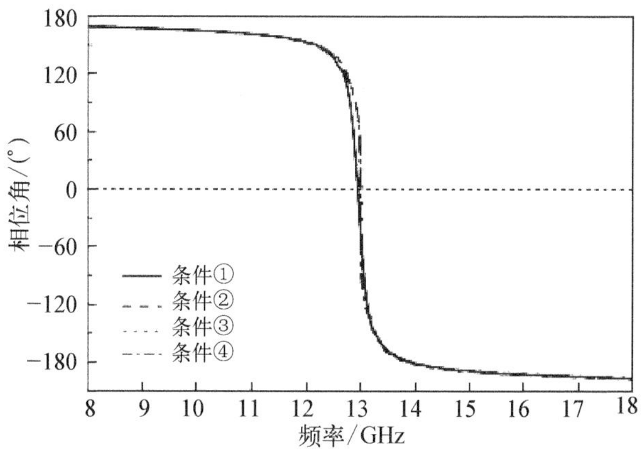

图 4.37　损耗对短切线超材料吸波材料吸收频率影响

进一步对短切线超材料的等效电路进行分析。图 4.36b 中等效电路模型的集总参数 L 和 C 与超材料结构组成参数有如下的近似关系[78,94]:

$$L \propto \frac{\mu_0 \mu_r h l}{w} \tag{4.41a}$$

$$C \propto \frac{\varepsilon_0 \varepsilon_r l w}{h} \tag{4.41b}$$

式中,ε_0 和 μ_0 分别是自由空间的介电常数和磁导率;ε_r 和 μ_r 分别是介质层的相对介电常数和磁导率,其他参数意义如图 4.30 所示。将式(4.41)代入式(4.40)可获得吸收频率有如下的近似表示关系:

$$f_{\text{absorption}} \approx \frac{1}{2\pi\sqrt{LC}} \propto \frac{1}{l\sqrt{\varepsilon_r \mu_r}} \tag{4.42}$$

只考虑基底由介质媒质构成的情况，即式(4.42)中的相对磁导率为$\mu_r=1$，因此短切线超材料吸波材料的吸收频率只与短切线长度以及介质层的相对介电常数有关。下面通过数值仿真对此关系进行验证。

首先考察短切线长度的影响。在数值仿真过程中，选取的超材料吸波材料组成参数如下：周期为$p=8.0$ mm，介质层厚度为$h=0.5$ mm，相对介电常数为4.4(1−0.02j)，金属短切线的宽度为$w=0.5$ mm，而长度取值为4.5 mm、5.5 mm、6.5 mm和7.5 mm。反射率关于频率的计算结果如图4.38所示。由图4.38a可见，吸收频率随着金属短切线长度的增加逐渐向低频移动，而对吸收强度的影响很小。图4.38b给出了吸收频率关于短切线长度倒数的变化关系，可以看到，吸收频率与短切线长度的倒数严格成正比，这与式(4.42)中的理论预测结果完全一致。

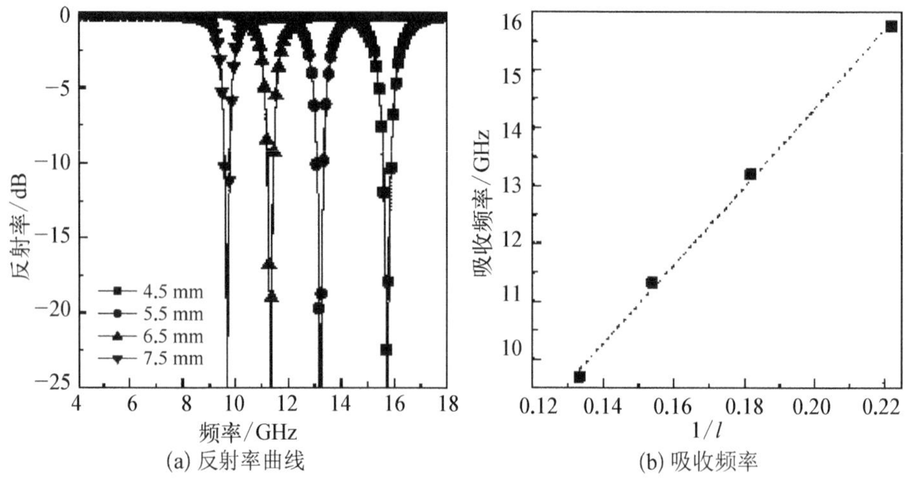

图4.38　短切线长度对短切线超材料吸波材料吸波频率影响

接下来考察介质层相对介电常数对短切线超材料吸波材料吸波性能影响。在数值仿真过程中，选取的超材料吸波材料参数为：周期为$p=8.0$ mm，介质层厚度为$h=0.5$ mm，短切线宽度为$w=0.5$ mm，长度为$l=6.0$ mm，介质层的相对介电常数为ε_r(1−0.02j)，其中，ε_r的取值分别为2.0、2.5、3.0、4.0和5.0。反射率关于频率的计算结果如图4.39所示。由图4.39a可见，吸收频率随着介质层相对介电常数的增大逐渐向低频移动。图4.39b给出了吸收频率与介质层相对介电常数的关系，可以看到，两者之间严格满足$f_{\text{absorption}}\propto 1/\sqrt{\varepsilon_r}$的关系。计算结果与上述等效电路模型得到的理论分析结果一致。

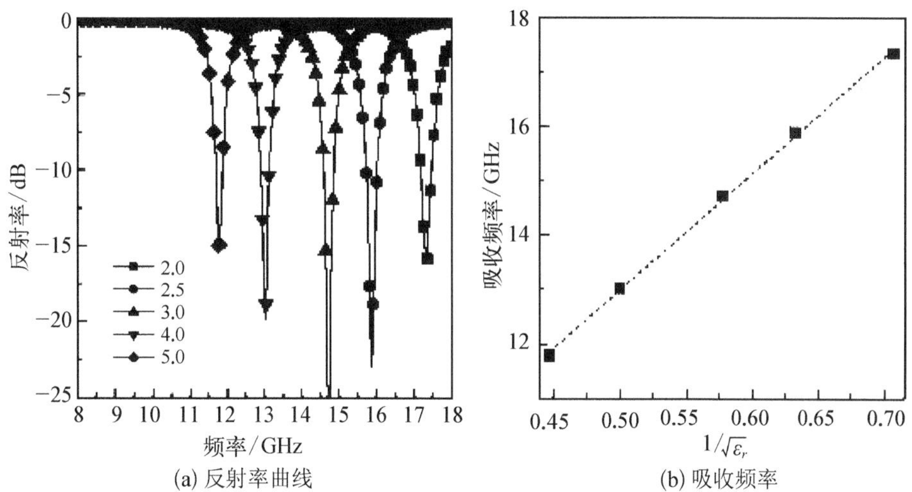

(a) 反射率曲线　　(b) 吸收频率

图 4.39　介质层相对介电常数对短切线超材料吸波材料吸收频率影响

通过式(4.42)可以发现,吸收频率与介质层的厚度关系不大,为进一步验证吸收频率与介质层厚度之间的关系,就介质层厚度 h 对短切线超材料吸波材料吸波性能影响进行仿真。在数值仿真过程中,短切线长度 l=6.5 mm,介质层的相对介电常数为 4.4(1−0.02j),介质层厚度 h 的取值分别为 0.3 mm、0.5 mm、0.7 mm 和 1.0 mm。反射率曲线关于介质层厚度的变化规律如图 4.40 所示。可以发现,随着介质层厚度的增加,吸收频率变化幅度很小,这基本吻合式(4.42)中吸收频率与介质层厚度无关的结论。

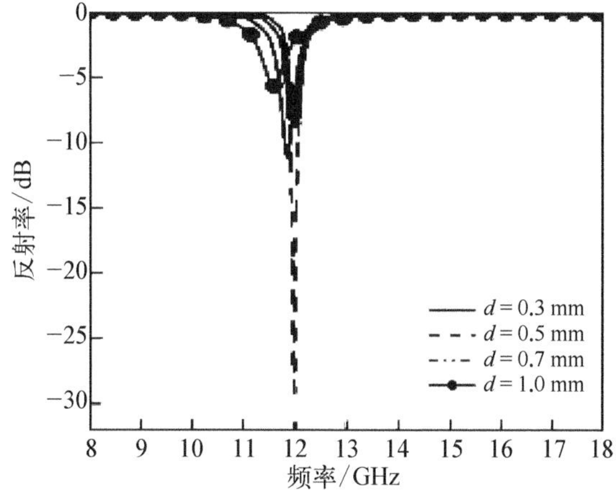

图 4.40　介质层厚度对短切线超材料吸波材料吸波性能影响

此外,通过介质层厚度对吸波性能影响的讨论可以发现,导体型超材料吸波材料的吸波机制与 4.3 节中讨论的电阻型超材料吸波材料有显著不同,导体型超材料吸波材料主要依靠超材料单元的尺寸谐振实现吸波,而电阻型超材料吸波材料则更多的是依靠厚度谐振。因此,导体型超材料吸波材料可以在介质层厚度较小的情况下通过调控超材料单元的尺寸实现低频吸波。

另外从图 4.40 可以发现,介质层厚度对导体型超材料吸波材料的吸收强度有显著影响,下节重点讨论吸收强度的影响因素问题。

4.4.3 短切线超材料吸波材料吸收强度

对于没有任何损耗的情况,由短切线超材料吸波材料等效输入阻抗的实部关系式(4.38a)可得 $\mathrm{Re}\{Z_{in}\} \equiv 0$, 而这种情况在实际材料中是不存在的,即应有 $R_o + R_d \neq 0$, 将吸收频率近似关系式(4.40)代到输入阻抗的实部式(4.38a),可以得到在吸收频率处的等效输入阻抗的实部为

$$\mathrm{Re}\{Z_{\mathrm{in}}\} \approx \frac{L + R_o R_d C}{(R_o + R_d)C} \approx \frac{L}{(R_o + R_d)C} \tag{4.43}$$

将近似关系式(4.41)代入上式,可以得到输入阻抗实部关于短切线超材料吸波材料组成参数的近似关系为

$$\mathrm{Re}\{Z_{\mathrm{in}}\} \propto \frac{h^2}{(R_o + R_d)\varepsilon_r} \tag{4.44}$$

另一方面,在吸收频率处的超材料吸波材料反射系数(此时输入阻抗虚部较小,将其忽略)可由下面的公式计算:

$$\Gamma = \frac{\mathrm{Re}\{Z_{\mathrm{in}}\} - Z_0}{\mathrm{Re}\{Z_{\mathrm{in}}\} + Z_0} \tag{4.45}$$

从式(4.44)和式(4.45)可以看到,介质层厚度 h、相对介电常数 ε_r 和材料损耗 R_o和 R_d是决定吸收强度的关键因素。同时可以发现,超材料吸波材料输入阻抗的实部是关于 h、ε_r、R_o和 R_d等因素的单调函数,因而对于其中的任一参数必然存在一合适值使得超材料吸波材料的等效输入阻抗与自由空间阻抗达到匹配,从而实现对入射波的完全吸收。

对于导体型超材料吸波材料的欧姆损耗和介电损耗较小的情况(即 R_o和 R_d值均很小),由于它们处在等效输入阻抗实部中的分母中,见式(4.44),所以即使

很小的损耗也会导致较大的实部值,从而实现与自由空间的阻抗匹配。这就解释了为什么尽管组成超材料吸波材料的介质与周期单元的材料损耗很小,但是可以实现对入射波的完全吸收。

继续讨论图 4.40,可以发现,随着介质层厚度的增加,吸收强度逐渐增加,当厚度增加到 0.5 mm 时,吸收率接近 99.9%,随后又逐渐降低。这说明对于给定其他结构组成参数的超材料吸波材料,总存在一个合适的介质层厚度值使其等效输入阻抗与自由空间阻抗相匹配,从而实现完全吸收。为了进一步揭示吸收强度关于介质层厚度变化的内在原因,采用反射系数反演方法得到了短切线超材料吸波材料归一化输入阻抗实部关于介质层厚度的变化规律,如图 4.41 所示。可以看到,随着介质层厚度的增加,在吸收频率处的等效输入阻抗实部单调增大,因而导致吸收强度随着介质层厚度增加先增大后减小。这与式(4.44)中输入阻抗实部随着介质层厚度增加逐渐增大的理论结果完全一致。

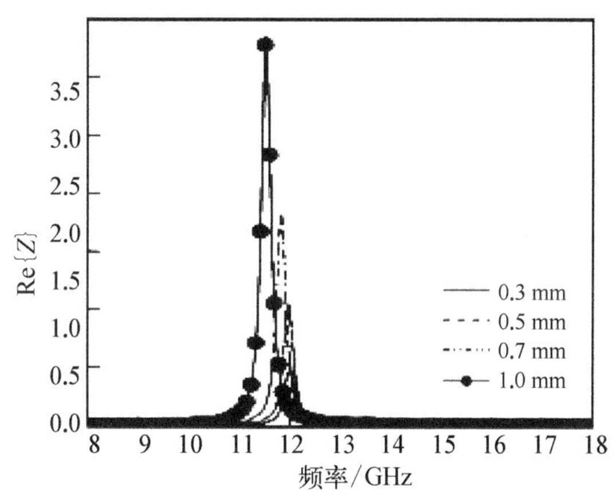

图 4.41　介质层厚度对短切线超材料吸波材料输入阻抗实部的影响

接下来讨论介质层的介电损耗对短切线超材料吸波材料吸波性能影响。在数值仿真过程中,短切线长度为 6.5 mm,宽度为 0.5 mm,介质层的厚度为 0.5 mm,相对介电常数为 4.4(1−jtg δ),其中,损耗角正切 tg δ 的取值为 0.01、0.02、0.04 和 0.07。反射率曲线关于介质层介电损耗的变化规律如图 4.42 所示。

由图 4.42a 可以看到,随着介质层损耗的增强,吸收强度开始逐渐增大,当达到最大后又逐渐降低。图 4.42b 中的输入阻抗特性表明,这是由于输入阻抗实部值随着介质层介电损耗的增强逐渐降低导致的,这与式(4.44)的理论结果相吻合。另外,吸收频率随着介电损耗的变化几乎不变,也进一步说明了式(4.42)的

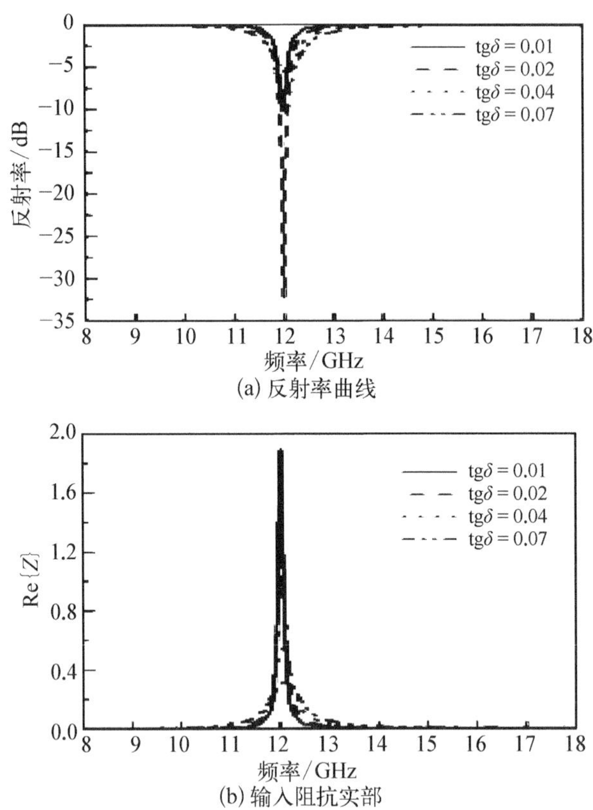

(a) 反射率曲线

(b) 输入阻抗实部

图 4.42　介电损耗对短切线超材料吸波材料吸波性能以及输入阻抗实部影响

正确性。另外,短切线超材料吸波材料吸波性能关于欧姆损耗的变化关系也进一步证实了上述理论分析,如图 4.43 所示。其中,短切线长度为 6.5 mm,宽度为 0.5 mm,介质层的厚度为 0.5 mm,相对介电常数为 4.4(1−j0.02),金属的电导率分别为 PEC、5.8×10^7 S/m、5.8×10^5 S/m 和 5.8×10^4 S/m。

综上,4.4.2 节与本节通过等效电路方法建立了短切线超材料吸波材料结构组成参数与性能之间的内在关联,并得到了数值仿真的验证。此外,由于超材料吸波材料吸波原理的相似性,上述相关结论也可用于其他结构形式的导体型超材料吸波材料的分析与设计中。通过等效电路分析也可以发现,导体型超材料吸波材料的吸波机制主要源于超材料结构单元的电磁谐振,表现出窄带吸波特性,如何拓展吸波带宽是需要重点解决的问题,下节将针对这一问题展开讨论。

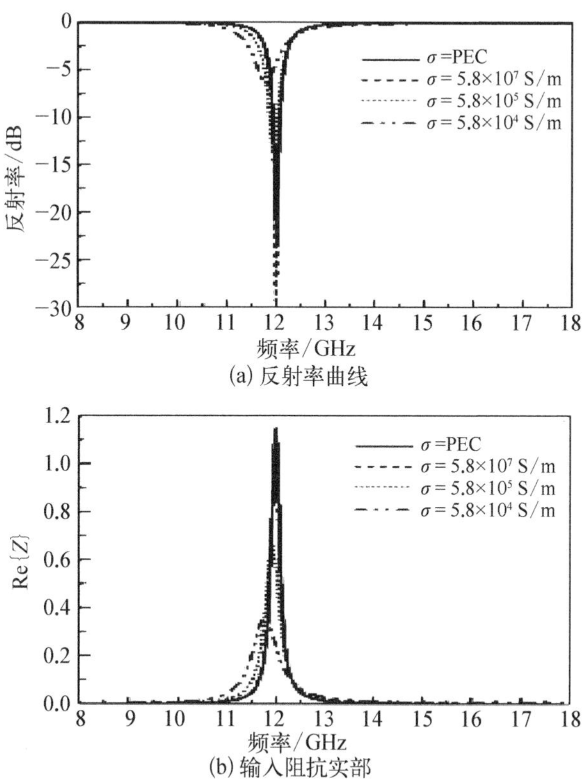

(a) 反射率曲线

(b) 输入阻抗实部

图 4.43　欧姆损耗对短切线超材料吸波材料吸波性能以及输入阻抗实部影响

4.4.4　短切线超材料吸波材料吸波频带展宽方法

根据式(4.42)可以发现,为了使短切线超材料吸波材料在宽频范围内吸收电磁波,在相应频段范围内的所有频率点或至少相近的频率点需要满足谐振条件 $f_i \propto l/\sqrt{\varepsilon_r}$,其中,$f_i$是相应频带范围内的某一频率。若相邻谐振频率的间隔小于任意小量 Δ,即 $\Delta f = | f_{i+1} - f_i | < \Delta$,可将谐振频率 f 看作连续变量,谐振条件式(4.42)可以变换为

$$\varepsilon_r l^2 \propto f^{-2} \tag{4.46}$$

可见,只要超材料的结构组成参数 ε_r 和 l 的关系满足式(4.46)即可保证在相应频带内发生谐振,然后通过引入合适的损耗即可实现对入射波的吸收。通过式(4.46)可以发现,通过调控介质层介电常数的频散特性或者短切线的长度配比可以满足短切线在较宽频段范围的谐振条件,从而实现宽频吸波。由于介

质层的介电常数频散特性调控较为困难,而短切线的长度调控容易实现,因此本节重点通过调控短切线长度手段拓宽短切线超材料吸波材料的吸波带宽。

由式(4.46)可知,满足宽频谐振的条件为 $l \propto f^{-1}$。因而可以将各种不同长度的短切线组合成一个基本结构单元,每一种长度激发一个对应频率的吸收模,然后将各个吸收模叠加获取宽带吸波特性[68,74,78,79]。事实上,这种基于叠加原理的吸波带宽拓展方法不仅仅适用于短切线超材料吸波材料,对其他谐振结构单元(如开口环[80]和I字形[77]等结构)的吸波材料同样适用,该方法具有普遍性。

首先对具备宽频吸波功能的短切线超材料吸波材料的周期结构参数进行构建,一方面需要考虑短切线长度的分布特性;另一方面考虑极化不敏感性,还需要考虑短切线的角度分布,即短切线的空间取向情况。近年的研究成果表明,无序结构超材料会表现出一些比传统周期结构超材料更加优异的性能,实验[98]和理论[99]均表明,利用无序超材料可拓展共振带宽。事实上,在众多超材料吸波材料中可观察到实验带宽较数值结果更优的情况[48,57,71,76],这正是由实验过程引入的结构参数无序造成的。因此本节重点针对无序短切线超材料吸波材料进行讨论。

1. 超材料无序化模型构建

对于无序超材料,每一个结构参数可看作是一个随机变量,而结构参数的取值范围为相应随机变量的样本空间,因此任意结构参数在数学上可表示为

$$\boldsymbol{F} = \begin{bmatrix} X_{1,1} & X_{1,2} & \cdots & X_{1,n-1} & X_{1,n} \\ \vdots & \vdots & & \vdots & \vdots \\ X_{n,1} & X_{n,2} & \cdots & X_{n,n-1} & X_{n,n} \end{bmatrix}_{n\times n} \tag{4.47}$$

式中,$\boldsymbol{F}$ 是样本;$X_{i,j}$是随机变量 X 的取值;$N = n \times n$ 是样本容量,即构成无序超材料单元结构的数量。

假设上述随机变量 X 服从区间$[F_{\min}, F_{\max}]$上的均匀分布,因而均值 $E(X)$ 为 $F_0 = (F_{\min} + F_{\max})/2$。同时,定义无量纲因子 D 来表征超材料的无序程度。此时,X 随机变量的样本空间可以表示为简单的形式:

$$X \in (F_0 - D \times \Delta F,\ F_0 + D \times \Delta F) \tag{4.48}$$

式中,$\Delta F = (F_{\max} - F_{\min})/2$;无量纲因子 D 的取值范围是0~1,当 $D=0$ 时,随机变量 X 的取值为 F_0,此时无序超材料即为周期结构超材料;当 $D=1$ 时,随机变

量 X 的样本空间最大,此时超材料的无序度也最高,所以将 D 称为无序度因子。进一步,每一个随机变量 X 的取值可以表示为

$$X = F_0 - D \times \Delta F + rand \times 2 \times D \times \Delta F = F_0 + (2 \times rand - 1) \times D \times \Delta F \tag{4.49}$$

式中,$rand$ 是均匀分布在 0~1 的随机数。当随机数 $rand \to 0$ 时,随机变量 X 接近分布区间下限 $X \to F_0 - D \times \Delta F$;当 $rand \to 1$ 时,随机变量 X 接近分布区间上限 $X \to F_0 + D \times \Delta F$。在无序超材料建模过程中,可以利用计算机产生在 0~1 均匀分布的随机数 $rand$,然后根据式(4.49)确定结构参数的具体值。

在构建无序超材料结构模型时,样本容量值 N 的选取应考虑两个因素:一是为了在数学上具有统计意义,样本容量 N 的值应该足够大;二是考虑到在电磁仿真过程中的耗时问题,又要求超材料结构尽可能小,即样本容量 N 小。因此,在仿真过程中 N 的取值要适中,使两者达到平衡。通过反复验证,样本容量为 10×10 的时候可以平衡以上两个因素[97]。

2. 短切线长度无序对吸波性能的影响

对于构成短切线超材料吸波材料的结构单元,假设短切线的平均长度为 l_0,周期边长为 p,如图 4.30 所示,那么根据式(4.49)可得短切线长度 l 可为

$$l = l_0 + (2 \times rand - 1) \times D \times (p - l_0) \tag{4.50}$$

在仿真过程中,每一个结构单元的参数为 $p = 8.0$ mm, $l_0 = 6.0$ mm, $h = 1.0$ mm, l 由计算机程序产生的随机数 $rand$ 决定,介质层的相对介电常数为 4.4×(1−j0.02),仿真结构单元的面积尺寸为 80 mm×80 mm,无序度因子 D 的取值为 0、0.25、0.5 和 0.75。在 6.0~18.0 GHz 范围内的反射率仿真结果如图 4.44 所示。

由图 4.44 可见,当无序度因子 D 为零时,此时短切线长度均为 6.0 mm,反射率在 12.0 GHz 附近只有一个吸收峰;随着无序度因子 D 的增加,吸收频带以 12.0 GHz 为中心逐渐向两边对称的展宽。为了揭示这种变化规律,进一步计算了 D=0.75、不同频点(10.7 GHz、12.8 GHz、13.6 GHz 和 15.0 GHz)的功率损耗密度分布图,如图 4.45 所示。由图可见,不同吸收频率的能量损耗分布在不同长度的短切线区域,且吸收频率越低,对应区域的短切线长度越大,这符合 4.4.2 节中吸收频率反比于短切线长度的结论,并证明了无序结构超材料吸波材料的宽带吸波机制叠加原理。

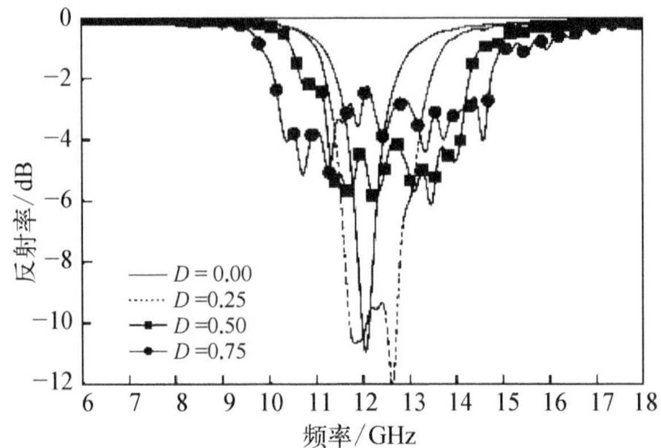

图 4.44　短切线长度无序度对超材料吸波材料吸波性能影响

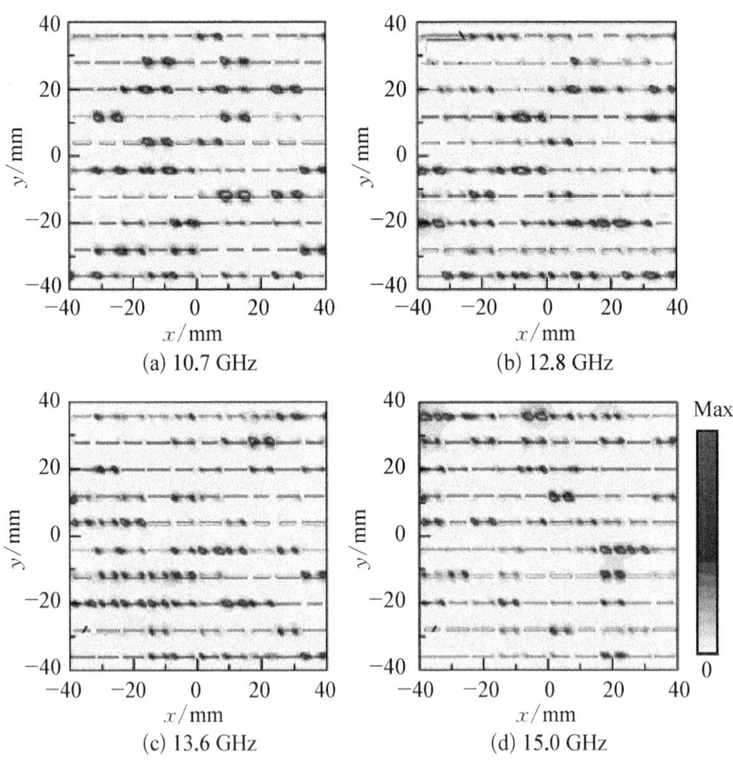

(a) 10.7 GHz　(b) 12.8 GHz　(c) 13.6 GHz　(d) 15.0 GHz

图 4.45　无序短切线超材料吸波材料不同频率点的功率损耗密度图

3. 短切线取向无序度对吸波性能影响

短切线的空间取向性会影响导体型超材料吸波材料电磁响应的极化特性。

空间取向可以通过下面的方法进行描述,假设短切线轴向沿 x 轴方向,此时的空间取向角为 $\theta=0°$,为图 4.30 中的情况。以此为参照,将短切线沿单元结构中心点逆时针旋转角度 θ,如图 4.46 所示。由于二重对称性,对于任意的无序空间取向,旋转角度 θ 的取值范围可表示为 $\theta \in [0, 180°]$。当 $\theta=0°$时,此时超材料只对 x 方向极化的入射波有电磁响应;同理,当 $\theta=90°$时,超材料只对 y 方向极化的入射波有电磁响应。

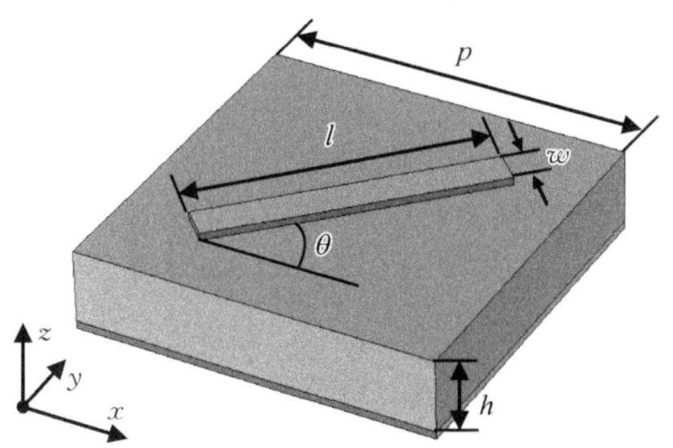

图 4.46　短切线逆时针旋转角度 θ 的基本结构单元

对空间随机取向的短切线超材料吸波材料的吸波性能进行仿真,每一个单元结构的参数为 $p=8.0$ mm, $l_0=6.0$ mm, $d=1.0$ mm,介质层相对介电常数为 4.4×(1-j0.02),每一个单元的短切线的空间取向角度由计算机程序随机产生,均匀分布在[0°, 180°]范围内。入射波为 x 和 y 极化两种情况的反射率计算结果如图 4.47 所示。由图可见,空间取向无序化可实现短切线超材料吸波材料的任意极化响应特性,这也是无序超材料吸波材料的显著优势之一。

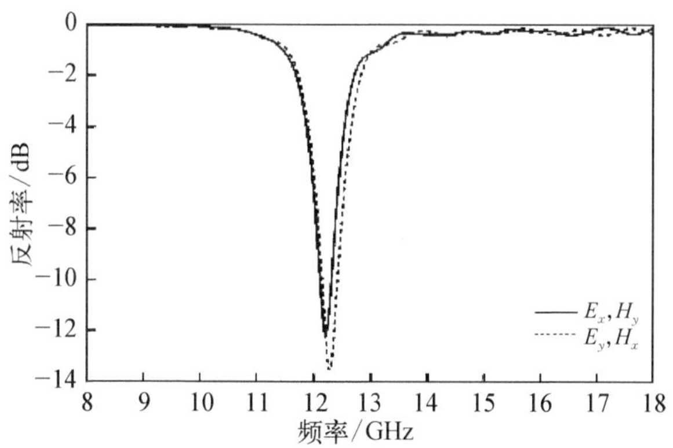

图 4.47　空间取向无序性对超材料吸波材料吸波性能影响

4. 无序短切线超材料吸波材料吸收强度讨论

由图 4.44 可以发现,虽然通过增加短切线长度的无序度可以拓展吸波带宽,但是吸收强度却随着无序化程度的增加逐渐变弱。因此,如何确保强吸收的情况下同时拓展吸波带宽在实际应用中有更重要的研究价值。

根据吸波机制的有效媒介理论[49],超材料可以看作是具有等效电磁参数 ε 和 μ 的电磁波不透明表面,当满足条件 $\varepsilon=\mu$ 时,其等效输入阻抗与自由空间阻抗匹配,即可完全吸收入射电磁波。典型电磁特性材料与电磁波的相互作用关系如图 4.48 所示[100]。当电磁波入射到不透明表面时(图 4.48a),其反射特性有以下几种情况：一是若该表面是电导体时,会在其表面激发表面电流,造成对电磁波的反射,对应于图 4.48b 的情况;二是若该表面是磁导体时,在其表面会激发磁流(假想的,实际上不存在),也会对入射波造成反射,如图 4.48c 所示;三是若电磁波在表面既可激发表面电流也可激发表面磁流,此时的情况相当于上述两种情况的叠加,当满足一定条件时,导致电场 E 和磁场 H 抵消,没有反射波,如图 4.48d 所示,从而可实现对电磁波的完全吸收。

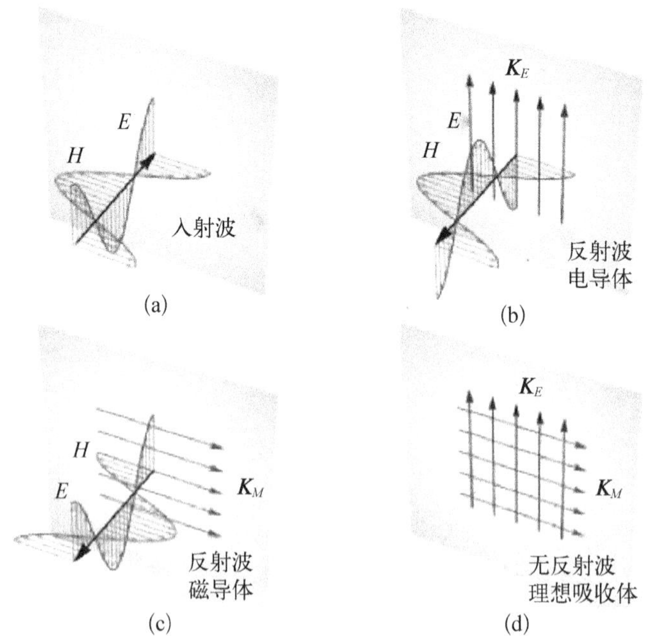

图 4.48　电磁波与不同电磁特性材料相互关系示意图

进一步的，对于纯金属导体表面，相当于超材料吸波材料去除表面图案层的情况，入射波磁场激发的表面电流密度可以表示为

$$\boldsymbol{K}_E = \boldsymbol{H}_0 \times \hat{\boldsymbol{n}} \tag{4.51}$$

式中，$\hat{\boldsymbol{n}}$ 是垂直于金属导体表面的法向单位矢量。对于每一个金属短切线/介质层/金属层三明治结构，可等效为一个贴片天线，其边缘可看作是磁壁，等效高度为介质层厚度的 4 倍。根据经典天线理论可知，入射波的电场也会激发等效磁流，由于在共振发生时，介质层内的电场会得到显著增强，因而假想的等效磁流可表示为

$$\boldsymbol{K}_M = \frac{4f\boldsymbol{E}_0 h}{g} \tag{4.52}$$

式中，f 是表征在发生谐振时局域电场增强的倍数，通常情况有 $f \gg 1$；h 是介质层的厚度；g 为相邻单元结构（短切线）之间的等效距离（对于周期结构的情况即为重复单元的周期）。由图 4.48d 可知，当入射波在表面激发的电流和磁流相等时，无反射波。对于垂直入射的情况，入射波的电场和磁场的幅值满足关系 $\boldsymbol{H}_0 = \boldsymbol{E}_0$，从而由式(4.51)和式(4.52)可得

$$g \approx 4fh \tag{4.53}$$

可见，相邻短切线之间的等效距离 g 需要与介质层厚度 h 成正比。对于给定尺寸的单元结构，其在超材料结构中占有的面积比例与它们彼此之间的距离 g 密切相关。为了获得强吸收，超材料单元在单位面积中的含量必须等于某一特定值，将此规律称为临界密度理论[101]。

现用上述临界密度理论来分析无序超材料吸波材料的情况。由图 4.44 可知，吸收强度随着无序度因子 D 的增加，吸收强度逐渐减弱。这是因为随着因子 D 的增加，短切线的长度分布范围（$F_0 - D \times \Delta F$，$F_0 + D \times \Delta F$）变大，而其总数目保持不变，使得某一长度短切线的数量减少，从而导致表征含量的因子 g 增大。此时，入射波激发的等效电流大于等效磁流，使得部分入射波发生发射，从而导致吸收率降低。由式(4.53)可知，在短切线密度固定的情况下，要想获得强的吸收，必须增加介质层厚度 h。

为了验证上述理论分析，计算了不同厚度的短切线超材料吸波材料反射率曲线，如图 4.49 所示。可以看到，随着介质层厚度的增加，吸波性能呈现增强趋

势。同时进行了实验验证,实物以及反射率测试曲线见图 4.50,计算与实验结果较为吻合。

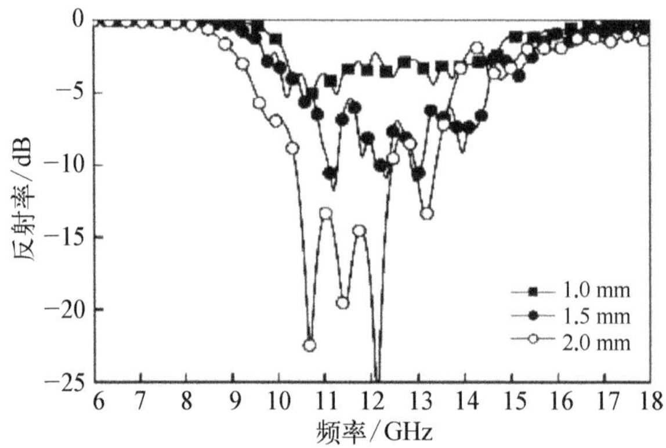

图 4.49　介质层厚度对无序超材料吸波材料吸波性能影响

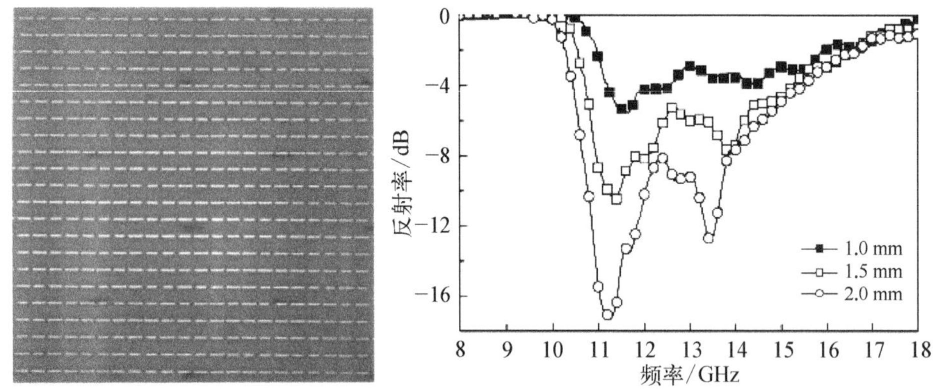

图 4.50　短切线超材料吸波材料样品以及不同介质层厚度反射率曲线

5. 双无序结构短切线超材料吸波材料吸波性能

对长度以及角度均无序的短切线超材料吸波材料吸波性能进行了仿真,对应的介质层厚度分别为 1.0 mm、1.5 mm、2.0 mm 和 2.5 mm。图 4.51 给出了两种极化情况下的反射率曲线计算结果。由图可见,随着介质层厚度的增加,两种极化情况的吸收率逐渐增大,当厚度增加到 2.5 mm 时,可以呈现宽频吸波特性。仔细对比两种极化情况的反射率曲线,发现除了局部震荡的差别外,其关于介质层的厚度和频率等因素的变化规律一致,因而可以认为双无序短切线超材料吸波材料具有任意极化电磁响应特性。

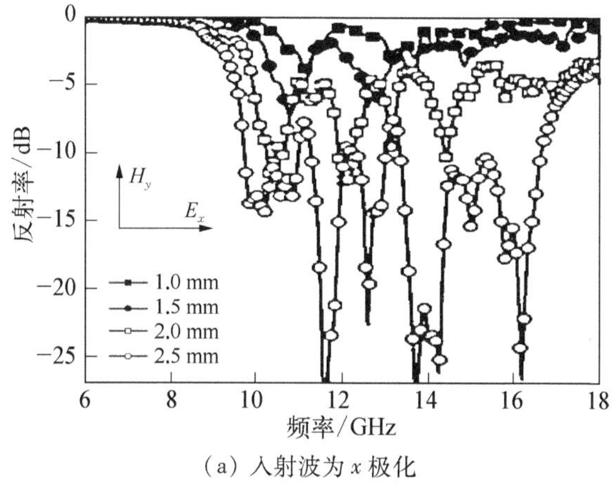

(a) 入射波为 x 极化

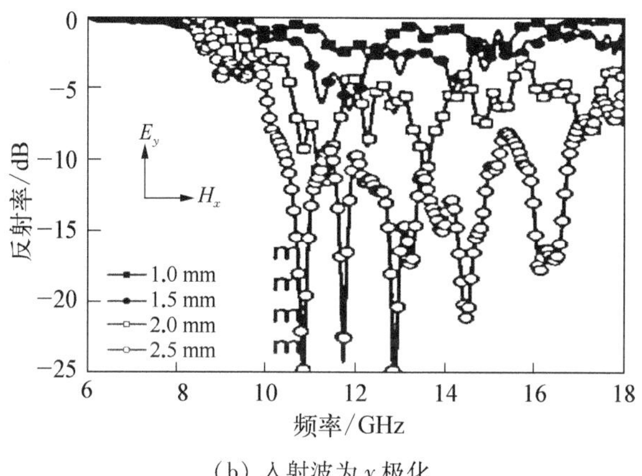

(b) 入射波为 y 极化

图 4.51　双无序短切线超材料吸波材料反射率计算结果

同时对双无序短切线超材料吸波材料进行实验验证。基于上述仿真结构参数,利用印刷电路板(PCB)工艺制作了介质层厚度 2.5 mm、尺寸为 180 mm×180 mm的实验样品,并对其反射率进行了测试,结果如图 4.52 所示。可以发现,不定量考虑局部差异的话,在不同极化入射波的情况下,双无序短切线超材料吸波材料表现出宽带吸波性能。

通过以上研究发现,调控短切线超材料吸波材料的各参数可以解决单一长度和角度短切线超材料吸波材料的窄频吸波和极化敏感问题,是一种较有潜力的超材料吸波材料。需要补充说明的是,短切线超材料吸波材料具有较强的可设计性,除了本节的讨论内容外,增加短切线超材料层数、调控各层短切线的级

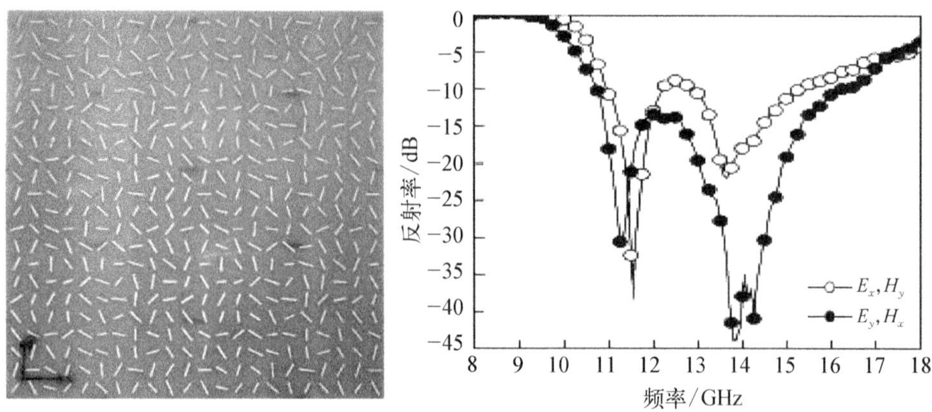

图 4.52 双无序短切线超材料吸波材料样品照片以及反射率曲线

配方案也可以显著增加带宽特性，相关工作将结合第 5 章实例进一步阐述。

参 考 文 献

[1] http://en/Wikipedia/org/wiki/Metamaterial.

[2] Cui T J, Smith D R, Liu R. Metamaterials Theory, Design, and Applications [M]. Springer, 2010.

[3] 周济."超材料(metamaterials)"：超越材料性能的自然极限[J].四川大学学报(自然科学版),2005, 42(2): 15-16.

[4] Veselago V G. The electrodynamics of substances with simultaneously negative values of ε and μ [J]. Soviet Physics Uspekhi, 1968, 10: 509-514.

[5] Pendry J B, Holden A J, Stewart W J, et al. Extremely low frequency plasmons in metallic mesostructures [J]. Physical Review Letters, 1996, 76(25): 4773-4776.

[6] Pendry J B, Holden A J, Robbins D J, et al. Magnetism from conductors and enhanced nonlinear phenomena [J]. IEEE Transactions on Microwave Theory and Techniques, 1999, 47(11): 2075-2084.

[7] Shelby R A, Smith D R, Schultz S, et al. Experimental verification of a negative index of refraction [J]. Science, 2001, 292: 77-79.

[8] Driscoll T, Basov D N, Starr A F, et al. Freespace microwave focusing by a negative-index gradient lens [J]. Applied Physics Letters, 2006, 88: 0891101.

[9] Smith D R, Mock J J, Starr A F, et al. Gradient index metamaterials [J]. Physical Review E, 2005, 71: 036609.

[10] Leonhardt U. Optical conformal mapping [J]. Science, 2006, 312: 1777-1780.

[11] Schurig D, Mock J J, Justice B J, et al. Metamaterial electromagneticcloak at microwave frequencies [J]. Science, 2006, 314: 977-980.

[12] Liu R, Ji C, Mock J J, et al. Broadband ground-plane cloak [J]. Science, 2008, 323(5912): 366-369.

[13] Ma H, Qu S, Xu Z, et al. The open cloak [J]. Applied Physics Letters, 2009, 94: 103501.

[14] Yablonovitch E. Inhibited spontaneous emission in solid-state physics and electronics [J]. Physical Review Letters, 1987, 58(20): 2059-2062.

[15] John S. Strong location of photons in certain disordered dielectric super-lattices [J]. Physical Review Letters, 1987, 58(23): 2486-2489.

[16] Sievenpiper D. High-impedance electromagnetic surfaces [D]. Los Angeles: University of California, 1999.

[17] 程强.新型人工媒质(Metamaterials)的电磁特性研究[D].南京：东南大学,2008.

[18] 秦瑶.新型人工电磁材料特性分析、设计与应用[D].南京：东南大学,2009.

[19] Nefedov I S, Tretyakov S A. On potential applications of metamaterials for the design of broadband phase shifters [J]. Microwave and Optical Technology Letters, 2002, 45(2): 98-102.

[20] Ecleston K W. Application of left-handed media in distributed amplifiers [J]. Microwave and Optical Technology Letters, 2005, 44(6): 527-530.

[21] Sievenpiper D, Zhang L, Jimenez R F, et al. High-impedance electromagnetic surface with a forbidden frequency band [J]. IEEE Transactions on Microwave Theory and Techniques, 1999, 47(11): 2059-2074.

[22] Yang F, Rahmat-Samii Y. Reflection phase characterizations of the EBG ground plane for low profile wire antenna applications [J]. IEEE Transactions on Antennas and Propagation, 2003, 51: 2691-2703.

[23] Wang S, Feresidis A P, Goussetis G. Low-profile resonant cavity antenna with artificial magnetic conductor ground plane [J]. Electronics Letters, 2004, 40(7): 405-406.

[24] Feresidis A P, Goussetis G, Wang S, et al. Artificial magnetic conductor surfaces and their application to low-profile high-gain planar antennas [J]. IEEE Transactions on Antennas and Propagation, 2005, 53(1): 209-215.

[25] Oh S S, Shafai L. Artificial magnetic conductor using split ring resonators and its applications to antennas [J]. Microwave and Optical Technology Letters, 2006, 48(2): 329-334.

[26] Kim D, Yeo J, Choi J I. Low-profile platform-tolerant FRID tag with artificial magnetic conductor (AMC) [J]. Microwave and Optical Technology Letters, 2008, 50(9): 2292-2294.

[27] Foroozesh A, Shafai L. Investigation into the application of artificial magnetic conductor to bandwidth broadening, gain enhancement and beam shaping of low profile and conventional monopole antennas [J]. IEEE Transactions on Antennas and Propagation, 2011, 59(1): 4-20.

[28] Engheta N. Thin absorbing screens using metamaterial surfaces [J]. Proceedings IEEE Antennas Propagation Society International Symposium, 2002, 2: 392-395.

[29] Salisbury W W. Absorbent body of electromagnetic wave [P]. U.S. Patent, 2599944, 1952.

[30] Simms S, Fusco V. Thin radar absorber using artificial magnetic ground plane [J].

Electronics Letters, 2005, 41(24): 1311-1313.

[31] Gao Q, Yin Y, Yan D B, et al. Application of metamaterials to ultra-thin radar-absorbing material design [J]. Electronics Letters, 2005, 41(17): 936-937.

[32] Costa F, Monorchio A, Manara G. Analysis and design of ultra thin electromagnetic absorbers comprising resistively loaded high impedance surfaces [J]. IEEE Transactions on Antennas and Propagation, 2010, 58(5): 1551-1558.

[33] Lin B Q, Tong C M, Li W, et al. An ultrathin electromagnetic absorber comprising resistive resonance loops [J]. IEEE Antennas and Wireless Propagation Letters, 2012, 11: 1021-1023.

[34] Zheng R Q, Yan Y M, Cao X Y, et al. High impedance ground plane (HIGP) incorporated with resistance for radar cross section (RCS) reduction of antenna [J]. Propagation in Electromagnetic Research, 2008, 84: 307-319.

[35] Li Y Q, Fu Y Q, Yuan N C. Characteristics estimation for high-impedance surface based on ultrathin radar absorber [J]. Microwave and Optical Technology Letters, 2008, 51(7): 1775-1778.

[36] Pang Y, Cheng H, Zhou Y, et al. Upper bound for the bandwidth of ultrathin absorbers comprising high impedance surfaces [J]. IEEE Antennas and Wireless Propagation Letters, 2012, 11: 224-227.

[37] Pang Y, Cheng H, Zhou Y, et al. Analysis and enhancement of the bandwidth of ultrathin absorbers based on high-impedance surfaces [J]. Journal of Physics D: Applied Physics, 2012, 45: 215104.

[38] Pang Y, Cheng H, Zhou Y, et al. Ultrathin and broadband high impedance surface absorbers based on metamaterial substrates [J]. Optics Express, 2012, 20(11): 12515-12520.

[39] Zhang H B, Zhou P H, Deng L W, et al. Frequency-dispersive resistance of high impedance surface absorber with traperzoid-coupling pattern [J]. Journal of Applied Physics, 2012, 112: 014106.

[40] Sun L, Cheng H, Zhou Y, et al. Low-frequency and broad band metamaterial absorber: design, fabrication, and characterization [J]. Applied Physics A: Materials Science and Processing, 2011, 105(1): 49-53.

[41] Tretyakov S A, Maslovski S I. Thin absorbing for all incidence angle based on the use of a high-impedance surface [J]. Microwave and Optical Technology Letters, 2003, 38(3): 175-178.

[42] Huang R, Kong L B, Matitsine S. Bandwidth limit of an ultrathin metamaterial screen [J]. Journal of Applied Physics, 2009, 106: 074908.

[43] Luukkonen O, Costa F, Simovski C R, et al. A thin electromagnetic absorber for wide incidence angles and both polarizations [J]. IEEE Transactions on Antennas and Propagation, 2009, 57(10): 3119-3125.

[44] Zhang B, Chen H, Wu B I. Practical limitations of an invisibility cloak [J]. Progress in Electromagnetic Research, 2009, 97: 407-416.

[45] Hashemi H, Zhang B, Joannopoulos J D, et al. Delay-bandwidth and delay-loss limitations

for cloaking of large objects [J]. Physical Review Letters, 2010, 104(25): 253903.

[46] Shen J T, Platzman P M. Near field imaging with negative dielectric constant lenses [J]. Applied Physics Letters, 2002, 80: 3286.

[47] Ye Z. Optical transmission and reflection of perfect lenses by left handed materials [J]. Physical Review B, 2003, 67: 193106.

[48] Landy N I, Sajujigbe S, Mock J J, et al. Perfect metamaterial absorber [J]. Physical Review Letters, 2008, 100: 207402.

[49] Landy N I, Bingham C M, Tyler T, et al. Design, theory and measurement of a polarization-insensitive absorber for terahertz imaging [J]. Physical Review B, 2009, 79: 125104.

[50] Ma Y, Chen Q, Grant J, et al. A terahertz polarization insensitive dual band metamaterial absorber [J]. Optics Letters, 2011, 36(6): 945-947.

[51] Chen H T. Interference theory of metamaterial perfect absorbers [J]. Optics Express, 2012, 20: 7165-7172.

[52] Shchegolkov D Y, Azad A K, O'Hara J F, et al. Perfect subwavelength fishnetlike metamaterial-based film terahertz absorbers [J]. Physical Review B, 2010, 82: 205117.

[53] Grant J, Ma Y, Saha S, et al. Polarization insensitive terahertz metamaterial absorber [J]. Optics Letter, 2011, 36(8): 1524-1526.

[54] Grant J, Ma Y, Saha S, et al. Polarization insensitive, broadband terahertz metamaterial absorber [J]. Optics Letters, 2011, 36(17): 3476-3478.

[55] Liu X, Starr T, Starr A F, et al. Infrared spatial and frequency selective metamaterial with near-unity absorbance [J]. Physical Review Letters, 2010, 104: 207403.

[56] Liu X, Tyler T, Starr T, et al. Taming the blackbody with infrared metamaterials as selective thermal emitters [J]. Physical Review Letters, 2011, 107: 045901.

[57] Hao J, Wang J, Liu X, et al. High performance optical absorber based on a plasmonic metamaterial [J]. Applied Physics Letters, 2010, 96: 251104.

[58] Aydin K, Ferry V E, Briggs R N, et al. Broadband polarization-independent resonant light absorption using ultrathin plasmonic [J]. Nature Communications, 2011, 2: 517.

[59] Zhu B, Wang Z, Huang C, et al. Polarization insensitive metamaterial absorber with wide incident angle [J]. Progress in Electromagnetic Research, 2010, 101: 231-239.

[60] Gu C, Qu S B, Pei Z B, et al. A metamaterial absorber with direction-selective and polarization-insensitive properties [J]. Chinese Physics B, 2011, 20(3): 037801.

[61] Xu H X, Wang G M, Qi M Q, et al. Triple-band polarization-insensitive wide-angle ultra-miniature metamaterial transmission line absorber [J]. Physical Review B, 2012, 86: 205104.

[62] Li L, Yang Y, Liang C. A wide-angle polarization-insenstive ultra-thin metamaterial absorber with three resonant modes [J]. Journal of Applied Physics, 2012, 110: 063702.

[63] Wang B, Koschny T, Soukoulis CM. Wide-angle and polarization-independent chiral metamaterial absorber [J]. Physical Review B, 2009, 80: 033108.

[64] Ghosh S, Bhattacharyya S, Kaiprath Y, et al. Bandwidth-enhanced and polarization-insenstive microwave metamaterial absorber and its equivalent circuit model [J]. Journal of Applied

Physics, 2014, 115(10): 4184.

[65] Shen X, Cui T J, Zhao J, et al. Polarization-independent wide-angle triple-band metamaterial absorber [J]. Optics Express, 2011, 19(10): 9401-9407.

[66] Cheng Y, Yang H, Cheng Z, et al. A planar polarization-insenstive metamaterial absorber [J]. Photonics and Nanostructures-Fundamentals and Applications, 2011, 9: 8-14.

[67] Ding F, Cui Y, Ge X, et al. Ultra-broadband microwave metamaterial absorber [J]. Applied Physics Letters, 2012, 100: 103506.

[68] Wakatsuchi H, Greedy S, Christopoulos C, et al. Customised broadband metamaterial absorbers for arbitrary polarization [J]. Optics Express, 2010, 18(21): 22187-22198.

[69] Yuan Y, Bingham C, Tyler T, et al. Dual-band planar electric metamaterial in the terahertz regime [J]. Optics Express, 2008, 16(13): 9746-9752.

[70] Liu N, Mesch M, Weiss T, et al. Infrared perfect absorber and its application as plasmonic sensor [J]. Nano Letters, 2010, 10: 2342-2348.

[71] Tao H, Bingham C M, Pilon D, et al. A dual band terahertz metamaterial absorber [J]. Journal of Physics D: Applied Physics, 2010, 43: 225102.

[72] Wen Q Y, Zhang H W, Xie Y S, et al. Dual band terahertz metamaterial absorber: design, fabrication and characterization [J]. Applied Physics Letters, 2009, 95: 241111.

[73] Chen K, Adato R, Altug H. Dual-band perfect absorber for multispectral plasmon-enhanced infrared spectroscopy [J]. ACS Nano, 2012, 6(9): 7998-8006.

[74] Wakatsuchi H, Christopoulos C. Generalized scattering control using cut-wire-based metamaterials. Applied Physics Letters, 2011, 98: 221105.

[75] Li H, Yuan L H, Zhou B, et al. Ultrathin multiband gigahertz metamaterial absorbers [J]. Journal of Applied Physics, 2011, 110: 014909.

[76] Singh P K, Korolev K A, Afsar M N, et al. Single and dual band 77/95/110 GHz metamaterial absorbers on flexible polyimide substrate [J]. Applied Physics Letters, 2011, 99: 264101.

[77] Huang L, Chowdhury D R, Ramani S, et al. Experimental demonstration of terahertz metamaterial absorbers with a broad and flat high absorption band [J]. Optics Letters, 2012, 37(2): 154-156.

[78] Cui Y, Xu J, Fung K H, et al. A thin film broadband absorber based on multi-sized nanoantennas [J]. Applied Physics Letters, 2011, 99: 253101.

[79] Wu C, Shvets G. Design of metamaterial surfaces with broadband absorbance [J]. Optics Letters, 2012, 37(2): 308-310.

[80] Luo H, Wang T, Gong R Z, et al. Extending the bandwidth of electric ring resonator metamaterial absorber [J]. Chinese Physics Letter, 2011, 28(3): 034204.

[81] 张辉.超常介质的电磁特性及其应用研究[D].长沙: 国防科学技术大学,2009.

[82] Smith D R, Schultz S, Markos P, et al. Determination of effective permittivity and permeability of metamaterials from reflection and transmission coefficients [J]. Physical Review B, 2002, 65: 195104.

[83] Smith D R, Vier D C, Kroll N, et al. Direct calculation of permeability and permittivity for a

left-handed metamaterial [J]. Applied Physics Letters, 2000, 77: 2246-2248.

[84] Chen X D, Tomasz M, et al. Robust method to retrieve the constitutive effective parameters of metamaterials [J]. Physical Review E, 2004, 70: 016608.

[85] 孙良奎.电阻型吸波超材料的设计与制备研究[D].长沙：国防科学技术大学,2012.

[86] 王红丽.超宽带(UWB)四臂平面螺旋天线仿真设计[D].上海：同济大学,2008.

[87] 阎照文,苏东林,袁晓梅.FEKO5.4 电磁场分析技术与实例详解[M].北京：中国水利水电出版社,2009.

[88] 葛德彪,闫玉波.电磁波时域有限差分法(第二版)[M].西安：西安电子科技大学出社,2005.

[89] Whites K W, Mittra R. An equivalent boundary-condition model for lossy periodic structures at low frequencies [J]. IEEE Transactions on Antennas and Propagation, 1996, 44(12): 1617-1628.

[90] Rozanov K N. Ultimate thickness to bandwidth ratio of radar absorber [J]. IEEE Transactions on Antennas and Propagation, 2000, 48(8): 1230-1234.

[91] 孙良奎,程海峰,周永江,等.一种基于超材料的吸波材料的设计与制备[J].物理学报, 2011, 60(10): 108901.

[92] Munk B A. Frequency Selective Surfaces: Theory and Design [M]. Wiley-Interscience Publication, 2000.

[93] 徐欣欣.频率选择表面吸波特性的直接图解法分析与优化设计[D].武汉：华中科技大学,2013.

[94] Wang J, Economon E N, Koschny T, et al. Unifying approach to left-handed material design [J]. Optics Letters, 2006, 31(24): 3620-3622.

[95] Hu C G, Li X, Feng Q, et al. Investigation on the role of the dielectric loss in metamaterial absorber [J]. Optics Express, 2010, 18(7): 6598-6603.

[96] 庞永强.超材料在吸波技术中的应用基础研究[D].长沙：国防科学技术大学,2013.

[97] Zhou J, Koschny T, Soukoulis C M. An efficient way to reduce losses of left-handed metamaterials [J]. Optics Express, 2008, 16(5): 11147-11152.

[98] Goullub J, Hand T, Sajuyigbe S, et al. Characterizing the effects of disorder in metamaterial structures [J]. Applied Physics Letters, 2007, 91: 162907.

[99] Albooyeh M, Morits D, Tretyakov S A. Effective electric and magnetic properties of metasurfaces in transition from crystalline to amorphous state [J]. Physical Review B, 2012, 85: 205110.

[100] Papasimakis N, Fedotov V A, Fu Y H, et al. Coherent and incoherent metamaterials and order-disorder transitions [J]. Physical Review B, 2009, 80: 041102(R).

[101] Moreau A, Ciraci C, Mock J J, et al. Controlled-reflecance surfaces with film-coupled colloidal nanoantennas [J]. Nature, 2012, 492: 86-88.

第 5 章　典型高温吸波结构材料与构件制备及性能

本书前面章节讨论了高温吸波结构材料体系组成与制备方法、传统和基于超材料的高温吸波结构材料的结构形式及优化设计方法等内容，为高温吸波结构材料制备及性能研究奠定了基础。本章将结合本课题组的研究工作，针对几种典型结构形式的高温吸波结构材料体系、制备工艺及吸波性能进行系统讨论，一方面阐述各种吸波材料结构形式在高温吸波结构材料中的材料体系选用情况以及实现方法；另一方面系统研究各种结构形式的高温吸波结构材料的吸波性能，旨在给本领域研究人员提供一定借鉴。

本章根据高温吸波结构材料结构形式的复杂程度，分别对单层结构、双层结构、夹层结构三种传统吸波材料，以及基于高温电阻型超材料、基于导体型无序超材料两种新型吸波材料的制备方法以及性能进行阐述，最后简要介绍典型高温吸波结构件的制备以及性能验证。

5.1　单层结构高温吸波结构材料制备及性能

对于单层结构高温吸波结构材料，主要通过在材料中引入电损耗实现吸波功能。本节重点阐述两种电损耗的引入方式：一种是通过在低损耗的结构材料中添加高温电损耗吸收剂来实现；另一种是通过本身即具备一定电损耗的碳化硅纤维来实现，此时碳化硅纤维同时充当承载与吸波功能相。

5.1.1　添加高温吸收剂技术方案

重点研究两种材料体系方案：一是以具备低电磁损耗特性的石英纤维增强石英（SiO_2/SiO_2）复合材料为承载功能相、以半导体碳化硅微粉为高温吸收剂（$SiC\text{-}SiO_2/SiO_2$）的技术方案；另一种是以低电磁损耗的碳化硅纤维增强碳化硅（SiC/SiC）复合材料为承载功能相、以高电损耗的炭黑为高温吸收剂（C_b-SiC/

SiC)的技术方案。

1. SiC-SiO_2/SiO_2复合材料制备及其吸波性能

SiO_2/SiO_2复合材料一般作为高温透波材料使用,具有低电磁损耗特性[1-4],其吸波功能需要添加吸收剂才能实现。碳化硅具有耐高温、抗氧化、半导体特性,是一种较好的高温吸收剂[5-8]。本工作通过在 SiO_2/SiO_2复合材料中引入碳化硅微粉吸收剂使其具备吸波功能,并对其吸波性能开展研究。

碳化硅材料的种类较多,不同类型以及掺杂的碳化硅材料的电磁特性具有显著差异,本研究中是以 Si 和 C 粉为原料,通过固相反应法制备碳化硅微粉吸收剂[9]。制备的碳化硅吸收剂的物相分析结果见图 5.1,由图可见,制备的碳化硅主要为 6H 和 4H 的 α-SiC,同时有少量碳杂质。

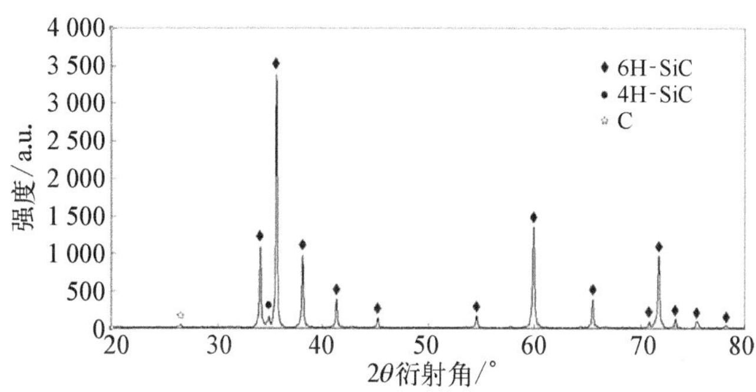

图 5.1　碳化硅吸收剂物相

将制备的碳化硅微粉与石蜡按照质量比为 7∶3 混合后制成同轴环样品,对其介电常数进行了测试,结果如图 5.2 所示。由图可见,制备的碳化硅吸收剂具有较高的介电常数实部,并且具有一定损耗,这除了与碳化硅的半导体特性相关外,还与其中的碳杂质相关[10,11]。

采用浆料浸渍工艺制备 SiC-SiO_2/SiO_2复合材料,具体制备工艺如下[12]。

① 以二维半石英纤维编织件为复合材料增强体,纤维体积分数为 42%~45%。

② 采用单分散纳米硅溶胶为 SiO_2/SiO_2复合材料 SiO_2基体先驱体,将不同质量分数的碳化硅微粉吸收剂分散于硅溶胶中,搅拌均匀后,制成浸渍浆料。

③ 将编织件在真空条件下浸渍浆料,然后经过凝胶、干燥、和烧结过程制备复合材料,其中烧结条件为 800℃、30 min。为得到致密的复合材料,经过多次

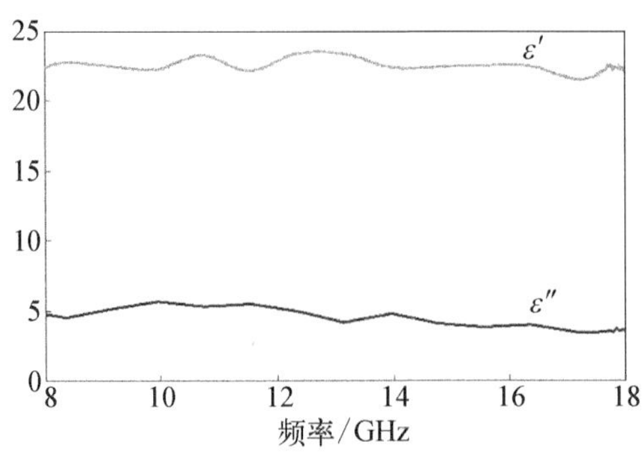

图 5.2 碳化硅微粉吸收剂介电常数

上述过程直至复合材料的增重低于 1%,完成复合材料的制备。

对制备的不同碳化硅吸收剂含量的复合材料介电常数进行了测试,结果如图 5.3 所示(图中不同比例代表碳化硅吸收剂在浸渍浆料中的质量百分比)。可以发现,未添加碳化硅吸收剂的复合材料介电常数实部与虚部均较低,此时复合材料主要表现为透波特性。随着浆料中碳化硅微粉吸收剂含量的增加,复合材料介电常数呈上升趋势,当碳化硅微粉在浆料中的含量为 20%时达到最大。这是由于碳化硅微粉含量超过 20%后,浆料粘度过大,碳化硅微粉无法有效引入到复合材料中所致。

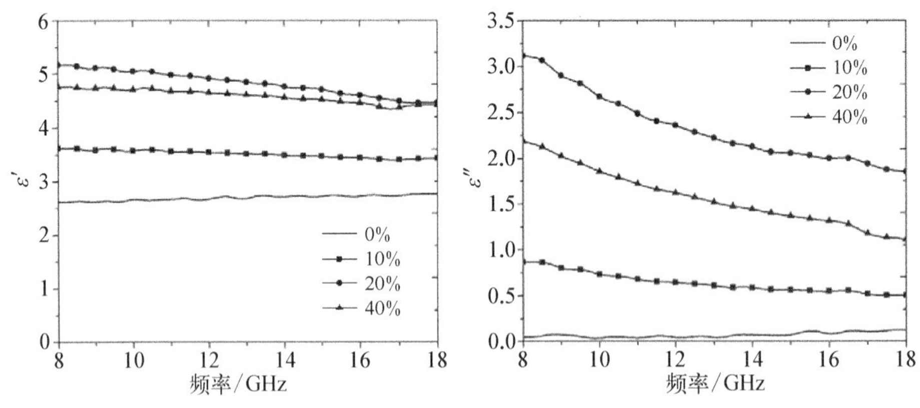

图 5.3 不同碳化硅微粉吸收剂含量的复合材料介电常数

对不同碳化硅吸收剂含量复合材料的反射率进行测试,复合材料厚度均为 3 mm,结果如图 5.4 所示。可以发现,随着浸渍浆料中碳化硅微粉吸收剂含量的增加,复合材料的吸波性能有所提升,当碳化硅微粉吸收剂在浆料中的质量分数

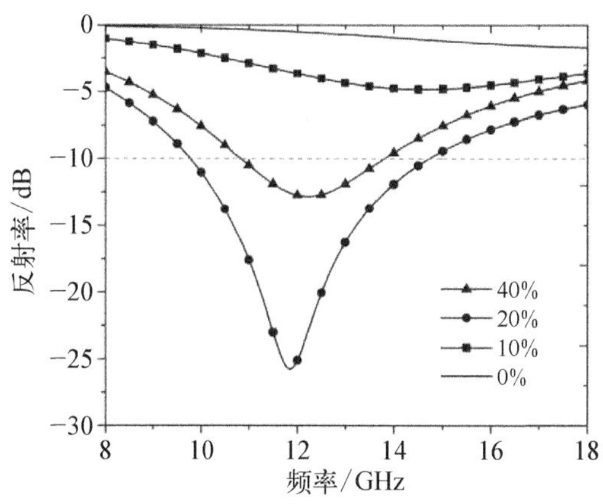

图 5.4　不同碳化硅微粉吸收剂含量复合材料反射率曲线

为 20%时,复合材料的吸波性能最佳,在 10~14.5 GHz 范围内可低于−10 dB,但当碳化硅微粉吸收剂含量增加到 40%后,复合材料的吸波性能出现恶化现象。

进一步对浸渍浆料中碳化硅微粉含量为 20%的(20%SiC-SiO_2/SiO_2)复合材料的吸波性能进行研究。为更好地阐述其单吸收峰特性,计算了厚度为 3 mm、反射率低于−10 dB 单层电损耗吸波材料的介电常数范围,并与复合材料介电常数进行对比,结果如图 5.5 所示。由图可见,正如 3.3 节所述,对于单层电损耗吸波材料,要想具备较好的吸波性能,其介电常数应具有较好的频散特性,即介电常数随频率升高具有快速下降趋势。当单层电损耗吸波材料反射率低于−10 dB 时,其介电常数必须位于介电常数通道内。对于 20%SiC-SiO_2/SiO_2复合材料,其介电常数虚部可以满足通道要求(图 5.5b),但由于其介电常数实部未表现出明

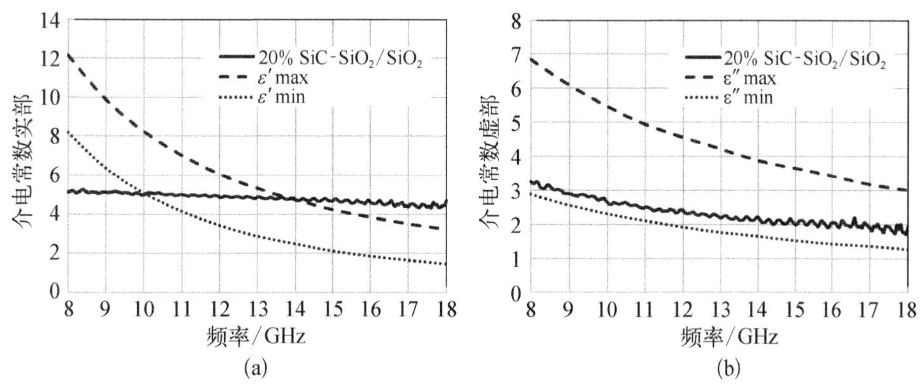

图 5.5　20%SiC-SiO_2/SiO_2复合材料介电常数与 3 mm、反射率阀值低于−10 dB 单层吸波材料介电常数通道对比

显的频散特性,仅有一个频段落在通道内(见图 5.5a)。通过仔细对比,20%SiC-SiO_2/SiO_2复合材料介电常数实部与通道的两个交点恰好为材料实测反射率低于-10 dB 对应的频率范围(10~14 GHz),与图 5.4 结果基本一致。此外需要注意的是,对于材料介电常数与反射率阈值介电常数通道存在交点的情况,材料的反射率也往往表现出单吸收峰特性。

2. C_b-SiC/SiC 复合材料制备及其吸波性能

本书第 2 章对 SiC/SiC 复合材料的电性能进行了详细的分析与阐述,根据选用的碳化硅纤维电性能的不同,SiC/SiC 复合材料呈现出不同的介电特性。本工作选用的是低电磁损耗的 SiC/SiC 复合材料,其以高电阻率的碳化硅纤维为增强体,此时 SiC/SiC 复合材料主要承担高温吸波结构材料的承载功能。炭黑作为一种常用的电损耗吸收剂,具有电磁损耗高、原料易得等优点,将之添加至低损耗的 SiC/SiC 复合材料中可充当吸波功能相。本书团队制备了不同炭黑填料含量的 C_b-SiC/SiC 复合材料,并对其介电以及吸波性能开展了研究工作[13]。

不同炭黑吸收剂含量 C_b-SiC/SiC 复合材料制备工艺如下。

① 选取电阻率大于 10^5 Ω · cm 的 1.2 K 的连续碳化硅纤维编织成平纹布,经纬向纤维编织密度均为 5 束/cm。

② 将聚碳硅烷(PCS)研磨成粉末并溶于一定量的二甲苯与二乙烯基苯(DVB)的混合液中,按比例将乙炔炭黑分散到混合溶液中制成浆料,均匀刷涂在 SiC 纤维布上,然后缓慢升温至 150℃保温 4 h 使之交联,通过此过程将炭黑吸收剂引入到材料中。

③ 采用浆料涂刷-热模压工艺制备含炭黑填料的 SiC/SiC 复合材料生坯。成型浆料由 PCS、DVB、碳化硅微粉以及二甲苯按一定比例配制而成,球磨使浆料各组分混合均匀。将含炭黑填料的 SiC 纤维布裁剪成规定尺寸,在其上均匀、适量的涂刷浆料,层铺入石墨模具中,通过模压-交联固化-裂解-脱模工艺流程得到 C_b-SiC/SiC 复合材料生坯,其中交联条件为 150℃、4 h,裂解条件为 N_2气氛下、800~900℃裂解 1 h。

④ 将得到的 C_b-SiC/SiC 复合材料生坯经过先驱体溶液(PCS 质量分数为 50%的二甲苯溶液)反复浸渍-裂解过程使其致密化,裂解条件为 N_2气氛下、800~900℃裂解 1 h,当复合材料增重率低于 1%后停止复合材料的制备,获得致密的 C_b-SiC/SiC 复合材料。

制得的不同炭黑填料含量的 C_b-SiC/SiC 复合材料编号如表 5.1 所示，不同炭黑填料含量的 C_b-SiC/SiC 复合材料介电常数如图 5.6 所示。由图可见，未添加炭黑的 SiC/SiC 复合材料的介电常数较低，并且无明显的损耗，这主要与选用的高电阻率碳化硅纤维相关。当炭黑含量增大到 0.3% 时，介电常数增加不明显。随着炭黑含量继续增加，介电常数逐步上升，当炭黑含量增加到 7.4% 时，介电常数实部以及虚部均达到较高的水平。实验过程中发现，由于炭黑的粒度较小且表面积较大（图 5.7），按照本研究中所选用的工艺，复合材料中炭黑填料体积含量最高只能达到 7%～8%，更高炭黑含量的浆料存在分散不均匀、难以刷涂的问题。

表 5.1　C_b-SiC/SiC 复合材料编号以及炭黑含量

样品编号	炭黑体积含量/%
cr1	0
cr2	0.3
cr3	1.3
cr4	3.6
cr5	6.6
cr6	7.4

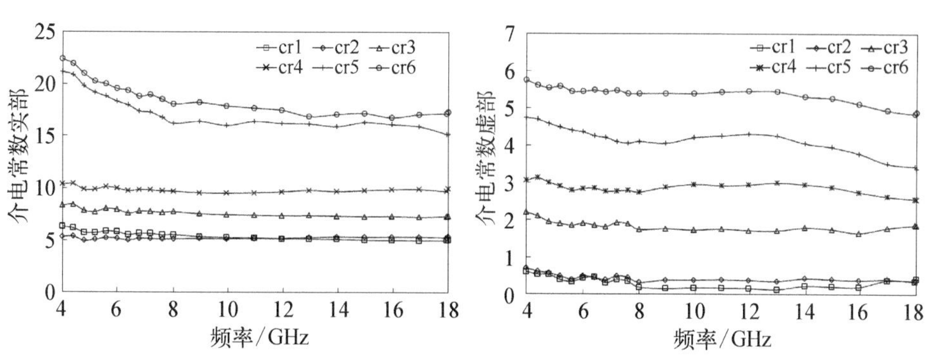

图 5.6　不同炭黑填料含量 C_b-SiC/SiC 复合材料介电常数

采用第 3 章介绍的方法，对不同炭黑填料含量的 C_b-SiC/SiC 复合材料在 1.5 mm、2 mm、3 mm 厚度下的反射率进行计算，结果如图 5.8 所示。由图可见，当炭黑吸收剂含量较少时，由于复合材料的介电损耗较低，几乎没有吸波功能。随着炭黑含量的增加，复合材料的介电常数呈现上升趋势，表现出一定吸波性能，并且在相同厚度情况下的反射率吸收峰向低频移动。同时通过对同一炭黑填料含量、不同复合材料厚度的反射率曲线对比可以发现，随着材料厚度的增

图 5.7　乙炔炭黑 SEM 照片

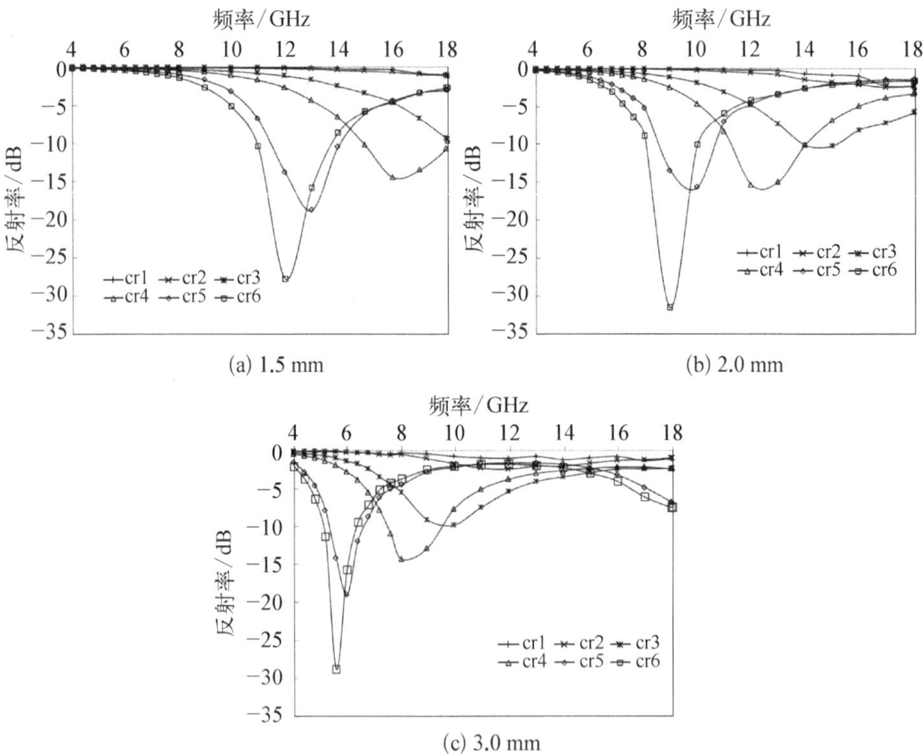

(a) 1.5 mm　(b) 2.0 mm　(c) 3.0 mm

图 5.8　不同炭黑填料含量 C_b-SiC/SiC 复合材料反射率

加,反射率曲线的吸收峰同样存在向低频移动的趋势。以上规律与典型单层电损耗吸波材料反射率变化规律相吻合。

此外,从不同炭黑含量以及材料厚度的材料反射率曲线可以发现,单层 C_b-

SiC/SiC 复合材料呈现出典型的窄频吸波特性,这主要是因为复合材料的介电常数没有明显的频散特性(图 5.6)。与 SiC-SiO_2/SiO_2 复合材料中的讨论类似,单层 C_b-SiC/SiC 复合材料的介电常数无法在较宽频段内落在一定反射率阈值的介电常数通道内,仅会在较窄频段内与介电常数通道存在交点(厚度 2 mm 单层电损耗吸波材料,反射率阈值低于-10 dB 介电常数通道见图 5.9),反射率曲线呈现典型的单吸收峰特性。

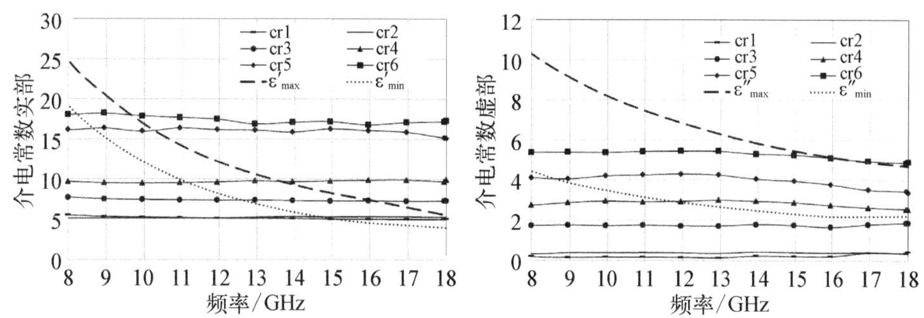

图 5.9　不同炭黑填料含量 C_b-SiC/SiC 复合材料介电常数与厚度 2 mm、反射率阈值低于-10 dB 单层电损耗吸波材料介电常数通道对比

5.1.2　碳化硅吸波纤维技术方案

5.1.1 节中讨论了两种添加粉体吸收剂实现吸波功能的单层高温吸波结构材料技术方案。研究发现,粉体吸收剂的添加一方面会对材料的成型工艺造成影响;另一方面由于工艺原因造成粉体吸收剂的添加量有限,介电常数调控范围受限。针对以上问题,本节采用本身即具备电损耗和承载功能、具有合适电阻率的碳化硅纤维为高温吸波结构材料的增强纤维和吸波功能相制备 SiC/SiC 高温吸波结构材料,并对其吸波性能开展了研究工作。

课题组的大量研究工作表明,电阻率低于 10^{-1} Ω · cm 的连续碳化硅纤维制备的 SiC/SiC 复合材料对电磁波主要呈现反射特性[14];电阻率高于 10^4 Ω · cm 的连续碳化硅纤维制备的 SiC/SiC 复合材料损耗较小,吸波能力有限[15]。当碳化硅纤维的电阻率集中在 10^1 ~ 10^2 Ω · cm 范围内时,制备的单层 SiC/SiC 复合材料可以具备一定吸波功能。下面针对一种典型电性能的单层 SiC/SiC 吸波材料的制备工艺进行介绍。

① 将具备合适电阻率的 1.2 K 连续碳化硅纤维编织成平纹布,经纬向的纤维编织密度均为 5 束/cm,然后采用同样电阻率的碳化硅纤维按照一定缝合密

度将碳化硅纤维平纹布缝合，制成纤维编织件。

② 以 PCS 和二甲苯的混合溶液为先驱体溶液（两者质量比为 1∶1），采用先驱体浸渍裂解工艺对纤维编织件进行浸渍、高温裂解处理，其中裂解在 N_2 保护下、800~900℃处理 1 h，反复进行浸渍-裂解过程，直至复合材料的增重率小于 1%，完成复合材料的制备。

③ 采用机械加工完成复合材料面内尺寸以及厚度的加工，制成高温吸波结构材料。

以制成的电阻率为 40 Ω · cm 的 SiC/SiC 复合材料为例，测试的介电常数如图 5.10 所示。由图可见，制备的 SiC/SiC 复合材料具有较大的损耗，并且介电常数具有一定频散特性。对制备的复合材料的吸波性能进行测试，反射率曲线见图 5.11，其中材料厚度为 2.3 mm。由图可见，制备的 SiC/SiC 吸波材料在 8~18 GHz 频段范围内反射率可低于-6 dB，相对 5.1.1 中添加吸收剂的技术方案，本方案在宽频吸波性能上展现出一定优势，且材料厚度较小。但与5.1.1节中的讨论类似，制备的 SiC/SiC 复合材料的介电常数的频散特性仍

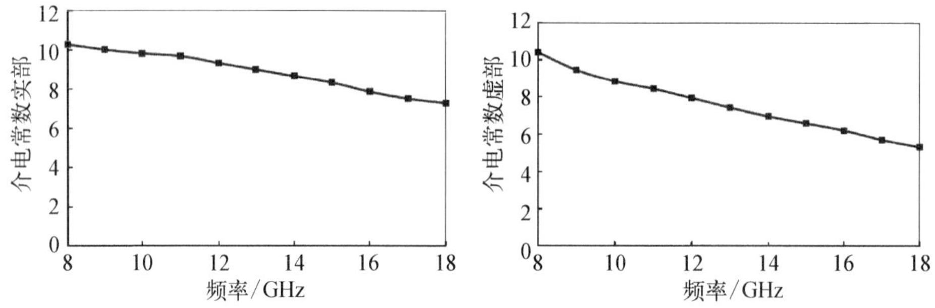

图 5.10　电阻率为 40 Ω · cm 的 SiC/SiC 复合材料介电常数

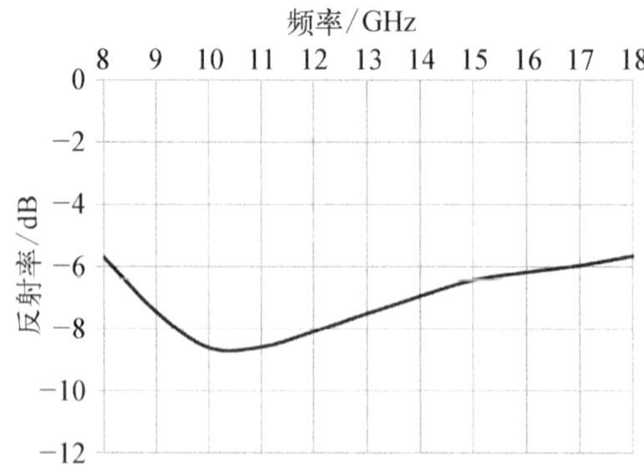

图 5.11　电阻率为 40 Ω · cm 的 SiC/SiC 复合材料反射率曲线（2.3 mm）

然难以满足宽频高吸收的介电常数通道要求，反射率曲线仍然呈现出单吸收峰特性。

5.2　双层阻抗匹配结构高温吸波结构材料制备及性能

5.1 节中对几种单层结构的高温吸波结构材料进行了研究，总体而言，由于吸收剂或者吸波纤维的介电常数频散特性不佳，制备的单层吸波材料无法具有较好的宽频吸波性能。如 3.4 节中所述，采用多层阻抗匹配设计方案可以在一定程度上缓解对各层材料的电性能频散特性要求，从而拓展吸波材料的吸波带宽。本节重点针对一种双层阻抗渐变结构的高温吸波结构材料进行阐述[16]。

双层结构形式的吸波材料的表面为匹配层，内部为损耗层，结构如图 5.12 所示。材料体系选取 SiC/SiC 复合材料，选取电阻率高于 $10^5\ \Omega \cdot cm$ 的碳化硅纤维为复合材料的增强体，此时碳化硅纤维并无损耗功能。为在材料中引入电损耗，在高电阻率碳化硅纤维织物中引入一定量的裂解碳，使之具备损耗功能。双层结构 SiC/SiC 吸波材料具体制备工艺如下。

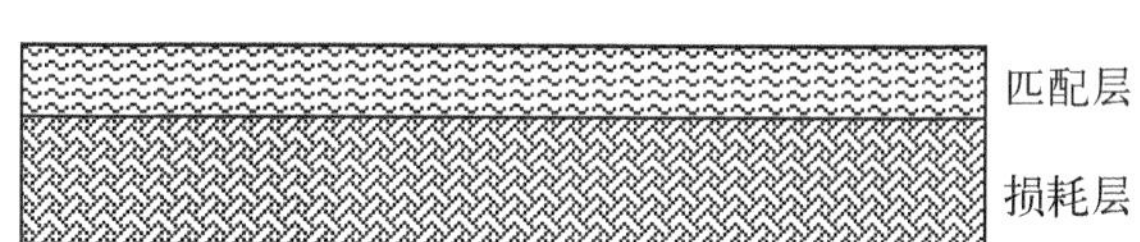

图 5.12　双层结构 SiC/SiC 吸波材料结构示意图

① 将电阻率高于 $10^5\ \Omega \cdot cm$ 的 1.2 K 连续碳化硅纤维编织成平纹布，经纬向的纤维编织密度均为 5 束/cm。

② 采用不同浓度的酚醛-乙醇溶液对碳化硅纤维平纹布进行浸渍、固化、裂解处理，从而在碳化硅纤维布中引入不同含量的裂解碳，达到调控复合材料电性能的目的。具体的浸渍-裂解处理过程为：先用酚醛-乙醇溶液浸泡碳化硅纤维平纹布，浸泡 15 min，取出后平放晾置 4 h，然后将其置于烘箱中，以 5℃/min 的升温速率至 150℃并固化 4 h，自然冷却至室温，再将处理好的碳化硅纤维布在 N_2 保护下，以 5℃/min 的升温速率升至 900℃，保温 1 h，将酚醛树脂裂解生成裂解碳。

③ 根据设计参数，将分别符合匹配层和损耗层电性能要求的不同碳含量的

碳化硅纤维布采用浆料刷涂-模压工艺制备复合材料粗坯。按照质量比为 1∶0.5∶0.75∶0.2 的 PCS、DVB、碳化硅微粉和二甲苯混合物球磨后制成刷涂浆料，然后按照设计参数逐层对碳化硅纤维布进行浆料刷涂，经过合模、模压、热交联、裂解及脱模后制得吸波陶瓷粗坯。

④ 将得到的粗坯采用 PIP 工艺进行致密化，以 PCS 和二甲苯的混合溶液为先驱体浸渍溶液（两者质量比为 1∶1），在 800℃ 的高纯 N_2 保护下裂解 1 h，反复进行浸渍-裂解过程，直至复合材料的增重率小于 1%，完成复合材料的制备。

⑤ 采用机械加工完成复合材料面内尺寸以及厚度的加工，制成双层结构的 SiC/SiC 高温吸波结构材料。

以酚醛-酒精溶液浓度为 2%、5%、10%、20%、30%（质量分数）制备的不同裂解碳含量的碳化硅纤维织物为增强体，分别制备了不同裂解碳含量的单层 SiC/SiC 复合材料，并对其介电常数进行了测试，然后采用如图 5.13 所示的优化设计软件对两层结构 SiC/SiC 吸波材料进行了优化，获取的优化参数如表 5.2 所示，其中匹配层与损耗层的介电常数如图 5.14 所示。

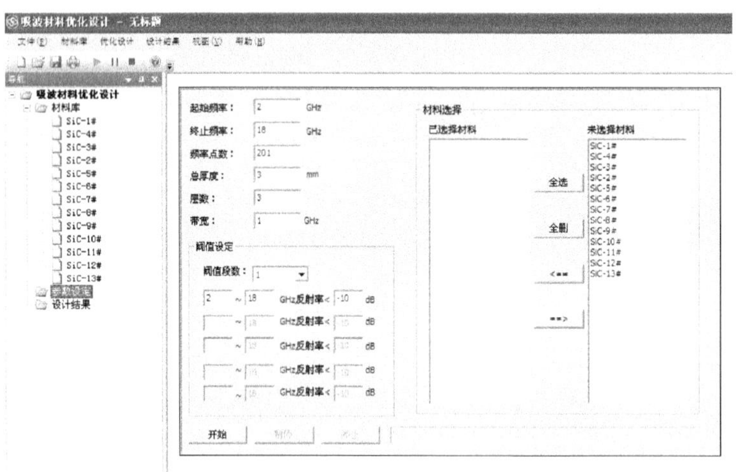

图 5.13　双层结构 SiC/SiC 吸波材料优化设计

表 5.2　双层结构 SiC/SiC 高温吸波结构材料参数

功 能 层	酚醛溶液浓度/%	层厚度/mm
匹配层	0	0.7
损耗层	20	1.8

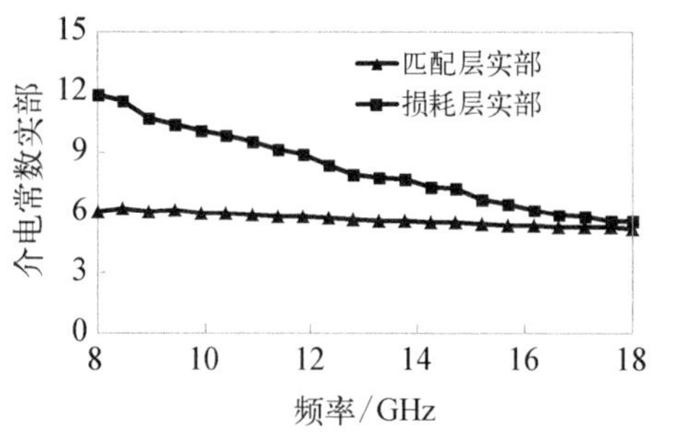

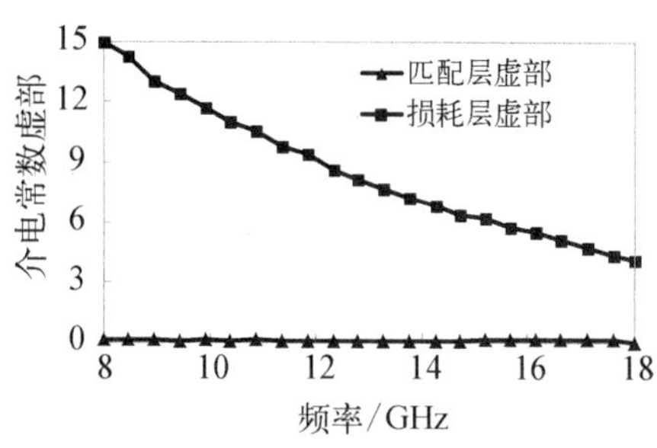

图5.14 双层结构SiC/SiC高温吸波结构材料介电常数

按照表5.2参数制备的双层结构SiC/SiC高温吸波结构材料照片如图5.15所示,吸波性能见图5.16。由图可见,制备的双层结构SiC/SiC高温吸波结构材料在厚度为2.5 mm的情况下,在8~18 GHz频段范围内反射率均可低于-9 dB,具有较好的吸波性能。相对5.1节中介绍的单层高温吸波结构材料,双层结构高温吸波结构材料由于具有更好的阻抗匹配特性,可以具备更好的宽频吸波功能。

图5.15 双层结构SiC/SiC高温吸波结构材料照片

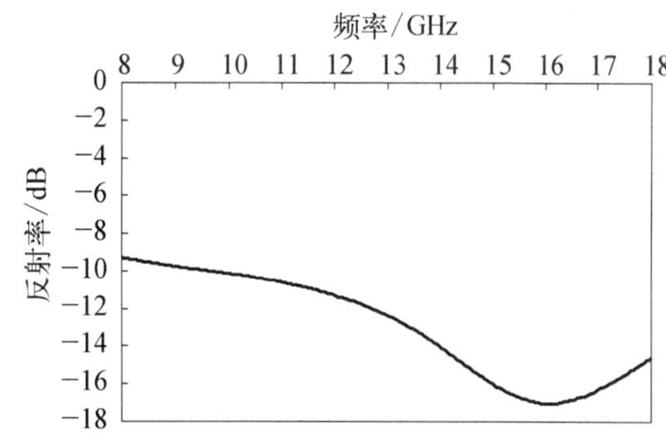

图5.16 双层结构SiC/SiC高温吸波结构材料反射率曲线

5.3 夹层结构高温吸波结构材料

本书3.6节中对夹层结构吸波材料进行了系统分析,明确夹层结构吸波材料是一种结构简单、易于实现且具有较好吸波性能的吸波材料结构形式。本节重点讨论可应用于高温环境的夹层结构吸波材料的实现方法，并对其吸波性能及其随温度的变化机制进行讨论。

5.3.1 夹层结构高温吸波结构材料制备及其吸波性能

本书3.6节中给出了夹层结构吸波材料具有较好吸波性能对应的介质层介电常数和吸收层方阻范围，当介质层 ε' 取值在4~7、吸收层方阻在100~200 Ω/sq时，夹层结构吸波材料一般具备较好的吸波性能。选取符合夹层结构吸波材料介质层和吸收层电性能要求的高温材料体系是首先要解决的问题。如第2章所讨论，在众多的陶瓷基复合材料中，SiC/SiC复合材料具有广阔的电性能调控范围，因此本节重点针对SiC/SiC复合材料体系开展夹层结构高温吸波结构材料的研究工作。

项目组对碳化硅纤维及其复合材料的电性能开展了系统的研究。研究发现，当碳化硅纤维的电阻率在 10^5~10^6 Ω · cm时，制备的SiC/SiC复合材料介电常数见图5.17，可以满足夹层结构吸波材料介质层的电性能要求；而当碳化硅纤维（表面含有碳层）的电阻率在1 Ω · cm附近时，制备的SiC/SiC复合材料电性能可以满足夹层结构吸波材料吸收层要求。分别选择满足电性能要求的1.2 K碳化硅纤维，以5束/cm的经纬密度编织成碳化硅纤维平纹布，然后采用热模压-先驱体转化工艺制备夹层结构高温吸波结构材料，具体工艺流程如下[17,18]。

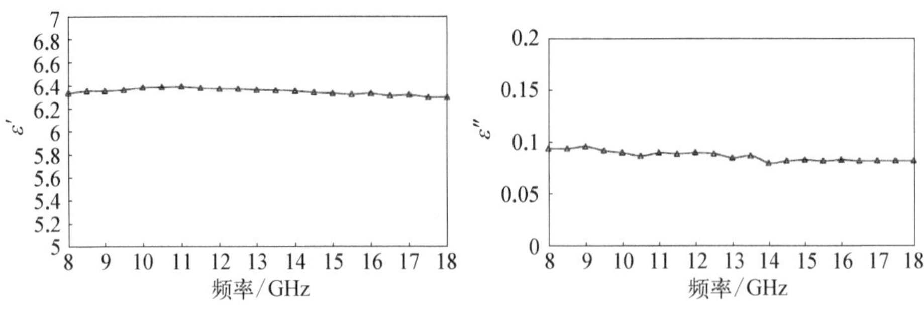

图5.17　介质层SiC/SiC复合材料介电常数

① 按照设计参数将满足电性能要求的碳化硅纤维布裁剪好后备用。

② 刷涂浆料制备：按照质量配比为1∶0.5∶0.75∶0.2的PCS、DVB、碳化硅微粉和二甲苯配制浆料。

③ 复合材料粗坯制备：采用手糊工艺将浆料逐层刷涂在放置在石墨模具中的碳化硅纤维布上，经合模、加压、热交联工艺后，在高纯 N_2保护下 800℃裂解 1 h，脱模得到复合材料粗坯。

④ 后续致密化：采用 PIP 工艺致密化复合材料粗坯，以质量比 1∶1 的 PCS 和二甲苯为先驱体浸渍溶液，采用真空浸渍工艺将粗坯浸渍 4 h 后晾干，在 800℃、高纯 N_2保护下裂解 1 h，经多次浸渍-裂解过程待复合材料增重低于 1%后停止复合材料的制备，经机械加工后得到夹层结构 SiC/SiC 高温吸波结构材料。

按照以上工艺流程和如表 5.3 所示的实验参数，分别制备了两种厚度的材料样板，样品照片如图 5.18 所示。

表 5.3　夹层结构 SiC/SiC 吸波材料实验参数

RAMs	$R_s/(\Omega/sq)$	ε'	ε''	d_1/mm	d_2/mm	$t=(d_1+d_2)$/mm
C1	116.7	6.3	0.1	2.6	2.4	5.0
C2	108.2	6.3	0.1	1.8	1.6	3.4

图 5.18　夹层结构 SiC/SiC 高温吸波结构材料照片

根据表 5.3 的实验参数制备的夹层结构 SiC/SiC 高温吸波结构材料常温反射率的实验与计算结果如图 5.19 所示。由图可见，两者较为吻合，制备的高温吸波结构材料具有优异的吸波性能。当材料厚度为 5 mm 时，6.9～18 GHz 频段范围内反射率均可小于-10 dB，低于-10 dB 的带宽可达 11.1 GHz；当吸波材料厚度为 3.4 mm 时，7.4～18 GHz 频段范围内反射率均可小于-8 dB，低于-8 dB

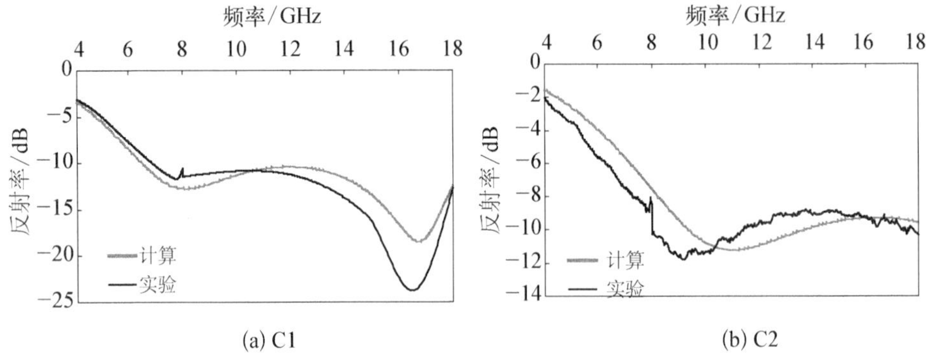

图 5.19　夹层结构 SiC/SiC 吸波材料反射率计算与实验结果比较

的带宽可达到 10.6 GHz。

同时考察了夹层结构 SiC/SiC 吸波材料的高温吸波性能。将 C2 样品置于高温平板炉上,采用弓形架法测试高温吸波材料不同温度下的反射率,见图 5.20,不同温度下的反射率曲线如图 5.21 所示。由图可见,随着温度的升高,在 8~14 GHz 范围内,反射率增大;而在 14~18 GHz 频段内,反射率减小,但高温条件下吸波材料的反射率在 8~18 GHz 频段范围内反射率仍可低于−8 dB,具有较好的高温吸波性能。为获取夹层结构 SiC/SiC 吸波材料反射率随温度的变化机制,下节重点对其反射率随温度的变化机制进行讨论。

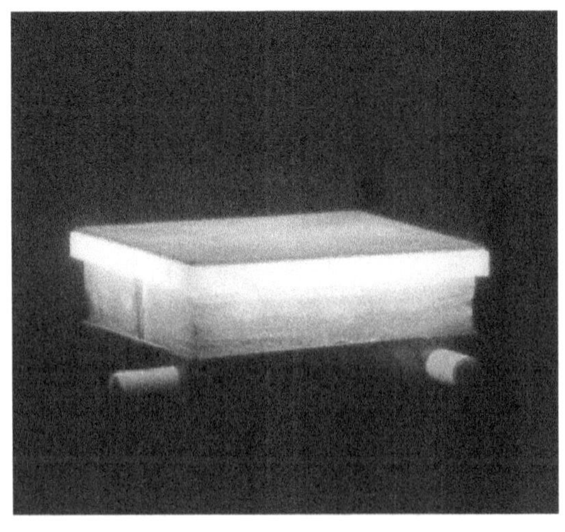

图 5.20　夹层结构 SiC/SiC 吸波材料高温反射率测试照片

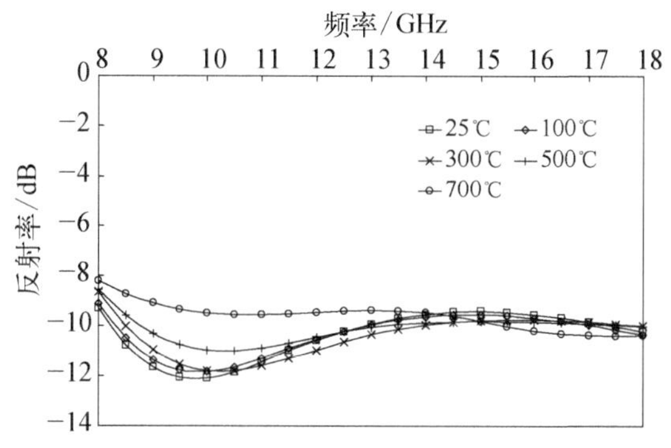

图 5.21　夹层结构 SiC/SiC 吸波材料不同温度反射率曲线

5.3.2　夹层结构高温吸波结构材料反射率随温度变化机制

对于夹层结构吸波材料，介质层厚度、介电常数以及吸收层方阻均会对其吸波性能产生影响。在高温环境下，由于热膨胀导致的材料厚度变化，介质的弛豫、电导作用导致的介质层介电常数变化，吸收层碳化硅纤维表面的连续碳导电相电性能随温度变化导致的吸收层方阻变化等因素均会使夹层结构 SiC/SiC 吸波材料的反射率随温度发生变化。为探明夹层结构 SiC/SiC 吸波材料反射率随温度的演化机制，结合夹层结构 SiC/SiC 吸波材料各组分电性能随温度的变化规律，分别就上述各因素对 SiC/SiC 吸波材料的反射率影响进行研究获取夹层结构 SiC/SiC 吸波材料反射率随温度变化的主要影响因素。

1. 热膨胀对夹层结构 SiC/SiC 吸波材料反射率影响

固体材料由于热膨胀导致的尺度随温度的变化可用下式表示：

$$(l_f - l_0)/l_0 = \alpha_l(T_f - T_0) \tag{5.1}$$

式中，l_0 表示温度为 T_0 时材料的尺寸；l_f 表示温度为 T_f 时材料的尺寸；α_l 为材料的线性热膨胀系数(TEC)。

对于碳化硅类材料，根据其成分与结构的不同，TEC 略有差异，但主要集中在 $4\times10^{-6}\sim5\times10^{-6}$/℃[19]。对于 5.3.1 节中的 C2 SiC/SiC 吸波材料，其总厚度为 3.4 mm，当温度为 700℃时，由于热膨胀导致的材料厚度变化约为 0.01 mm，可见由于热膨胀导致的材料厚度变化是极其微弱的，对夹层结构 SiC/SiC 吸波材料反射率影响基本可以忽略。

2. 介质层介电常数实部对夹层结构 SiC/SiC 吸波材料反射率影响

为探明介质层介电常数实部随温度的变化对夹层结构 SiC/SiC 吸波材料吸波性能影响,首先对介质层介电常数实部随温度的变化规律进行了测试。由图 5.17 可以发现,作为介质层的 SiC/SiC 复合材料介电常数无明显的频散特性,因此仅列出 10 GHz 频点 ε' 随温度的变化规律,见图 5.22。由图可见,随着温度的升高,ε' 基本呈线性增加,由常温时的 6.3 增加到 700℃时的 6.6。

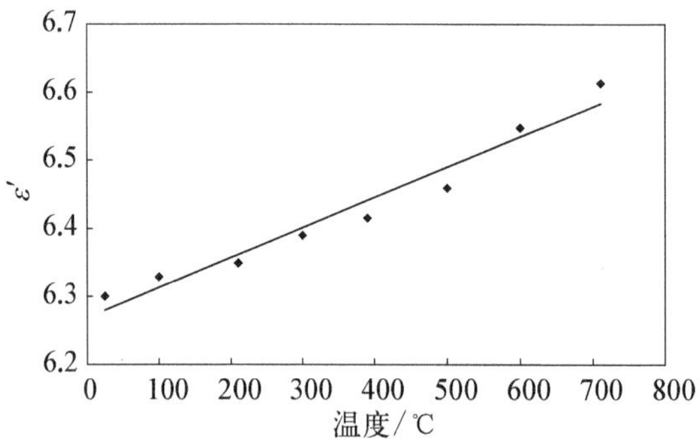

图 5.22 介质层介电常数实部随温度变化规律

在讨论介质层介电常数实部随温度的变化对夹层结构 SiC/SiC 吸波材料吸波性能影响之前,首先对介质层介电常数实部随温度的变化机制进行分析。

介电常数随温度的变化规律可以用经典的 Debye 方程进行分析,根据 Debye 方程,介电常数实部可以用式(5.2)表示[20]。其中,ε' 为介电常数实部,ε_∞ 为光频介电常数,ε_s 为静态介电常数,ω 为角频率,τ 为松弛时间。

$$\varepsilon' = \varepsilon_\infty + \frac{\varepsilon_s - \varepsilon_\infty}{1 + (\omega\tau)^2} \tag{5.2}$$

松弛时间 τ 取用弱系离子弛豫机构中导出的表达式为[21]

$$\tau = \frac{1}{2\upsilon}\mathrm{e}^{U/kT} = B_1\mathrm{e}^{B/T} \tag{5.3}$$

式中,$B_1 = 1/2\upsilon$;$B = U/k$;υ 为偶极子振动频率;U 为分子活化能;k 为玻尔兹曼常数。由式(5.3)可知,松弛时间与温度为指数函数关系。

对于静态介电常数 ε_s,它由位移极化和弛豫极化共同决定,弛豫极化必然与

温度相关，具体关系可由式(5.4)近似表示为[22]

$$\varepsilon_s = \varepsilon_\infty + A/T \tag{5.4}$$

式中 A 可近似视为是与温度无关的正值。

根据式(5.3)和(5.4)，Debye 方程可做相应变形：

$$\varepsilon' = \varepsilon_\infty + \frac{A}{T[1 + (\omega\tau)^2]} \tag{5.5}$$

对于微波频段，一般有 $\omega\tau \gg 1$，则式(5.5)可近似表达为

$$\varepsilon' = \varepsilon_\infty + \frac{A}{T(\omega\tau)^2} = \varepsilon_\infty + \frac{A}{T\omega^2 B_1^2 \mathrm{e}^{2B/T}} \tag{5.6}$$

利用(5.6)式，求 ε' 对 T 的导数得

$$\frac{\mathrm{d}\varepsilon'}{\mathrm{d}T} = \frac{A}{\omega^2 B_1^2 T^2 \mathrm{e}^{2B/T}}\left(\frac{2B}{T} - 1\right) \tag{5.7}$$

对于 SiC 类材料，U 基本为 0.1～10 eV[23,24]，$k = 0.862 \times 10^{-4}\ \mathrm{eV \cdot K^{-1}}$，在此范围内，有 $B/T > 1$，即 $\mathrm{d}\varepsilon'/\mathrm{d}T > 0$。因此，在以上所选取的参数范围内，$\varepsilon'$ 随温度的升高而增加，这与介质层介电常数实部实测规律吻合。

现在重点对介质层介电常数实部随温度的变化对夹层结构 SiC/SiC 吸波材料吸波性能影响进行分析。由图 5.22 可见，ε' 随温度的增加呈上升趋势，由常温时的 6.3 增加到 700℃时的 6.6。为研究 ε' 对吸波性能影响，此处假设表 5.3 中除 ε' 外，其他参数均不变，此时夹层结构 SiC/SiC 吸波材料反射率随介质层 ε' 变化规律计算结果如图 5.23 所示。

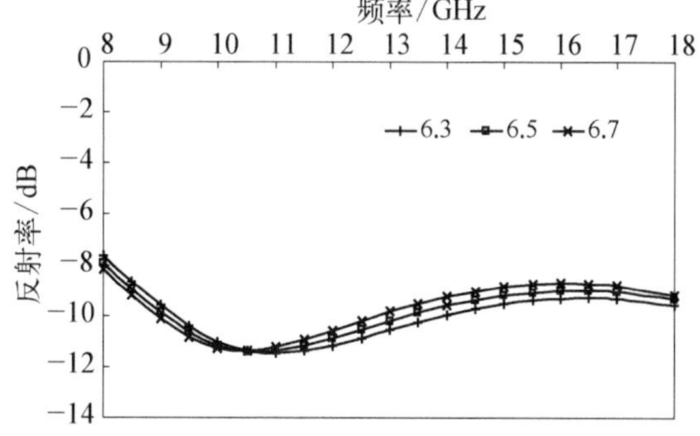

图 5.23　介质层 ε' 对夹层结构 SiC/SiC 吸波材料反射率影响

由图可见，随着介质层 ε' 的增加，吸波材料反射率变化并不显著，并且可以发现反射率在低频频段减小，在高频频段增大。通过与图 5.21 中 SiC/SiC 吸波材料反射率随温度的变化规律对比可以发现，SiC/SiC 吸波材料反射率随介质层 ε' 的变化规律与其随温度的变化规律完全相反。因此，可以证实由于温度变化致使的介质层 ε' 变化并不是导致 SiC/SiC 吸波材料反射率随温度变化的主要因素。

3. 介质层介电常数虚部对夹层结构 SiC/SiC 吸波材料反射率影响

类似地，为探明介质层介电常数虚部随温度变化对夹层结构 SiC/SiC 吸波材料吸波性能影响，对介质层介电常数虚部随温度的变化进行测试。同样由于介质层 SiC/SiC 复合材料介电常数无明显的频散特性，因此仅列出了 10 GHz 频点 ε'' 随温度的变化规律，见图 5.24。由图可见，随温度的升高，ε'' 呈上升趋势，由常温时的 0.1 增加到 700℃时的 0.4。

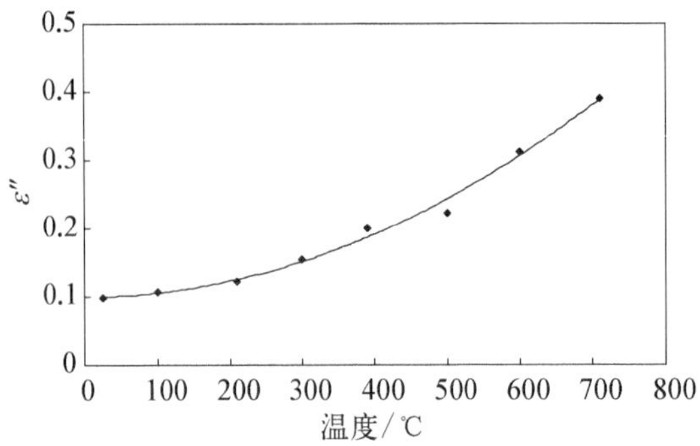

图 5.24　介质层介电常数虚部随温度变化规律

在讨论介质层介电常数虚部随温度的变化对夹层结构 SiC/SiC 吸波材料吸波性能影响之前，首先对介质层介电常数虚部随温度的变化机制进行分析。对于电介质材料，其损耗主要包括弛豫损耗和电导损耗两部分，根据 Debye 方程，考虑电导损耗 ε''_σ 和弛豫损耗 $\varepsilon''_{\mathrm{Re}}$ 的介电常数虚部 ε'' 可以用式(5.8)表示，其中 σ 为材料的电导率，ε_0 为真空介电常数[20]。

$$\varepsilon'' = \frac{(\varepsilon_s - \varepsilon_\infty)\omega\tau}{1 + (\omega\tau)^2} + \frac{\sigma}{\varepsilon_0\omega} \tag{5.8}$$

首先讨论电导损耗 $\varepsilon''_\sigma = \sigma/\omega\varepsilon_0$ 随温度的变化关系。N_2 气氛下介质层 SiC/SiC 复合材料电导率随温度变化的实测数据见图 5.25。由图可见，随着温度的升高，SiC/SiC 复合材料的电导率基本呈指数规律上升，这与电介质材料电导率 σ 与温度关系式 $\sigma = Ce^{-D/T}$ 一致。通过实测数据可以发现，700℃时的电导率较室温时增加接近两个数量级。紧接着，采用公式 $\varepsilon''_\sigma = \sigma/\omega\varepsilon_0$ 对介质层 SiC/SiC 复合材料不同温度下的电导损耗进行计算，结果如图 5.26 所示。由图可见，ε''_σ 由室温的 0.002 增加到 800℃时的 0.2。总体来讲，介质层 SiC/SiC 复合材料的高温电导损耗不大。

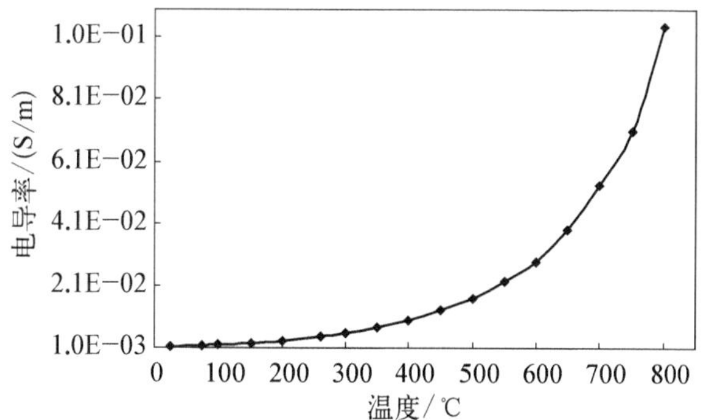

图 5.25　N_2气氛下介质层 SiC/SiC 复合材料 σ 随温度的变化曲线

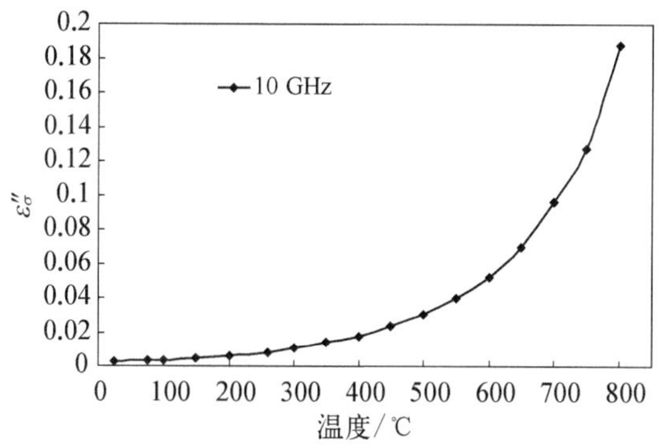

图 5.26　N_2气氛下介质层 SiC/SiC 复合材料 ε''_σ 随温度的变化曲线

关于弛豫损耗随温度的变化规律可以采用 Debye 模型进行分析，弛豫损耗为[20]

$$\varepsilon''_{\mathrm{Re}} = \frac{(\varepsilon_s - \varepsilon_\infty)\omega\tau}{1 + (\omega\tau)^2} \tag{5.9}$$

与介电常数实部随温度的变化关系讨论类似，根据 ε_s 以及 τ 与温度的关系式，式(5.9)可做相应变形

$$\varepsilon''_{\mathrm{Re}}=\frac{A\omega\tau}{T[1+(\omega\tau)^2]}\tag{5.10}$$

同样根据 $\omega\tau\gg1$，则式(5.10)可进一步简化为

$$\varepsilon''_{\mathrm{Re}}=\frac{A}{T\omega\tau}=\frac{A}{T\omega B_1\mathrm{e}^{B/T}}\tag{5.11}$$

利用式(5.11)，求 $\varepsilon''_{\mathrm{Re}}$ 对 T 的导数得

$$\frac{\mathrm{d}\varepsilon''_{\mathrm{Re}}}{\mathrm{d}T}=\frac{A}{B_1\omega T^2\mathrm{e}^{B/T}}\left(\frac{B}{T}-1\right)\tag{5.12}$$

同样利用介质层 SiC/SiC 复合材料实部随温度变化规律中所选取的参数范围，可以确定 $B/T>1$，故 $\mathrm{d}\varepsilon''_{\mathrm{Re}}/\mathrm{d}T>0$，即在所选取的参数范围内，弛豫损耗 $\varepsilon''_{\mathrm{Re}}$ 随温度的升高而增加。

通过以上分析发现，对于介质层 SiC/SiC 复合材料，其弛豫损耗以及电导损耗随温度升高均呈现增加趋势，介电损耗是两者共同贡献的结果。

下面重点针对介质层介电常数虚部随温度的变化对 SiC/SiC 夹层结构吸波材料吸波性能影响进行分析。由图 5.24 可见，ε'' 随温度的升高呈增加趋势，由常温时的 0.1 增加到 700℃时的 0.4。为研究 ε'' 对夹层结构 SiC/SiC 吸波材料反射率影响，此处假设表 5.3 中除 ε'' 外，其他参数均不变，SiC/SiC 吸波材料反射率随 ε'' 变化规律计算结果如图 5.27 所示。由图可见，ε'' 对夹层结构 SiC/SiC 吸波材料反射率吸收峰峰值有一定影响，随着 ε'' 的增加，SiC/SiC 吸波材料的反射率峰值逐渐增加。同时可以发现，ε'' 对反射率吸收峰位置几乎没有影响。总体来

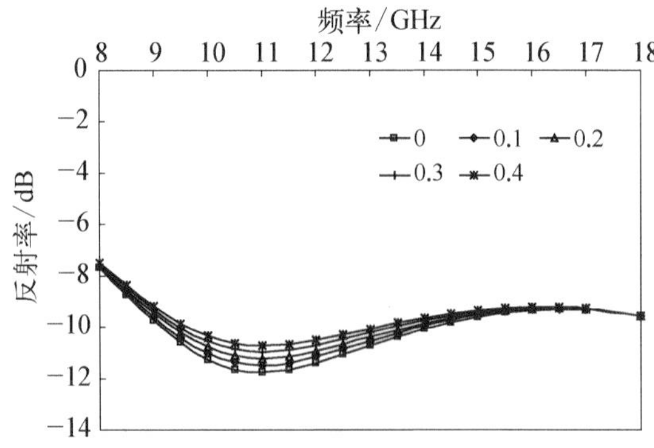

图 5.27　介质层 ε''对夹层结构 SiC/SiC 吸波材料反射率影响

讲，随介质层 ε'' 的增加，SiC/SiC 吸波材料反射率整体呈增加趋势，但除吸收峰附近外，其他频段的反射率变化不大。通过与图 5.21 中夹层结构 SiC/SiC 吸波材料反射率随温度的变化规律对比可以发现，SiC/SiC 吸波材料反射率随介质层 ε'' 的变化规律与其随温度的变化规律并不完全吻合，介质层 ε'' 随温度的变化并不是导致夹层结构 SiC/SiC 吸波材料反射率随温度变化的关键因素。

4. 吸收层方阻对夹层结构 SiC/SiC 吸波材料反射率影响

首先对 N_2 气氛下作为夹层结构吸波材料吸收层的 SiC 纤维布方阻随温度的变化规律进行测试，测试夹具如图 5.28 所示，利用此法测量方阻的计算公式为 $R_s = RW/L$，其中，R_s 为 SiC 纤维布方阻，R 为两电极间电阻，W 为样品宽度，L 为两电极间距离。采用此法测量 SiC 纤维布方阻时，样品宽度应小于电极宽度。测试结果如图 5.29 所示，选择的 SiC 纤维布初始方阻为 120 Ω/sq。由图可见，随着温度的升高，SiC 纤维布方阻基本呈线性下降，由室温的 120 Ω/sq 降至 800℃时的约 90 Ω/sq。为满足吸收层方阻要求，本研究中吸收层选用的是表面

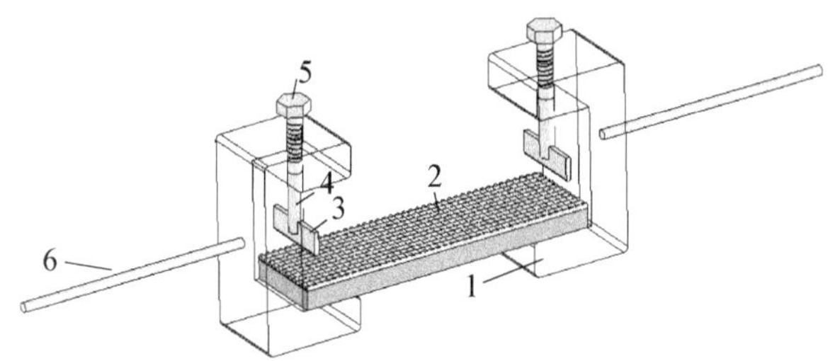

1. 样品台；2. 测量样品；3. 电极；
4. 电极连接杆；5. 紧固螺杆；6. 延长电极

图 5.28　SiC 纤维布高温方阻测量夹具

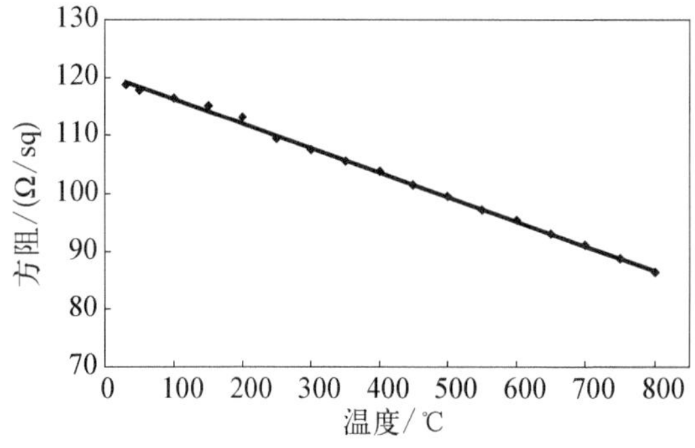

图 5.29　N_2 气氛下 SiC 纤维布方阻随温度的变化曲线

富有碳层的碳化硅纤维，根据本书中 2.2.1 节的讨论，表面富有碳层的纤维电阻率可表述为 $\rho_{SiC}=\rho_{C}\dfrac{d}{4t}$，纤维的电阻率主要由纤维表面碳层厚度以及裂解碳电阻率决定，对于碳材料，其电阻温度系数为负[25]，从而导致碳化硅纤维布的方阻随温度增加呈现下降趋势。

根据吸收层碳化硅纤维布方阻随温度的变化关系，并且假定表 5.3 中除吸收层方阻外，其他参数不变，则夹层结构 SiC/SiC 吸波材料反射率随吸收层方阻变化仿真结果如图 5.30 所示。由图可见，随着方阻的减小，低频频段反射率增加，高频频段反射率减小。其变化规律与图 5.21 中夹层结构 SiC/SiC 吸波材料反射率随温度变化的实测规律一致。因此，吸收层方阻随温度的变化是导致夹层结构 SiC/SiC 吸波材料反射率随温度变化的关键因素。

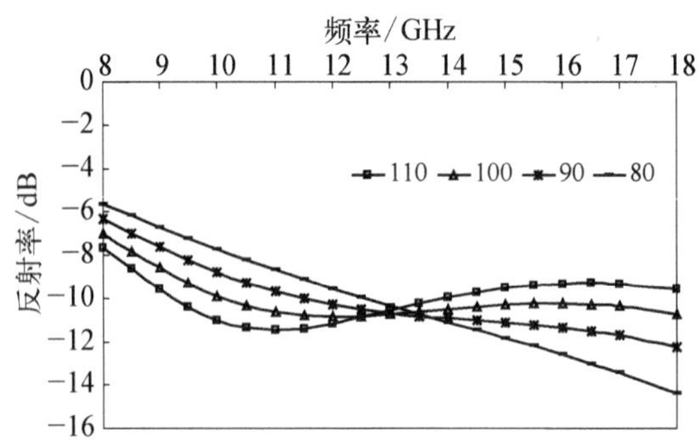

图 5.30　吸收层方阻对夹层结构 SiC/SiC 吸波材料反射率影响

本节以具有不同电性能的 SiC/SiC 复合材料体系制备出了夹层结构吸波材料，实测结果表明，制备的夹层结构吸波材料具有较好的吸波性能，其吸波性能随温度发生一定变化，这主要是由吸收层碳化硅纤维织物本身的电阻温度特性所决定的。

对于夹层结构吸波材料，其主要不足是很难实现 3 个频段以上的宽频吸波功能。本章后续内容将重点针对基于超材料的高温吸波结构材料体系展开讨论，以期进一步拓展吸波带宽。

5.4　高温电阻型超材料吸波结构材料

本书 4.3 节中系统分析了电阻型超材料吸波材料的吸波性能及其吸波机

制,研究发现,利用电阻型超材料特殊的阻抗与损耗特性,可以克服传统宽频吸波材料对电磁参数频散特性的苛刻要求,更易实现宽频吸波功能。相对传统结构形式的吸波材料,基于电阻型超材料的吸波材料的制备工作主要集中在超材料,工艺参数更容易精确控制并易于实现。因此,基于电阻型超材料的吸波材料已经成为目前的研究热点,并已在常温结构吸波材料领域获得了广泛应用。

相对常温电阻型超材料吸波结构材料,将电阻型超材料应用于高温吸波结构材料中具有较大难度,设计并制备出满足耐温、电性能以及使用性能要求的高温电阻型超材料是关键,需要重点解决以下难题。

1. 高温电阻型超材料的制备问题

目前常温电阻型超材料主要采用的以碳材料为导电相、树脂为粘结剂的材料体系,实现较为容易,且技术成熟,但可应用于高温环境的电阻型超材料则在材料体系设计、制备方法等方面面临着诸多难题需要解决。

2. 电阻型超材料的电阻温度特性导致的吸波材料吸波性能随温度的变化问题

对于应用于常温环境的电阻型超材料,由于温度变化范围较小,基本可以不考虑电阻型超材料周期单元的电阻温度系数(temperature coefficient of resistance, TCR)问题。但对于应用于高温环境的电阻型超材料,使用温度范围可达到数百甚至1 000℃以上,高温超材料周期结构单元材料必然会由于载流子密度以及传输速率等变化导致其电性能随温度发生变化,从而使吸波材料的吸波性能随温度发生变化。因此,如何设计并制备出低TCR的高温电阻型超材料,以及在电性能设计过程中采用的高鲁棒性设计方法也是需要解决的新问题。

3. 高温电阻型超材料的氧化问题

由于高温电阻型超材料会应用于高温富氧环境,这对高温电阻型超材料的体系设计带来了新的约束,需要采用高温抗氧化能力强的材料体系以解决高温电阻型超材料的高温氧化问题。

4. 高温电阻型超材料的附着力问题

常温电阻型超材料主要采用有机树脂为粘结剂,其具有粘结性强、附着力高的优点,但高温电阻型超材料的粘结剂则主要采用无机材料,如何保证高温电阻型超材料与基材的相容性并实现高附着力也是需要解决的新问题。

基于以上分析，高温电阻型超材料在材料体系设计与制备、电性能温度特性控制、环境适应性等方面均有大量问题需要解决。本节针对以上问题，首先对高温电阻型超材料的体系选择以及制备方法进行讨论，并重点对高温电阻型超材料的高温电性能及其演变机制进行系统分析。在此基础上，结合本课题组的研究工作，对几种典型的高温电阻型超材料吸波结构材料的制备方法以及吸波性能进行介绍。

5.4.1　高温电阻型超材料的体系设计

用于高温吸波结构材料中的电阻型超材料的基本要求是耐高温、电性能可控、低的电阻温度系数、与基材附着力高、抗氧化等。目前可用于高温条件下、具备一定导电能力的材料主要包括薄膜类（特指单一体系）以及涂层类（特指复合体系）。

目前常见的薄膜类电阻材料主要有：碳、金属、金属氧化物、导电陶瓷材料等，这些薄膜类电阻材料主要通过控制薄膜厚度调控电阻。其中，碳和金属材料由于具有较低的电阻率，根据方阻公式 $R_s = \rho/d$，当获取方阻为 100 Ω/sq 的超材料时，碳材料厚度约为 10^{-4} mm 量级，金属材料厚度约为 10^{-6} mm 量级，可见以上两类材料的厚度较薄，工艺控制难度较大，当厚度有少量偏差时也会造成超材料方阻的较大变化，故以上两类薄膜电阻材料并不适合用于制备高温电阻型超材料。金属氧化物（如氧化钌等）、导电陶瓷材料（如锰酸锶镧、钛酸铅等）具有电阻率可控范围广、抗氧化等优异特性[26-28]，但此类材料的最大问题是具有较高的电阻温度系数，一般在数千 ppm/K 量级（锰酸锶镧电性能随温度变化特性见图 5.31），当电阻型超材料的工作温度范围在 1 000℃的条件下，其方阻变化将达到数倍甚至一个数量级，也不适合应用于高温电阻型超材料中。

相对单一组分的薄膜类电阻材料，复合型涂层类电阻材料具有电阻率可控范围广、附着力高、电阻温度系数低（具体机制将在 5.4.2 节中详细阐述）等优点，是一种较为理想的高温电阻型超材料体系。涂层类电阻材料通常是以高温电阻涂料为原料，经过印制、干燥、烧结等过程制备而成。高温电阻涂料一般由导电填料、玻璃粘结剂以及有机载体三部分组成，其中，有机载体主要赋予涂料的流变以及印刷性能，在烧结过程中挥发或者被燃烧而排除掉。因而，烧结后得到的高温电阻涂层主要由玻璃基体和导电填料两相组成。改变高温电阻涂料中导电相的含量，可以使高温电阻涂层的电性能具有较广的调控范围[29]。

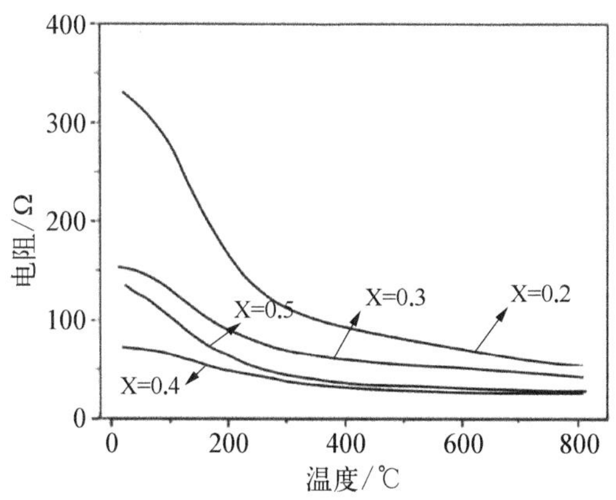

图5.31　锰酸锶镧典型电阻温度曲线[28]

高温电阻涂层根据采用的导电填料的不同，可以分成贵金属（银、钯、金、铂及其合金等）、贵金属氧化物（氧化钌）、二硅化钼、钌酸盐（钌酸铋、钌酸铅等）电阻涂层等[30]。二硅化钼电阻涂层的抗氧化能力较差。贵金属电阻涂层存在电阻温度系数偏高、阻值调控范围窄、成本高的不足。相对而言，贵金属氧化物和钌酸盐电阻涂层具有工艺性好，对工艺条件不敏感，TCR小，电阻稳定等优点，因此本书重点针对以上两种高温电阻涂层体系展开讨论。

5.4.2　高温电阻涂层微观结构及导电机制

高温电阻型超材料是图案化的高温电阻涂层，高温电阻涂层是以高温电阻涂料为原材料，经过印制或喷涂、干燥、烧结等过程制备而成。高温电阻涂料主要由导电填料、玻璃粘结剂以及有机载体三部分组成的复杂悬浮体系。其中，导电填料的粒径较小，通常在10～100 nm范围内，玻璃粘结剂的粒径较大，在1～10 μm范围内，两者均匀分散在有机载体中，有机载体则主要赋予涂料的流变以及印刷性能[30]。

采用高温电阻涂料制备电阻涂层一般包括以下主要步骤：首先，将高温电阻涂料施工于陶瓷基片上，借助于涂料的流动性，使膜层均匀平整；随后，经干燥使大部分有机溶剂挥发掉，涂层附着在基片上；最后，将干燥后的电阻涂层进行烧结，烧结过程中残留的有机载体被完全燃烧并排除掉，玻璃粘结剂则发生软化、熔融、润湿等过程连接导电相颗粒，并将涂层牢固的粘结在基片上，最终得到高温电阻涂层。

图5.32为高温电阻涂层的典型烧结工艺曲线[31]，随着烧结温度的升高，电

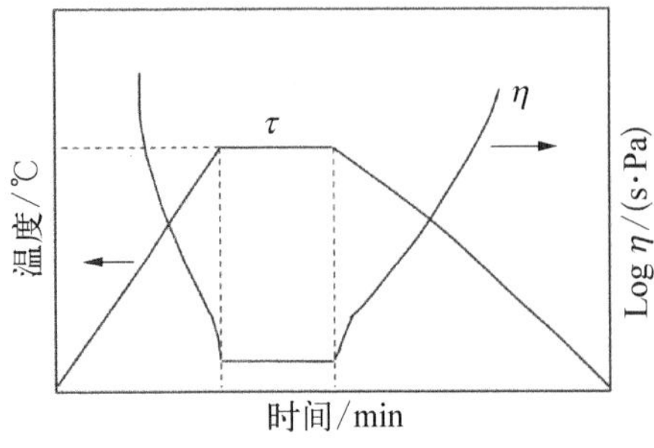

图 5.32　电阻涂层的烧结工艺曲线[31]

阻涂料中的有机载体被燃烧排尽，仅剩下玻璃相和导电相。温度继续升高，玻璃相开始软化，随后熔融并产生液相，随着液相量的增加，粘度 η 迅速下降。液相产生后，一方面，液相润湿导电颗粒，相邻导电颗粒间形成毛细管，导电颗粒被表面张力拉紧靠拢，最后形成较平滑和致密的电阻涂层；另一方面，熔融的玻璃对陶瓷基片进行浸润，并与之发生扩散或者固相反应使涂层牢固地粘附在基片上。电阻涂层的烧结可认为属于液相烧结[30]，整个烧结过程时间较短，升温和降温速率都很快。

1. 高温电阻涂层的微观结构

尽管高温电阻涂层仅由导电填料和玻璃两相构成，但其微观结构较复杂，目前仅能给出粗略的模型。Pešić等[31]构建了高温电阻涂层烧结前后微观结构变化模型，图 5.33 列出了以 RuO_2为导电相的情况。烧结前，由于导电填料的粒径（10～100 nm）远小于玻璃颗粒的粒径（1～10 μm），导电颗粒聚集分散在玻璃相颗粒之间。烧结过程中，玻璃相熔融产生液相，液相随之浸润并渗透到导电颗粒之间。当到达烧结温度时，液相完全浸润导电颗粒，随着保温时间的延长，根据热力学原理，导电颗粒将从浓度高的区域（玻璃相交界处）往浓度低的区域（玻

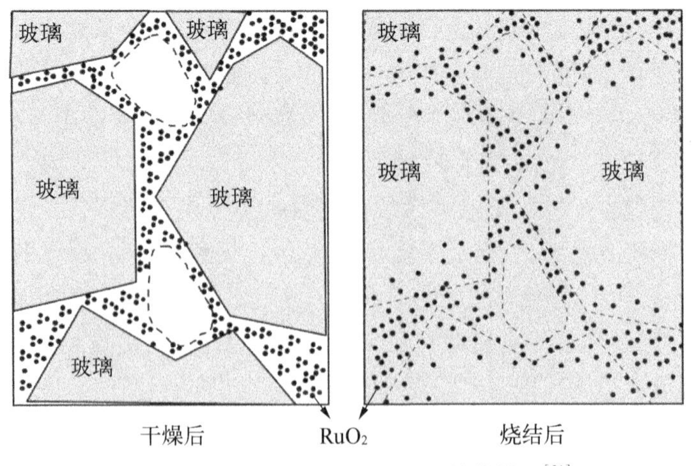

图 5.33　电阻涂层烧结前后微观结构模型[31]

璃相内部)扩散和迁移,相应的扩散系数 D 和迁移距离 L 表示为

$$D = \frac{kT}{6\pi\eta r} \tag{5.13}$$

$$L = \sqrt{D \cdot \tau} \tag{5.14}$$

式中, k 为波尔兹曼常数; T 为烧结温度; η 为玻璃在烧结温度下的粘度; r 为导电相颗粒的半径; τ 为烧结温度下的保温时间。从式(5.13)和式(5.14)可以发现,电阻涂层烧结后的微观结构主要受烧结温度 T 和保温时间 τ 共同影响。

Chiang 等[32]利用透射电镜观察了导电颗粒在玻璃基体中的微观结构形貌,如图 5.34 所示。证实玻璃基体中的导电颗粒至少存在两种不同的接触状态,一种是导电颗粒与导电颗粒直接接触;另一种是导电颗粒被玻璃层隔开,处于一种间接接触状态。

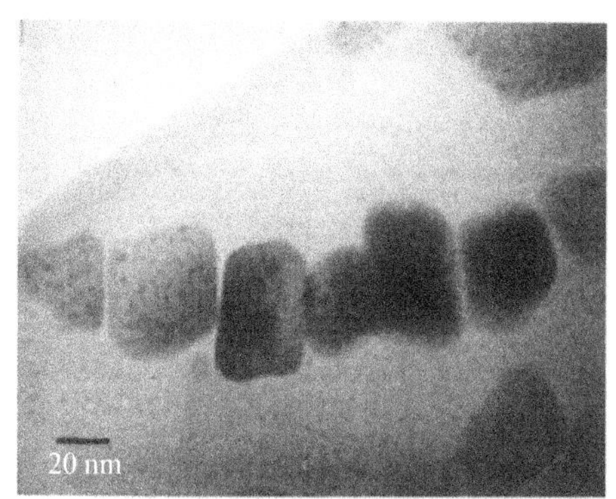

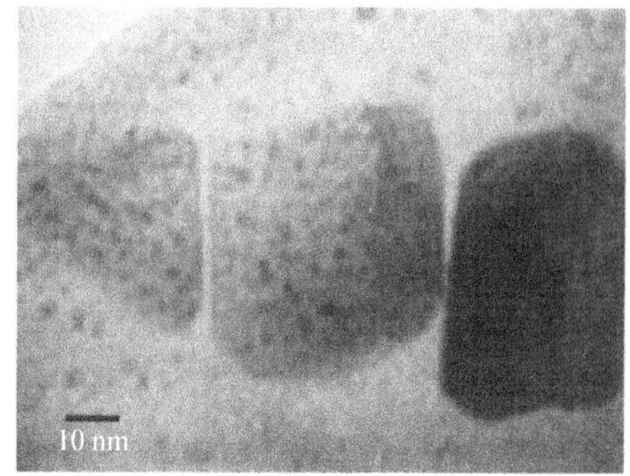

图 5.34　导电颗粒在玻璃基体中的微观结构[32]

因此,目前一般公认的高温电阻涂层微观结构是由许多微小串联或并联的导电链所组成的三维导电网络,而导电链本身则由许多导电粒子组成,导电粒子既不是纯粹的颗粒接触状态,也不是全被较厚的玻璃相所隔开,更不是完全凝聚而形成的连续导电链,而是处于“完全凝聚”与“纯粹颗粒接触”之间的一种“部分凝聚接触”状态[30],其微观结构模型如图 5.35 所示[33]。

2. 高温电阻涂层的导电机制

目前针对高温电阻涂层的微观结构模型,研究人员提出了许多导电机制[31,34-45],但由于电阻涂层微观结构的复杂性,目前还没有一个理论能够完美解

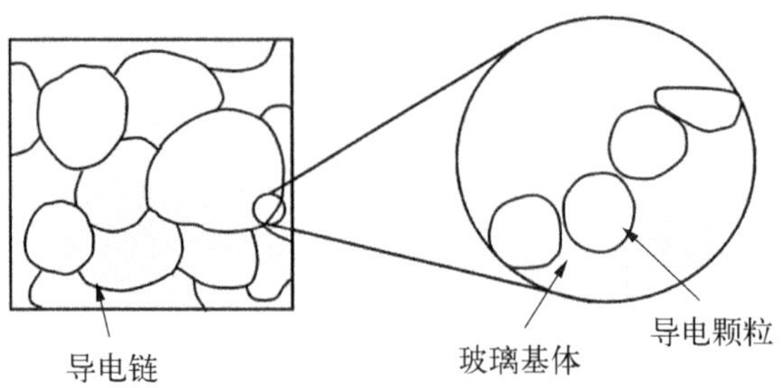

图 5.35　电阻涂层微观结构模型[33]

释电阻涂层微观结构与其电性能之间的关系，尤其是涂层电性能随温度的变化机制。本部分重点介绍几种应用较多的导电机制。

1) 逾渗理论(the percolation theory)

在研究电阻涂层电阻率随导电相含量的变化关系时发现，随着导电相颗粒含量的增加，电阻涂层的电阻率起初仅略有下降，当导电填料含量增加到某一临界值时，电阻涂层的电阻率急剧降低，如图 5.36 所示[38]。这种现象称为逾渗效应，导电填料这一临界含量值称为逾渗阈值[37,38]。Ewen 等[37]分析认为，这主要是由于导电颗粒在材料内开始形成导电网络而使电阻率发生急剧下降，并且推导出电阻涂层电导率 σ 与导电相体积分数 V 的关系式为

$$\sigma=\sigma_0\left\{\left[\left|\frac{V}{f_c(1-f_g)}\right|^n+P_c^n\right]^{1/n}-P_c\right\}^{1.7} \tag{5.15}$$

式中，V 为导电相的体积分数；f_c 和 f_g 分别为导电相和玻璃相的偏析系数；P_c 为逾渗阈值；σ_0 为导电颗粒的电导率，对于给定的电阻涂料 n 为定值，和导电颗粒的形状、熔融玻璃相粘度及表面张力有关。

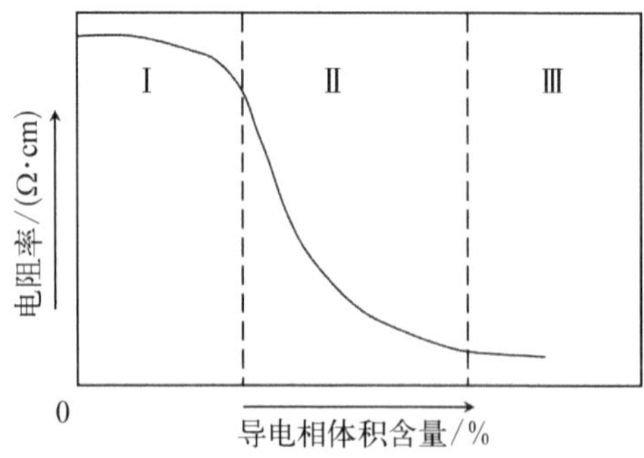

图 5.36　电阻涂层电阻率随导电相含量的变化关系[38]

逾渗理论可以较好地阐释高温电阻涂层电导率和导电相含量之间的关系，然而，其对电子在电阻涂层中的传输路径、电阻涂层电阻温度特性等问题无法给予合理的解释。

2）隧道势垒理论（the tunneling barrier theory）

根据高温电阻涂层的微观结构，电阻涂层中的导电颗粒之间至少存在两种接触状态：一种是导电颗粒与导电颗粒间的直接接触；另一种是导电颗粒之间被一层玻璃层所隔开的间接接触。为此，Pike 等[39]提出了一种电子传输的隧道势垒模型，如图 5.37 所示。

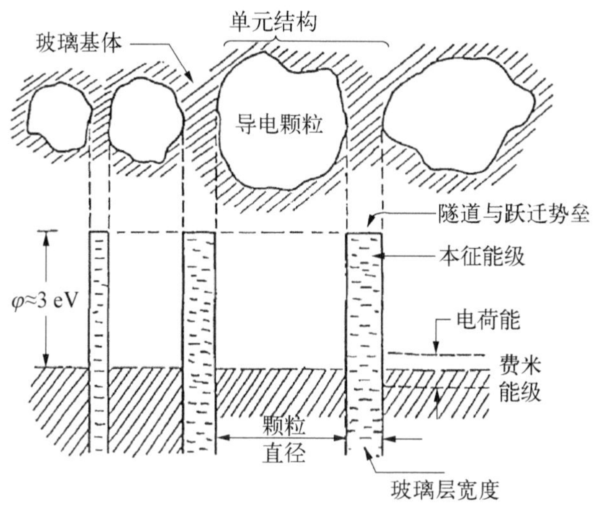

图 5.37　隧道势垒模型能量结构图[39]

在隧道势垒模型中，对于导电颗粒被玻璃层隔开的情况，电子不能在导电颗粒之间自由传输，从能量观点来看，这种阻碍作用称为势垒电阻。根据量子力学，当势垒宽度较窄时，由于电子具有波动性，可以像光波透过媒质一样贯穿势垒进行传输，这种现象称为“隧道效应”。因此，对于一个势垒结构单元，其电阻主要由两部分组成：势垒电阻 R_b 和导电颗粒本身电阻 R_m，对应的表达式如下：

$$R(T) = R_b(T) + R_m(T) \tag{5.16}$$

$$R(T) = \frac{1}{2}R_{b0} \cdot \left[\frac{\sin(aT)}{aT}\right] \cdot \left[1 + \exp\left(\frac{E}{kT}\right)\right] + R_{m0} \cdot (1 + bT) \tag{5.17}$$

式中，a 与势垒高度有关；E 为激活能，其与导电颗粒间玻璃相的种类以及距离有关；k 为波尔兹曼常数；T 为绝对温度；b 为导电颗粒本征电阻温度系数；R_{b0} 为势垒投射因数；R_{m0} 为绝对零度下导电颗粒的电阻值。隧道势垒模型很好地解答了电子在电阻涂层中的传输路径问题，同时，对电阻涂层的某些宏观电性能以及低温条件下的电阻温度特性能够给予较好的解释[40-42]，得到了广泛的认同。

3）热失配理论(mismatch theory of the thermal expansion coefficient)

以上两种模型没有考虑电阻涂层与基板的热失配造成的应力及其对电阻涂层微观结构与电性能的影响问题，而实际上热失配对电阻涂层的电性能影响是非常显著的。Son 等[43,44]研究了电阻涂层和基板之间的热失配对电阻涂层电性能的影响(图 5.38)，他们将电阻涂层电阻及其随温度的变化分成两部分：一部分是电阻涂层本征电阻温度特性引起的变化；另一部分是基板和电阻涂层的热失配引起的变化。前者与激活能 β 有关，后者与量规因子 K 有关，量规因子指由应变引起的电阻变化。因此，电阻涂层电阻 R 随温度 T 的变化表达式为

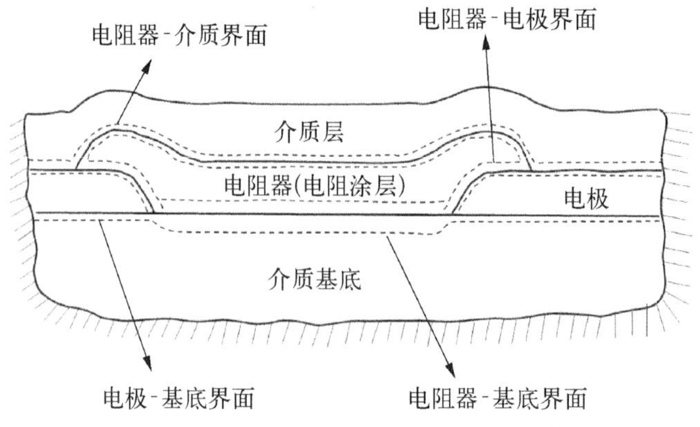

图 5.38　电阻器典型的截面形貌示意图[31]

$$K = \frac{\delta R/R_\theta}{\varepsilon} \tag{5.18}$$

$$\delta R = R_\theta K(T)\varepsilon(T) \tag{5.19}$$

$$R(T) = R_\theta\left\{\exp\left(\frac{\beta}{T} - \frac{\beta}{\theta}\right) + \psi(T-\theta)\left[K_\theta - \chi(T-\theta)\right]\right\} \tag{5.20}$$

式中，ε 为电阻涂层与基板的热失配导致的电阻涂层的应变；R_θ 为电阻涂层在参考温度 θ 时的电阻；$K(T)$ 为温度为 T 时的量规因子；$\varepsilon(T)$ 为温度为 T 时的应变；β 为激活能；ψ 为应变温度系数；K_θ 为参考温度下的量规因子；χ 为量规因子的温度系数。从式(5.20)中可以看出，电阻涂层电阻随温度的变化关系与其所受的应力状态密切相关。

与之类似,文献[39,45]在研究机械应力对电阻涂层电导率的影响时发现,拉应力状态下,电阻涂层的电导率下降;而压应力状态下,电阻涂层的电导率增加。他们将引起电导率变化的原因归结于应力作用下导电颗粒间的距离变化,从而影响到势垒电阻,进而对电阻涂层的宏观电性能产生影响。但这些文献均没有给出电阻涂层电导率与应力之间的数学关系式。

通过以上分析可以得出以下结论:电阻涂层可以看做是由许多微小串联或并联的导电链所组成的三维导电网络;电阻涂层的电阻主要由导电颗粒间的势垒电阻和导电颗粒本身电阻两部分组成;影响电阻涂层电性能的因素较多,包括导电相的含量、烧结工艺、基板材料的种类等,在分析各参数对电阻涂层宏观电性能影响时,均可以转化为对导电颗粒间势垒电阻以及导电颗粒本身电阻的影响。

5.4.3　高温电阻涂层的制备及其电性能

高温电阻涂层的制备过程主要包括高温电阻涂料制备、印制或喷涂、高温烧结,本节重点针对几个关键工序进行阐述。

1. 高温电阻涂料制备

高温电阻涂料的制备主要包括玻璃粉制备、粉料混合、粉料分散、涂料轧制等工艺,下面根据本课题组的研究成果,针对一种典型配方的高温电阻涂料的制备方法进行说明。

① 将包含 SiO_2、Al_2O_3、PbO、MgO、CaO、ZrO_2、BaO、ZnO、MnO_2的玻璃粉体按照一定质量比混合均匀,在 1 400～1 450℃条件下进行高温熔炼 2～4 h,将熔化后得到的玻璃熔体进行淬冷,得到玻璃渣。其中玻璃原料质量配比的典型配方为: SiO_2(30%～50%),Al_2O_3(8%～15%),PbO (12%～25%),MgO (5%～15%),CaO (5%～10%),ZrO_2(3%～10%),BaO (2%～8%),ZnO (1%～5%),MnO_2(2%～10%)。

② 采用有机溶剂(乙醇或丙酮)为分散剂,采用球磨的方法将所得玻璃渣粉碎,烘干后过筛,得到玻璃粉。

③ 将所得玻璃粉与导电填料(氧化钌、钌酸铋、钌酸铅等)采用行星式重力混料机混合均匀,得到混合粉体,可以根据所需高温电阻涂层的电性能对导电填料的含量进行调控,一般而言,获得方阻为 100 Ω/sq 的高温电阻涂层时,导电填料的质量含量一般在 50%左右。

④ 将混合粉体与有机载体按一定质量比混合,搅拌分散,典型的质量配比

为混合粉体 75%～80%，有机载体 20%～25%，有机载体包括柠檬酸三丁酯 80%～90%，硝酸纤维素 2%～5%，卵磷脂 5%～18%。

⑤ 将所得的悬浊液采用三辊混炼机反复轧制即可得到所需的高温电阻涂料。考虑高温电阻涂料的工艺性，粘度一般需要控制在数百 Pa · s。

所得高温电阻涂料的典型差热-热重曲线见图 5.39。由图可见，高温电阻涂料的差热曲线在 105℃和 228℃处分别有一个较明显的吸热峰，这主要是电阻涂料中的有机溶剂挥发而产生；在 354℃处有一个明显的放热峰，这归结于剩余有机载体的燃烧。同时，从电阻涂料的热重曲线上看，当温度超过 450℃后，热重曲线趋于平稳，表明电阻涂料中的有机载体已经被完全排出。

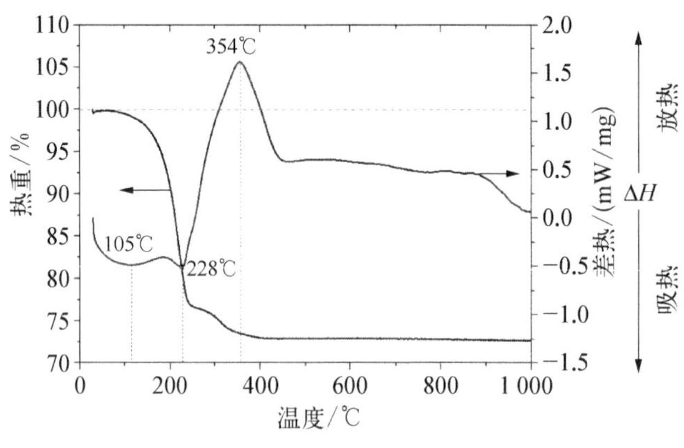

图 5.39　电阻涂料的差热-热重曲线

2. 高温电阻涂层电性能工艺影响因素分析

除了高温电阻涂料配方外，从 5.4.2 节中分析可知，烧结工艺对高温电阻涂层的微观结构以及电性能具有重要影响，关键工艺参数为烧结温度和时间。为获得满足电性能设计要求的高温电阻涂层并增加其电性能调控手段，本书重点从烧结温度和时间两方面讨论高温电阻涂层电性能的工艺影响因素。

1）烧结温度

以氧化钌为导电相的高温电阻涂层为例，不同烧结温度制备的涂层物相见图 5.40。由图可见，烧结温度为 450～750℃时，电阻涂层的物相基本相同，只存在 RuO_2的特征峰，玻璃相呈现无定形特性；烧结温度为 850～1 000℃时，电阻涂层开始出现少量 $ZrSiO_4$。由此可知，制备的高温电阻涂层主要物相是晶态的 RuO_2分散于非晶玻璃中，设计的高温电阻涂料在烧结过程中可以维持较好的稳定性。

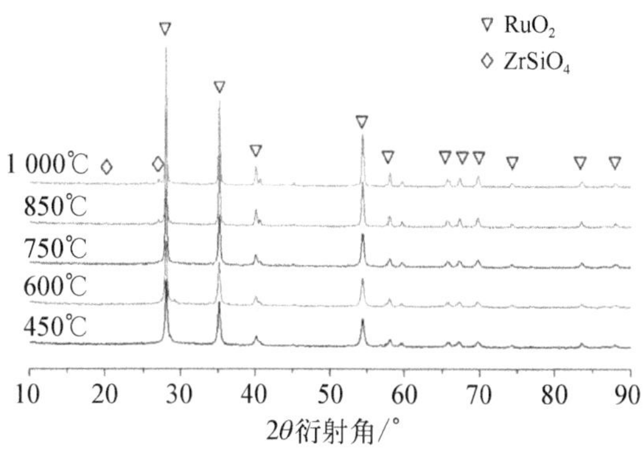

图 5.40　不同烧结温度电阻涂层 XRD 谱图

以 Oxide/Oxide 复合材料为基材，对烧结的高温电阻涂层的成分与微观结构进行表征，图 5.41 为不同烧结温度制备的电阻涂层截面形貌和能谱图。由图可见，当烧结温度为 750℃时，电阻涂层的结构较疏松，孔洞较多；随着烧结温度的升高，电阻涂层的结构逐渐变致密，孔洞减少；当烧结温度为 1 000℃时，在电阻涂层（白色）和复合材料（黑色）之间出现一层较明显的过渡层（灰色），经 EDS 分析，该过渡层主要成分为 Pb、Si、Al、O 等元素，以及微量的 Ru 元素（图 5.42）。此外，对比不同烧结温度制备的电阻涂层中 Ru 和 Pb 元素的百分比发现，当烧结温度大于 850℃时，Ru 元素和 Pb 元素的比值随着烧结温度的升高而增大。在电阻涂层中，Ru 元素来自导电相 RuO_2，Pb 元素则来自玻璃相，因此可以推断，随着烧结温度的提高，电阻涂层中导电相和玻璃相的分布发生了变化，使得电阻涂层中导电相和玻璃相的比例增加。

进一步对 1 000℃烧结温度下电阻涂层产生过渡层的原因进行分析。5.4.2 节中提到，高温电阻涂层属于液相烧结过程，烧结过程中，玻璃粘结剂发生熔融并产生液相，一方面浸润导电颗粒，使之形成较平滑和致密的电阻膜层；另一方面对其下面的基板产生浸润，使膜层牢固地粘附在基板上。然而，由于纤维增强陶瓷基复合材料中存在一定的孔隙[46]，这些孔隙对玻璃液相产生毛细管力，使熔融玻璃在毛细管力的作用下克服表面张力渗透进入到复合材料内部，形成一层“熔渗”层。

图 5.43 为电阻涂层液相烧结的熔渗模型，由图可见，熔融玻璃要渗入复合材料中，需要克服液相表面张力的作用。而液相的表面张力 γ 与其粘度 η 有关，粘度 η 越大，表面张力 γ 也越大，反之亦然。对于一个给定的液相熔体，其粘度与温度的关系满足表达式[47]

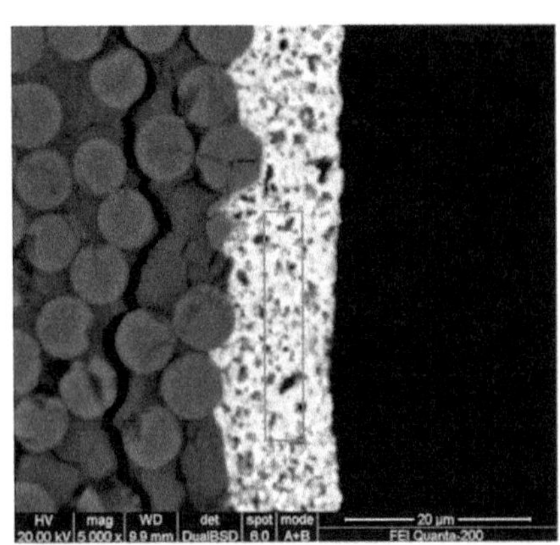

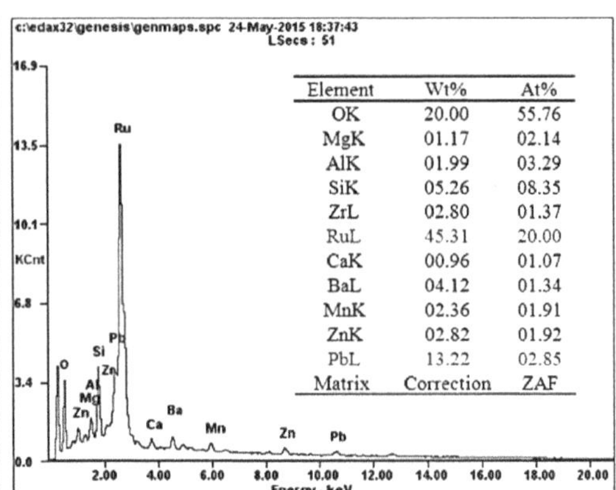

Element	Wt%	At%
OK	20.00	55.76
MgK	01.17	02.14
AlK	01.99	03.29
SiK	05.26	08.35
ZrL	02.80	01.37
RuL	45.31	20.00
CaK	00.96	01.07
BaL	04.12	01.34
MnK	02.36	01.91
ZnK	02.82	01.92
PbL	13.22	02.85
Matrix	Correction	ZAF

(a) 750℃

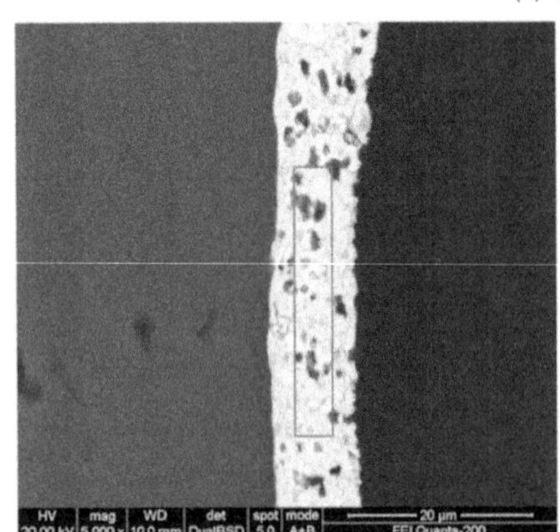

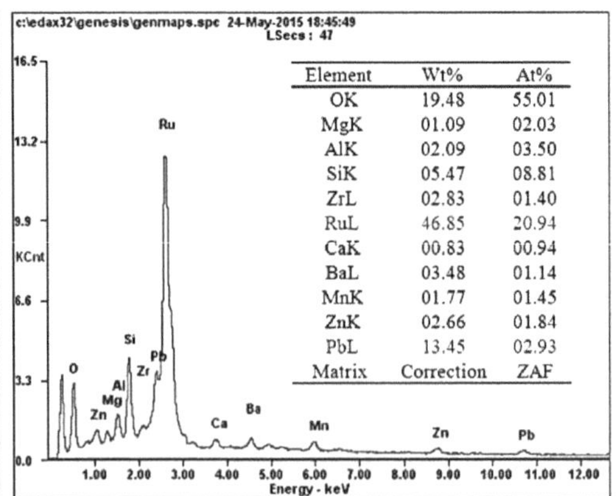

Element	Wt%	At%
OK	19.48	55.01
MgK	01.09	02.03
AlK	02.09	03.50
SiK	05.47	08.81
ZrL	02.83	01.40
RuL	46.85	20.94
CaK	00.83	00.94
BaL	03.48	01.14
MnK	01.77	01.45
ZnK	02.66	01.84
PbL	13.45	02.93
Matrix	Correction	ZAF

(b) 850℃

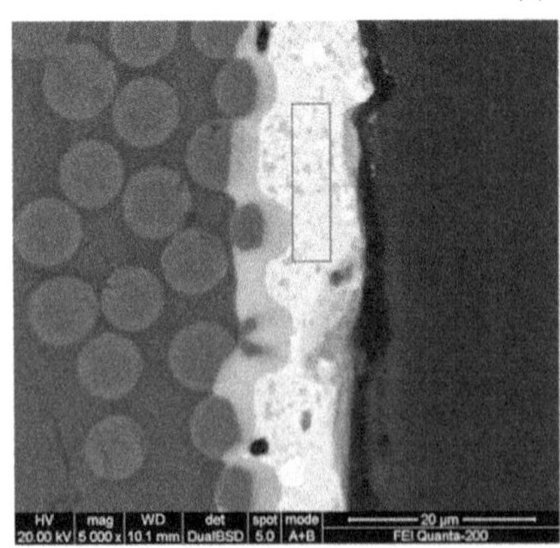

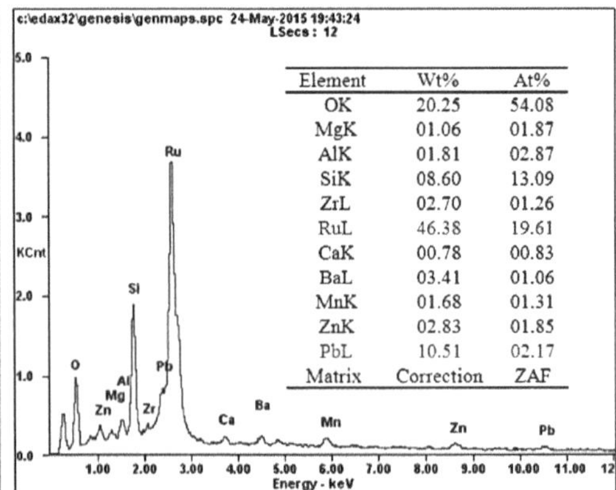

Element	Wt%	At%
OK	20.25	54.08
MgK	01.06	01.87
AlK	01.81	02.87
SiK	08.60	13.09
ZrL	02.70	01.26
RuL	46.38	19.61
CaK	00.78	00.83
BaL	03.41	01.06
MnK	01.68	01.31
ZnK	02.83	01.85
PbL	10.51	02.17
Matrix	Correction	ZAF

(c) 1 000℃

图 5.41　不同烧结温度制备的电阻涂层截面形貌及能谱图

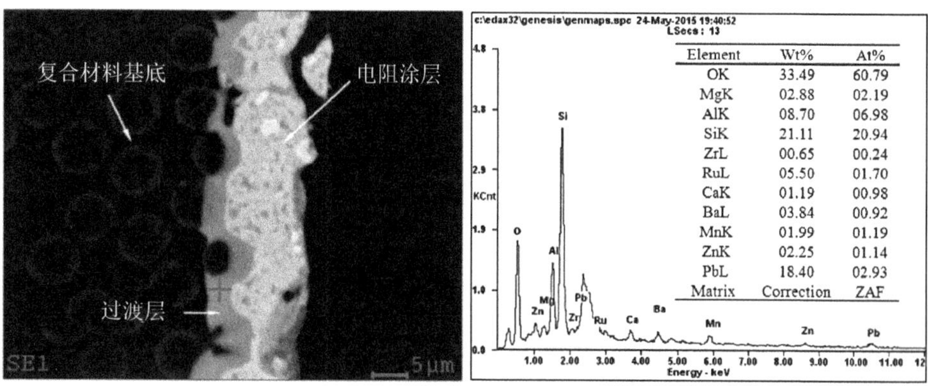

图 5.42　1 000℃烧结温度下电阻涂层过渡层能谱

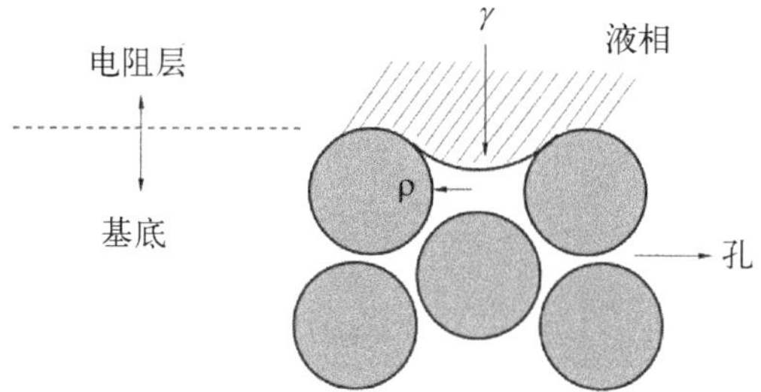

图 5.43　电阻涂层液相烧结熔渗模型

$$\eta(T) = \eta_0 \exp\left(\frac{E_\eta}{R \cdot T}\right) \tag{5.21}$$

式中，η_0 为经验常数；E_η 为粘性流体的激活能；R 为气体常数；T 为绝对温度。

从式(5.21)可以看出，随着温度 T 的增加，熔融玻璃相 $\eta(T)$ 降低。因此不难判断，电阻涂层的烧结温度越高，玻璃熔融产生的液相粘度就越小，表面张力也越小，液相越容易渗透到复合材料中形成过渡层，从而导致电阻涂层中导电相和玻璃相的分布发生变化，使得电阻涂层中导电相和玻璃相的比例增加。

为进一步证实电阻涂层在高温条件下存在的熔融现象，将在 850℃条件下烧结的电阻涂料磨成粉体，测试其差热-热重曲线，如图 5.44 所示。由图可见，电阻涂层粉体的差热(DSC)曲线在 1 000℃附近有一个较明显的吸热峰，这是由电阻涂层粉体受热后熔融产生的，证实了 1 000℃条件下高温电阻涂层中玻璃相的熔融现象。

烧结温度导致高温电阻涂层微观结构发生变化，势必会对其电性能产生影响。图 5.45 为不同烧结温度对电阻涂层方阻的影响(τ = 10 min)。可以看出，当烧结

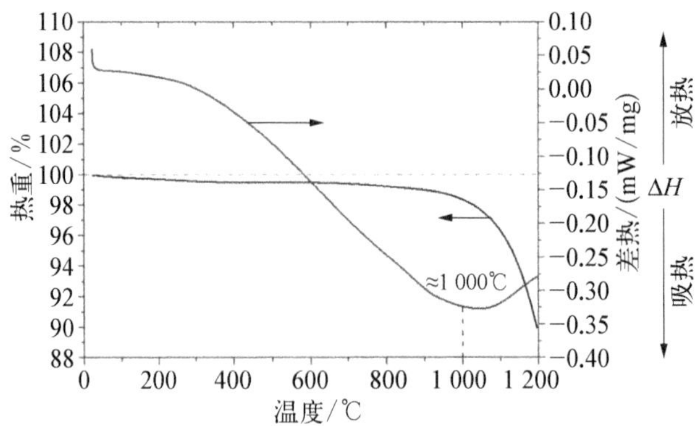

图 5.44　850℃烧结的电阻涂层粉体 DSC-TG 曲线

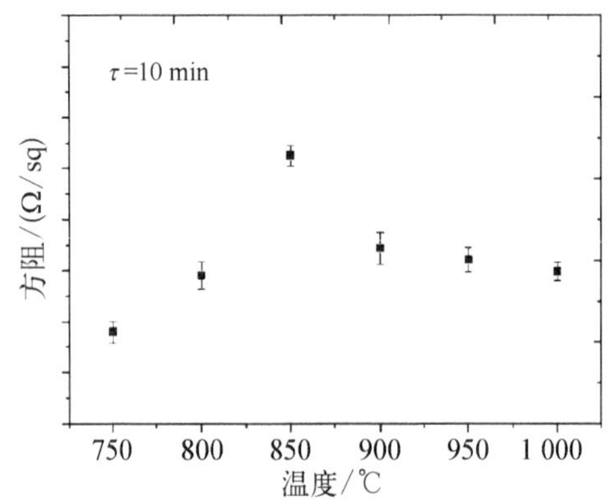

图 5.45　烧结温度对电阻涂层方阻的影响

温度从 750℃升高到 850℃，电阻涂层的方阻随烧结温度的升高而增加；当烧结温度从 850℃升高到 1 000℃，电阻涂层的方阻略有下降，其变化主要原因如下。

烧结温度从 750℃提高到 850℃时，由于温度的升高，玻璃相熔融产生的液相增多，并逐渐渗透到导电颗粒之间，在导电颗粒之间形成玻璃层，玻璃层阻碍了电子在导电颗粒之间的自由传输，使电阻涂层的势垒电阻 R 增大；同时，由于电阻涂层的结构变致密，涂层的厚度 h 也略有减小。根据电阻涂层的方阻表达式 $R_s = R/h$，以上两个因素共同作用使电阻涂层的方阻增加。

烧结温度从 850℃增加到 1 000℃时，一方面，玻璃液相润湿导电颗粒更加充分，液相表面张力拉紧导电颗粒，使之相互靠拢，涂层中导电颗粒间的距离减小，势垒电阻下降，电阻涂层的电阻减小；另一方面，由于熔渗作用，电阻涂层中导电相体积分数增加，涂层的电阻率也随之下降，电阻涂层的电阻减小。在上述两个方面的共同作用下,尽管电阻涂层的厚度也有可能略微减小,但是从电阻涂层方阻变化的实测数据上看,电阻涂层的电阻下降占主导,从而使得涂层的方阻宏观上表现为下降趋势。

2) 保温时间

除了烧结温度外,保温时间对高温电阻涂层电性能也有显著影响,图 5.46 列出了不同保温时间电阻涂层方阻变化规律(烧结温度 1 000℃)。可以发现,随着保温时间的延长,电阻涂层的方阻增加。根据 5.4.2 节中的分析,当延长保温时间,导电颗粒将从浓度高的区域(玻璃相交界处)往浓度低的区域(玻璃相内部)扩散和迁移。从式(5.13)和式(5.14)可以看出,导电颗粒在熔融玻璃相中的扩散迁移系数 D 主要由烧结温度 T 决定,因此,当烧结温度 T 一定时,D 保持恒定;而导电颗粒在熔融玻璃相中的扩散迁移距离 L 与保温时间 τ 成正比关系。因而,保温时间 τ 增长,导电颗粒往玻璃相内部迁移的距离 L 增加,导致导电颗粒之间的间距增大,电阻涂层势垒电阻随之增加,宏观表现为电阻涂层方阻增加。

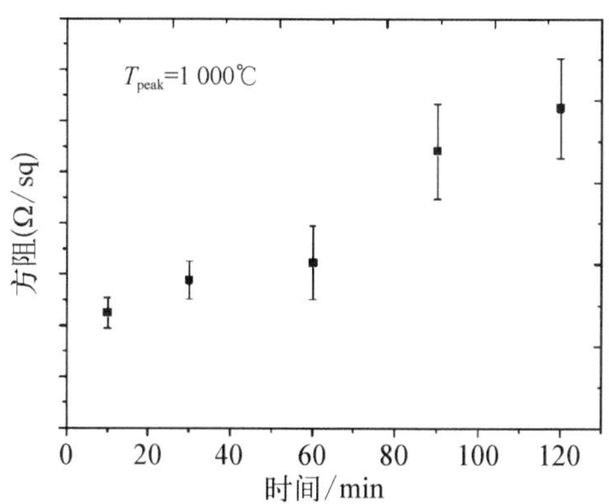

图 5.46　保温时间对电阻涂层方阻的影响(烧结温度 1 000℃)

3. 高温电阻涂层电性能温度特性分析

由于高温电阻型超材料吸波结构材料服役环境为高温,因此研究高温电阻涂层电性能随温度的变化规律以及机制非常必要,这一研究工作可以为高温电阻型超材料吸波结构材料的高温吸波性能设计提供电性能参数,同时对分析高温吸波结构材料吸波性能随温度的变化机制及其控制方法也具有重要意义。

对于高温电阻涂层,其电性能的温度特性主要由两部分决定:一是涂层的组成与微观结构,二是涂层与基板的热失配产生的应力。对于第一个因素,高温电阻涂料的组成与涂层的工艺固定后,调控的空间不大。因此,本部分内容重点讨论同一涂层体系对应不同基板的电性能随温度的变化规律及机制。

为研究方便，将不同温度下电阻涂层的方阻进行归一化处理：

$$R_{Normalized} = \frac{R(T) - R_\theta}{R_\theta} \tag{5.22}$$

式中，$R(T)$ 为电阻涂层在温度 T 时测量的阻值；R_θ 为电阻涂层在参考温度 θ 时测量的阻值。以下讨论均选定室温为参考温度。

系统研究两种典型基板上高温电阻涂层的电性能温度特性，一种为热膨胀系数较高的氧化铝单体陶瓷基板；另一种是热膨胀系数较低的 Oxide/Oxide 复合材料基板。两种基板上制备的高温电阻涂层的归一化电阻随温度的变化规律如图 5.47 所示，其中高温电阻涂层的烧结温度为 1 000℃，保温时间为 10 min。

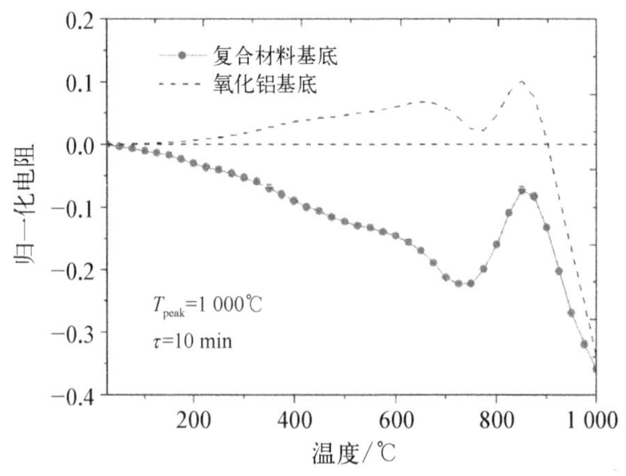

图 5.47　复合材料和氧化铝基板上烧结的电阻涂层电阻温度特性曲线

由图 5.47 可见，当电阻涂层烧结在复合材料上时，随着温度的增加，电阻涂层的方阻整体呈下降趋势，尽管在 800～900℃，电阻温度曲线出现一个“凸起”的峰，但总体而言，电阻涂层呈现负的电阻温度特性。图中虚线为单体氧化铝陶瓷基板上烧结的电阻涂层电阻温度特性曲线，可以看出，以氧化铝为基板时，电阻涂层表现为正的电阻温度特性。

为对电阻涂层的电阻温度特性进行分析，首先对电阻涂层的高温物相进行测试，分析其物相组成是否随温度发生变化。图 5.48 为不同温度下电阻涂层的 XRD 谱图。由图可见，随着温度的增加，电阻涂层中的物相未发生变化，主要物相为 RuO_2、$ZrSiO_4$以及玻璃相。由于不同基板上采用的高温电阻涂料相同，而两种基板上制备的高温电阻涂层的电性能呈现出相反的温度特性，主要是由电阻涂

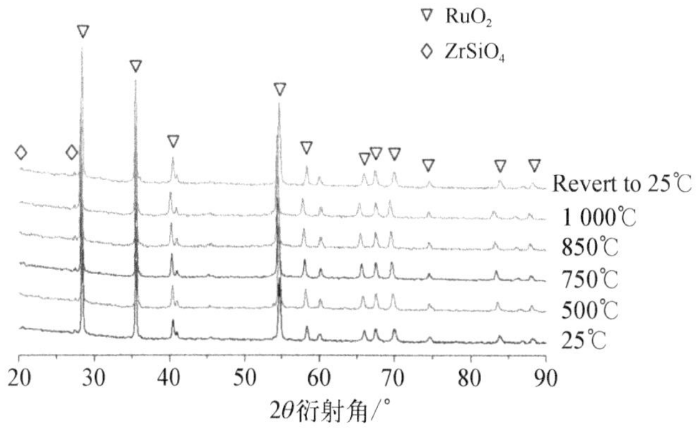

图 5.48　不同温度下电阻涂层的 XRD 谱图

层与基板之间的热失配产生的应力所造成,后续内容重点针对这一问题进行讨论。

考虑到温度是唯一的变量,电阻涂层将受到由电阻涂层和基板之间热膨胀系数不匹配产生的应力,而要获得高温电阻涂层的应力状态,测量出电阻涂层和基板的热膨胀系数(α_C 和 α_S)是最直接有效的方法。但是电阻涂层较薄且很难从基板上剥离,无法直接测量其热膨胀系数,因此采用数字图像相关法(DIC 法)实时采集介质基底和电阻涂层在升温膨胀过程中的位移信息,随后根据采集到的位移信息计算出介质基底和电阻涂层上对应相等的两段微区 $\triangle L/L_0$ 随温度的变化,最后根据两层结构体系剪滞模型,利用有限元法分析电阻涂层所受的应力状态[48]。

图 5.49 为 DIC 法测量样品表面位移时所选取的计算区域以及对应的虚拟网格。随后,根据 DIC 法采集的位移信息,计算电阻涂层和不同基板对应等距微

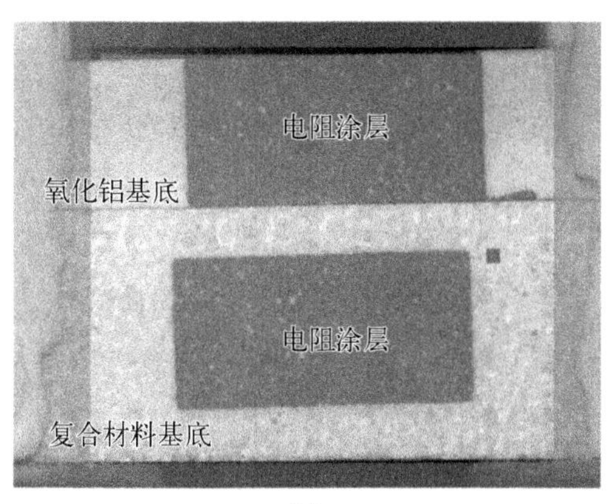

(a)

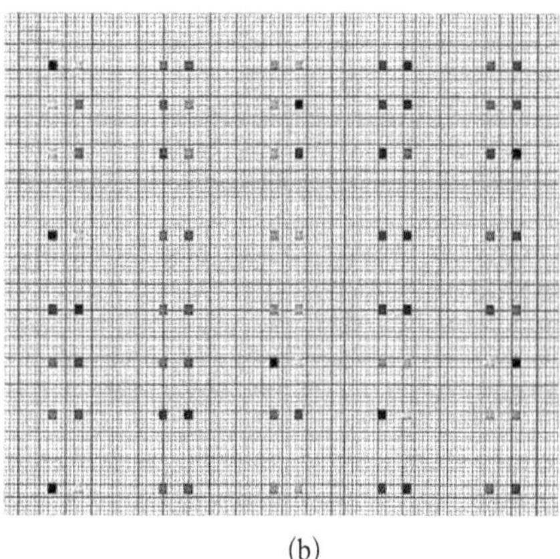

(b)

图 5.49　DIC 计算区域(a)及虚拟网格(b)

区 $\Delta L/L_0$ 随温度的变化($L_0=4.2$ mm)，如图 5.50 所示。由图可见，以复合材料为基板时，电阻涂层的膨胀量大于复合材料的膨胀量；而以氧化铝为基板时，电阻涂层的膨胀量小于氧化铝的膨胀量。由此可以判断，电阻涂层的热膨胀系数大于复合材料的热膨胀系数，而小于氧化铝的热膨胀系数。随后，根据图 5.50 的测试结果，采用有限元法计算电阻涂层在受热过程中所受的应力状态。

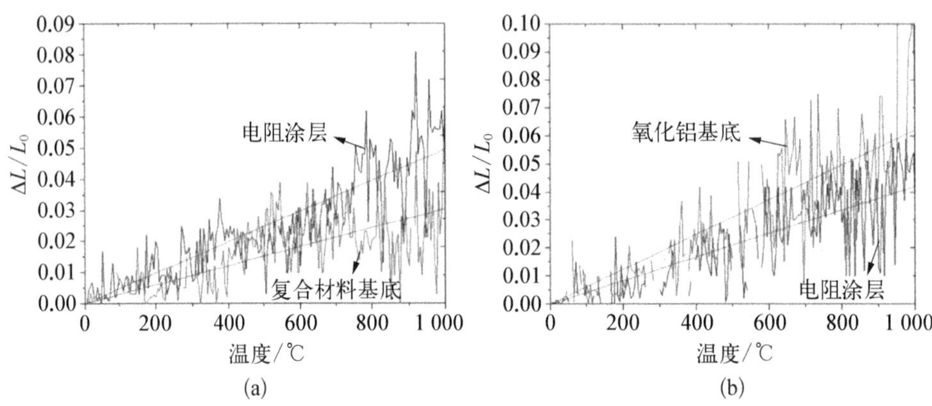

图 5.50　不同基板上电阻涂层和基板 $\Delta L/L_0$ 随温度变化关系

通过计算发现(图 5.51)，以复合材料为基板时，由于复合材料的热膨胀系数小于电阻涂层的热膨胀系数，因而涂层经烧结过程冷却到室温时，电阻涂层所受的应力状态为残余拉应力。当对烧结后的电阻涂层进行电阻温度特性测试时，随着温度的增加，电阻涂层中的残余拉应力将被逐渐释放；同理，当电阻涂层烧结在氧化铝基板上时，由于氧化铝的热膨胀系数大于电阻涂层的热膨胀系数，因而电阻涂层烧结完成冷却至室温时，涂层所受应力状态为残余压应力，而该压应力在高温电阻测试过程中，随着温度的升高也逐渐被释放。为印证计算结果的正确性，分别采用定性和定量两种方法测定电阻涂层烧结在不同基板上的残余应力情况。

首先，采用 X 射线衍射仪精扫电阻涂层中 RuO_2 相的特征峰，并且与未烧结涂层中 RuO_2 的特征峰进行对比，根据特征峰位的偏移情况，定性判断涂层所受的应力状态，分析过程中选定 RuO_2 相(211)晶面 $2\theta=54.39$ 的特征峰为研究对象。图 5.52 为电阻涂层分别烧结在复合材料和氧化铝基板上的特征峰位情况。可以看出，当电阻涂层烧结在复合材料基板上时，涂层中 RuO_2 相(211)晶面的特征峰向高角度偏移，可以判断，电阻涂层受到的应力为拉应力；当电阻涂层烧结在氧化铝基板上时，涂层中 RuO_2 相(211)晶面的特征峰略向低角度偏移，此时电阻涂层受到的应力为压应力[49]。

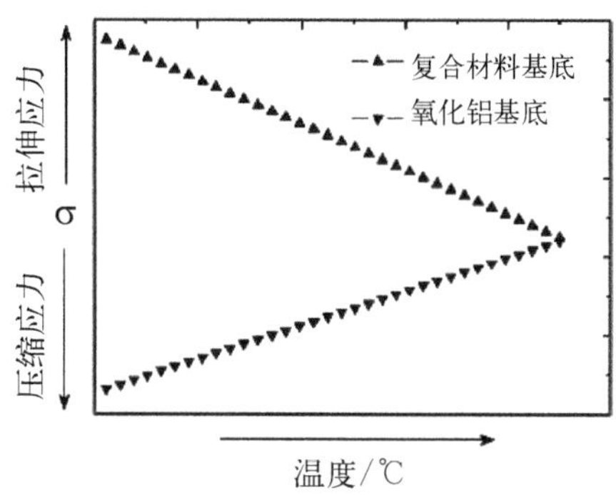

图 5.51　有限元法计算的电阻涂层应力状态

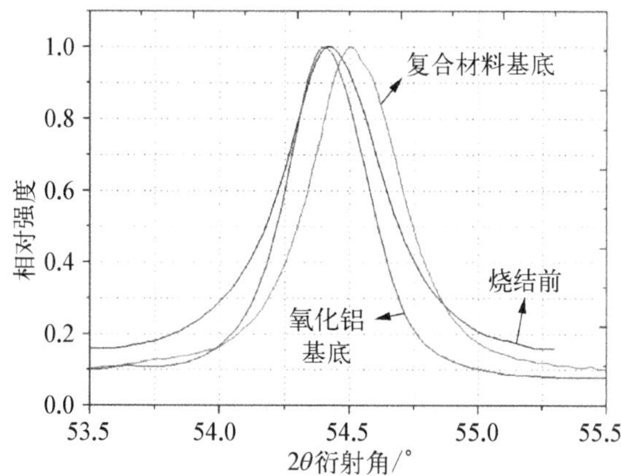

图 5.52　电阻涂层烧结在不同基板上 RuO_2 相(211)晶面的特征峰

进一步采用 X 射线应力分析仪定量测量电阻涂层烧结在不同基板上的残余应力。以复合材料为基板,残余应力为 192±51.7 MPa(拉应力);以氧化铝为基板,残余应力为-64.3±34.6 MPa(压应力)。残余应力测试结果和有限元分析结果一致。

5.4.2 节中分析了电阻涂层的电阻主要由导电颗粒间的势垒电阻和导电颗粒本身电阻两部分组成,因而,在分析温度对电阻涂层电性能的影响时,可转化为温度对导电颗粒间势垒电阻以及导电颗粒本身电阻的影响。下面具体分析不同基板上电阻涂层的电阻温度特性。

以氧化铝为基板时,电阻涂层烧结完成冷却到室温受到压应力,在压应力作用下,涂层中导电颗粒间的距离达到最小,相应的势垒电阻也最小。在随后的升温过程中,电阻涂层中的压应力逐渐被释放,导电颗粒间的距离增大,势垒电阻也随之增加。同时,二氧化钌导电颗粒本身的电阻也随着温度的增加而增大

(RuO_2的 TCR 约为 8 000 ppm/℃)[50]。因此,宏观表现为电阻涂层电阻增加,呈现出正的电阻温度特性。

同理分析,以复合材料为基板,电阻涂层烧结完成冷却到室温受到拉应力,在拉应力的作用下,涂层中导电颗粒间的距离达到最大,相应的势垒电阻也就最大。在随后的升温过程中,一方面,随着温度的增加,电阻涂层中的拉应力逐渐被释放,导电颗粒间的距离缩小,势垒电阻随之减小;另一方面,导电颗粒本身的电阻随着温度的增加而增大,相比而言,前者对电阻的影响相对较大[前者为指数关系,后者为线性关系,如式(5.17)所示],因此,宏观表现为电阻涂层的电阻减小,呈现出负的电阻温度特性。

通过以上分析可以发现,高温电阻涂层与基板的热失配现象对其电性能具有显著影响,而这种影响主要可以归结为残余应力导致的导电颗粒间距离的变化。此外,想获取电阻温度系数较小的高温电阻涂层,应该选择热膨胀系数较为接近的高温电阻涂层和基板材料。

4. 高温电阻涂层的热稳定性

对于需要在高温环境下重复使用的高温吸波结构材料,热稳定性也是高温电阻涂层的关键性能参数之一,其优劣直接决定着高温吸波结构材料吸波性能的稳定性,因此对高温电阻涂层的热稳定性进行研究。

分别在 600℃、700℃条件下,对高温电阻涂层电性能的热稳定性进行测试,测试条件为在相应温度保温 1 h,然后直接取出降至室温,完成一个热震循环,共进行 50 次热震循环,高温电阻涂层阻值随热循环次数变化规律见图 5.53。由图可见,高温电阻涂层的阻值随热循环次数的增加总体呈上升趋势,700℃相对

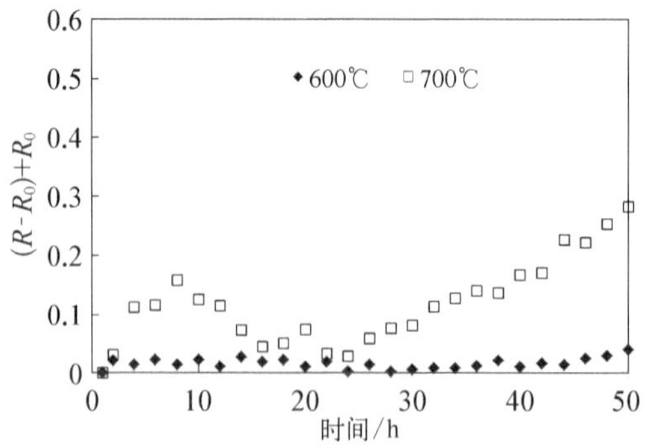

图 5.53　高温电阻涂层阻值随热循环次数变化情况

600℃热考核条件下阻值变化更为明显。但总体而言,制备的高温电阻涂层具有较好的稳定性,经过 50 h 的热震循环考核后,600℃考核条件下阻值变化低于 5%,700℃考核条件下阻值变化低于 30%。

5.4.4 基于单层高温电阻型超材料的吸波材料

前面相关内容解决了高温电阻涂层的制备问题,结合陶瓷基复合材料基板制备工艺和第 4 章介绍的超材料吸波材料设计方法,即可制备出高温电阻型超材料吸波结构材料。本节结合本课题组的研究成果,重点对几种简单结构的单层电阻型超材料高温吸波结构材料进行介绍。

1. 基于高阻抗表面的高温吸波结构材料

本书 4.1 节中对高阻抗表面的概念进行了介绍,为了表述的方便,此处继续沿用这一概念。高阻抗表面可以理解为是容性电阻型超材料位于材料表面的吸波材料结构形式,其结构如图 5.54 所示。下面分别针对不同频段的基于高阻抗表面的高温吸波结构材料进行阐述。

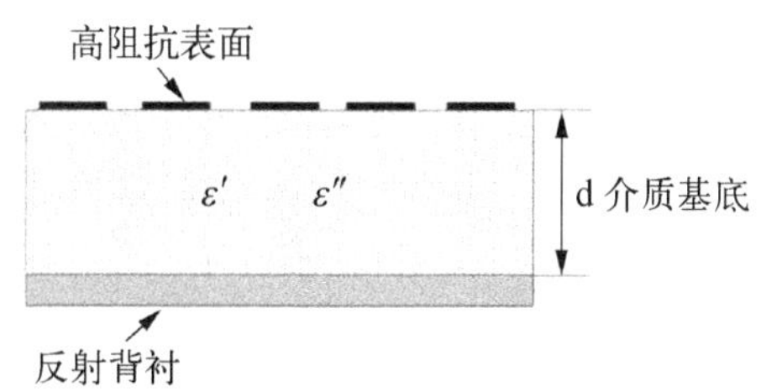

图 5.54　基于高阻抗表面的高温吸波结构材料示意图

1) X、Ku 波段高温吸波结构材料

针对 X、Ku 频段,设计并制备了一种基于高阻抗表面的高温吸波结构材料。材料分为三层结构,其中介质基板采用低介电常数的 SiC/SiC 复合材料。为提高 SiC/SiC 复合材料高温性能的稳定性,在复合材料表面制备了堇青石(掺杂少量氧化铬)抗氧化涂层,同时堇青石涂层也为高阻抗表面提供烧结基底,使之具有较好的附着力。高阻抗表面采用 5.4.3 节中介绍的高温电阻涂料,按照设计的周期结构单元经过印制、干燥、烧结工艺制备而成,具体制备工艺如下。

① 选取电阻率大于 10^5 Ω · cm 的连续碳化硅纤维,采用正交三向方式编织成纤维预制件。之所以选用正交三向的编织方式,是保证编织件经纬向纤维体积分数相同,从而使制备的复合材料基材具有电磁极化一致性;同时正交三向的

编织方式具有较好的整体性，制备的复合材料具有较好的层间性能。

② 将 PCS 和二甲苯按 1∶1 的质量配比配制成先驱体溶液，然后将碳化硅纤维编织件置于先驱体溶液中真空浸渍 4 h，空气中晾置 24 h 后，在 800～900℃的高纯 N_2气氛中裂解 1 h，然后反复进行致密化处理，直至复合材料的增重率小于 1%，完成复合材料基材的制备，并将所得复合材料机械加工至所需尺寸。

③ 按照堇青石玻璃粉体 75%（掺杂少量氧化铬）、有机载体 25%（柠檬酸三丁酯 80%、硝酸纤维素 5%、卵磷脂 15%）的配比经三辊混炼机轧制成玻璃涂料，将其刷涂于复合材料表面，150℃干燥 2 h，再在 N_2气氛中以 10℃/min 的速度升温至 900℃烧结 60 min，经打磨和抛光处理，在复合材料表面制备出堇青石抗氧化涂层，涂层厚度控制在 0.05～0.1 mm。

④ 按照 5.4.3 中介绍的方法制备高温电阻涂料，为获得所需高温超材料的阻值，玻璃粉和 RuO_2粉质量比为 48.5∶51.5。

⑤ 采用丝网印刷工艺，将所得的高温电阻涂料按照图 5.55 所示的周期图案（黑色为电阻涂层部分，标注单位为 mm）印制在堇青石涂层表面，干燥后 1 000℃恒温烧结 30 min，在堇青石表面制备出高阻抗表面，即得到高温吸波结构材料，样品照片如图 5.56 所示。

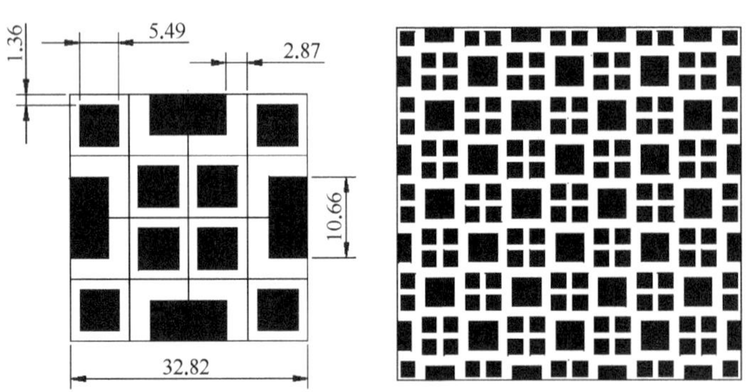

图 5.55　8～18 GHz 频段高温吸波结构材料高阻抗表面示意图

制备的高温吸波结构材料在室温和 1 000℃条件下反射率曲线如图 5.57 所示，8～18 GHz 频段范围内反射率均可低于−8 dB，具有较好的常温与高温吸波性能。此外，制备的材料厚度为 2.5 mm，相对本章前面介绍的其他类型吸波材料具备明显优势。

2）C 波段高温吸波结构材料

针对 4～8 GHz 频段，设计并制备一种基于高阻抗表面的高温吸波结构材

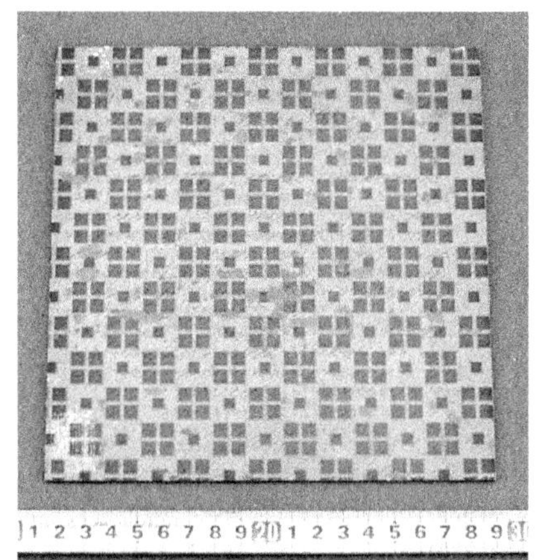

图 5.56　8~18 GHz 频段高温吸波结构材料样品照片

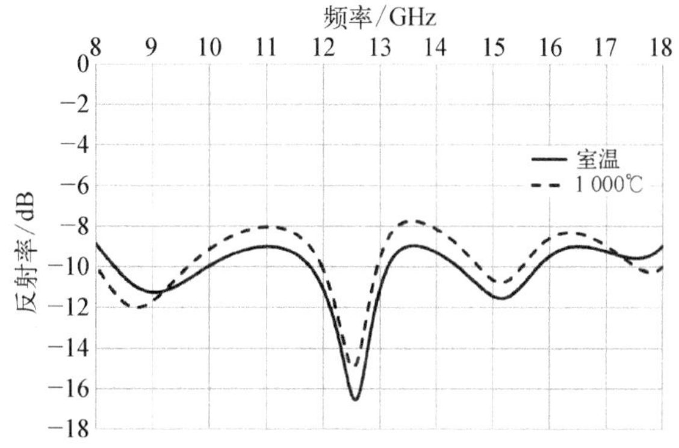

图 5.57　8~18 GHz 频段高温吸波结构材料反射率曲线

料。与上面介绍的 8~18 GHz 频段吸波材料采用了不同的材料结构，材料由两层构成，包括介质基底和高阻抗表面。介质基底采用莫来石纤维增强莫来石复合材料，由于其本身具有较好的抗氧化性能，并且可以与高温电阻涂层实现烧结，因此无需在复合材料表面制备抗氧化涂层，简化了材料结构。高阻抗表面采用了与 1) 中 X、Ku 波段高温吸波结构材料相同的工艺，导电相采用氧化钌，粘结相采用玻璃，高温吸波结构材料具体制备工艺如下。

① 选取莫来石纤维布为增强体，采用 Z 向缝合的方式制备成纤维编织件，缝合密度为 9 针/cm^2。

② 以莫来石溶胶为先驱体，采用溶胶-凝胶工艺制备复合材料。将莫来石纤维编织件置于莫来石溶胶中真空浸渍 4 h，干燥后在 800℃空气中烧结 1 h，然后进行反复致密化处理，直至复合材料的增重率小于 1%，完成复合材料的制备，

然后将所得复合材料加工至所需尺寸。

③ 按照 5.4.3 节中介绍的方法制备高温电阻涂料,为获取所需的高阻抗表面的阻值,玻璃粉和 RuO_2粉的质量比为 45∶55。

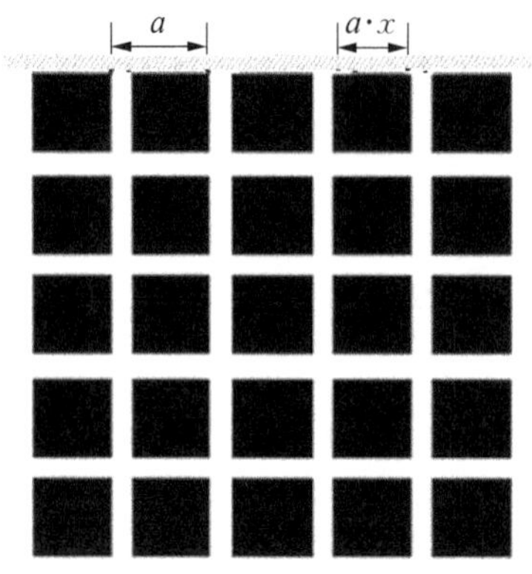

图 5.58　C 波段高温吸波结构材料高阻抗表面示意图

④ 采用丝网印刷工艺,将所得的高温电阻涂料按照图 5.58 所示的周期图案(a 为 13.32 mm,x 为 0.63,黑色为电阻涂层部分)印制在复合材料表面,干燥后 1 000℃ 恒温烧结 10 min,制备出高阻抗表面,即得到 C 波段高温吸波结构材料。

制备的 C 波段基于高阻抗表面的高温吸波结构材料照片如图 5.59 所示,室温和 1 000℃ 条件下反射率曲线如图 5.60 所示。在 4~8 GHz 频段范围内反射率均可低于−5 dB,具有较好的常温与高温吸波性能。此外,制备的材料厚度为 3 mm,可见基于高阻抗表面的高温吸波结构材料可以在材料厚度较小的情况下实现低频吸波功能。

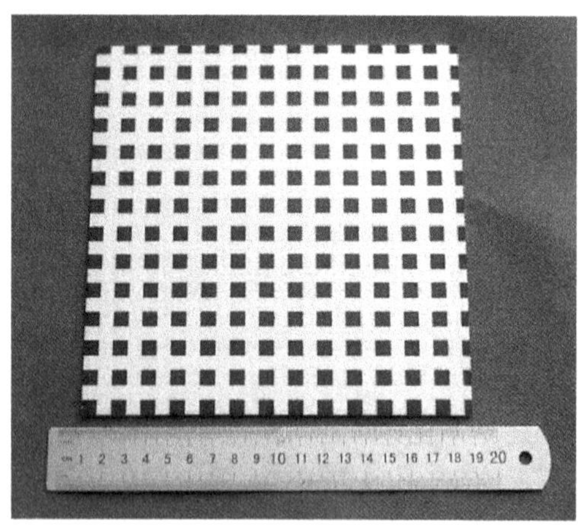

图 5.59　C 波段高温吸波结构材料样品照片

通过图 5.60 可以发现,制备的高温吸波结构材料室温和高温反射率发生了一定变化,下面简要对其变化的主要原因进行分析。造成基于高阻抗表面的高温吸波结构材料反射率随温度变化的原因包括:复合材料基材和高阻抗表面的热膨胀因素导致的尺寸变化、基材介电常数随温度发生的变化以及高阻抗表面方阻随温度的变化。在 5.3.2 节中分析可知，由于热膨胀导致的材料尺度变化较小，不会使吸波材料的吸波性能产生明显变化，下面考察复合材料基材介电常数随温度的变化情况，以分析其对高温吸波结构材料吸波性能影响。

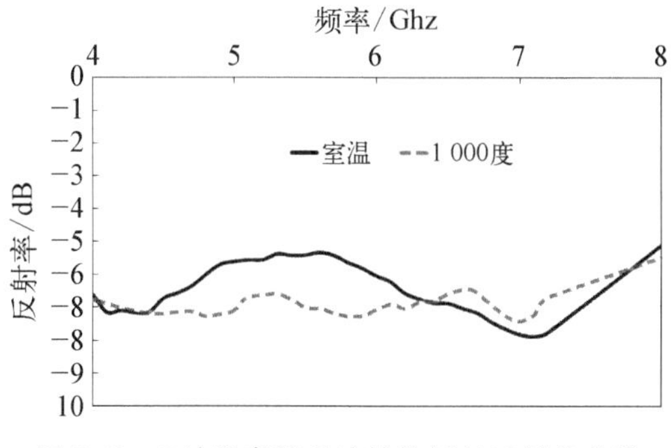

图 5.60　C 波段高温吸波结构材料反射率曲线

采用高温谐振腔对莫来石纤维增强莫来石复合材料的高温介电常数进行测试。对损耗较低的材料而言，其介电常数在微波频段一般无明显的频散特性。考虑样品制备的方便，重点考察了 7 ~ 18 GHz 频段范围内介电常数随温度的变化情况，测试结果见图 5.61。图 5.61a 可见，复合材料的介电常数实部无明显的频散效应，因此重点考察 10.6 GHz 频点介电常数实部随温度的变化情况。由图 5.61b 可以发现，随着温度的升高，介电常数实部随之增加，由室温时的 3.88 增加到 1 000℃ 时的 4.35。同时，从图 5.61a 中还可以看出，复合材料经高温考核后，介电常数实部较考核前基本未发生变化，这主要归结于复合材料优异的高温稳定性。

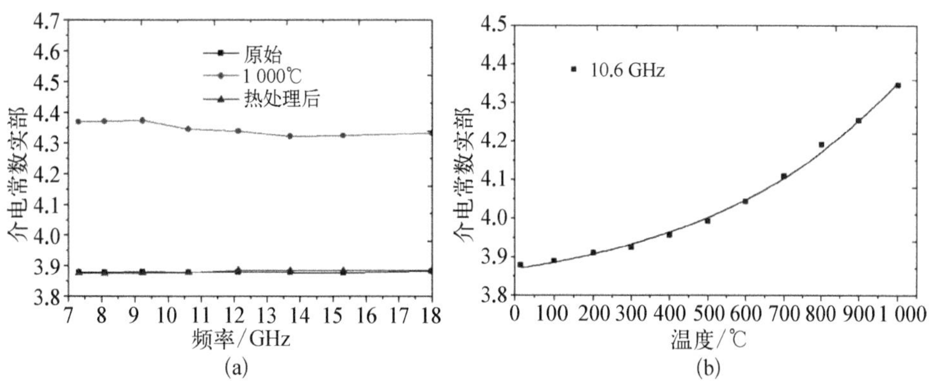

图 5.61　复合材料介电常数实部随频率以及温度变化关系曲线

类似地，考察复合材料介电常数虚部随温度的变化情况，如图 5.62 所示。由图可见，复合材料的介电常数虚部也无明显的频散效应，随着温度的升高，ε''也呈上升趋势，由室温时的 0.105 增加到 1 000℃时的 0.485；同时，高温考核后，复合材料的 ε'' 较考核前也基本保持不变。

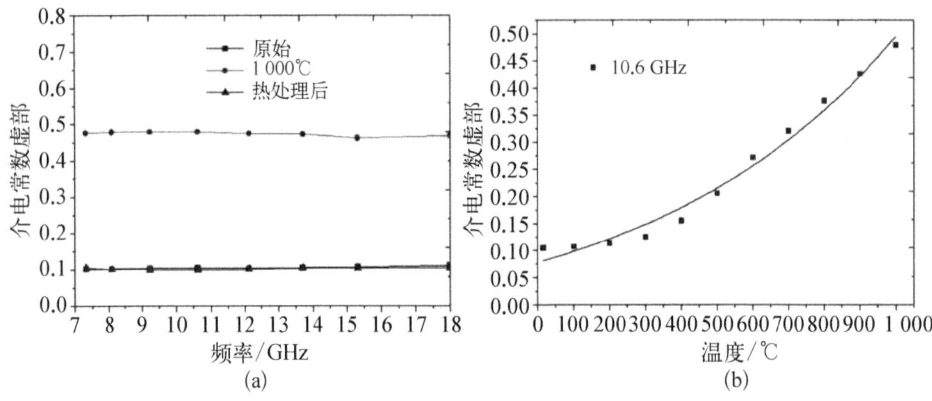

图 5.62　复合材料介电常数虚部随频率以及温度变化关系曲线

莫来石纤维增强莫来石复合材料的介电常数随温度的变化机制与 5.3.2 节中低介电常数的 SiC/SiC 复合材料类似，也可以采用 Debye 模型进行解释，此处不再赘述。

通过以上分析发现，介质层介电常数随温度的变化并不显著，通过反射率计算发现，其对吸波性能影响不大，不是导致基于高阻抗表面的高温吸波结构材料吸波性能随温度变化的主要原因。

排除以上两个因素后，下面重点考察高阻抗表面单元方阻随温度的变化对高温吸波结构材料吸波性能的影响情况。5.4.3 节中对高温电阻涂层的 TCR 特性开展了研究，通过图 5.47 可以发现，高温电阻涂层的高温方阻相对室温会发生 30%～40%的变化。通过反射率计算发现，高阻抗表面单元方阻随温度的变化是导致高温吸波结构材料反射率随温度变化的主要原因。

因此，超材料单元方阻随温度的变化是在设计与制备高温电阻型超材料吸波结构材料时需要重点考虑的问题。在设计过程中，需要充分考虑方阻的变化范围并尽量采用高电性能鲁棒性的吸波材料设计方案。同时在材料制备过程中，要选用合理的室温方阻值，使其在工作温度下达到设计值，使材料在服役温度的吸波性能达到最佳。

3）S、C 波段高温吸波结构材料

针对 S、C 波段，设计并制备了一种基于高阻抗表面的高温吸波结构材料。材料结构与制备工艺与前面介绍的 8～18 GHz 频段吸波材料基本相同，仅表面采用的高阻抗表面的结构形式有一定差异（图 5.63）。制备的高温吸波结构材料的反射率曲线如图 5.64 所示，由图可见，反射率曲线在室温和 1 000℃条件下 2.6～6.4 GHz 频段范围内基本低于−6 dB，具有较好的常温与高温吸波性能，材料厚度约为 6.0 mm，相对于传统的电损耗型吸波材料，在材料厚度以及吸波带宽方面均具有一定优势。

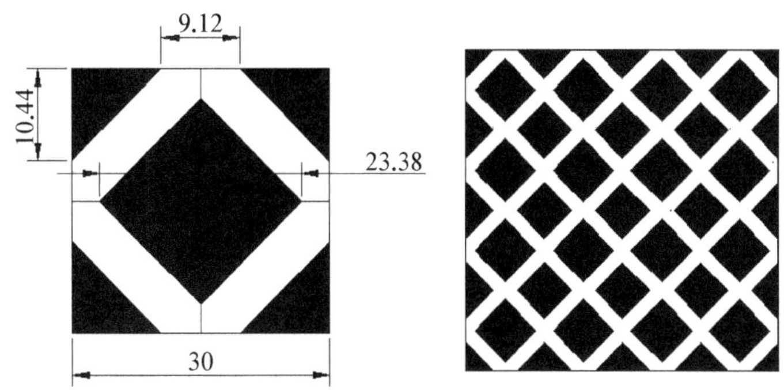

图 5.63　S、C 波段高温吸波结构材料超材料示意图

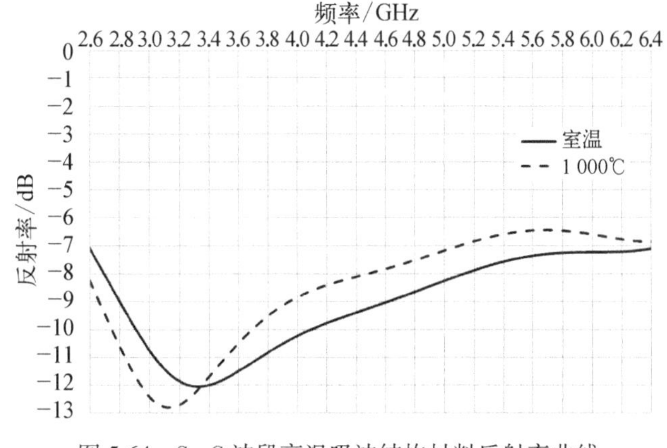

图 5.64　S、C 波段高温吸波结构材料反射率曲线

2. 夹层结构高温电阻型超材料吸波结构材料

如本书 4.3.5 节中所述，电阻型超材料位于吸波材料表面时，当介质层厚度增加时，共振频率向低频移动，尽管此时低频吸波性能得以改善，但高频吸波性

能恶化,并不能显著提升吸波带宽,而将电阻型超材料置于材料内部可以较好地解决这一问题。本节将电阻型超材料置于介质层内部制成夹层结构吸波材料,以期获得更好的宽频吸波性能。

制备夹层结构高温电阻型超材料吸波结构材料与前面介绍的基于高阻抗表面的高温吸波结构材料的显著不同在于,介质层需要进行两次成型,首先制备带有电阻型超材料的介质底层,然后采用陶瓷基复合材料的多层成型工艺制备面层使之成为一个整体。本节以 4 ~ 18 GHz 频段高温吸波结构材料为例,对其制备方法以及性能进行阐述。

夹层结构高温电阻型超材料吸波结构材料示意图见图 5.65。主要包括三层结构,从内到外依次为介质层Ⅰ、电阻型超材料和介质层Ⅱ。其中,介质层Ⅰ和Ⅱ均采用莫来石纤维增强莫来石复合材料,电阻型超材料采用结构最为简单的方形容性周期结构,a 为 12.24 mm, x 为 0.82。电阻型超材料的制备方法与前面介绍的基于高阻抗表面的吸波结构材料相同,导电相采用氧化钌,粘结相采用玻璃。材料的典型制备工艺如下。

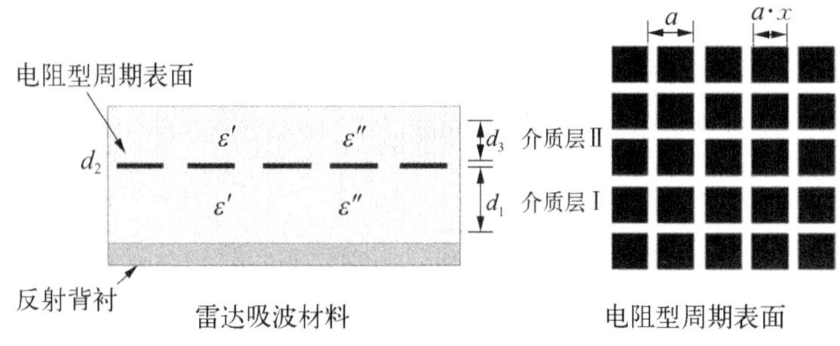

图 5.65　夹层结构高温电阻型超材料吸波结构材料示意图

① 首先制备介质层Ⅰ,选取莫来石纤维布为增强体,采用 Z 向缝合的方式制备成纤维编织件,缝合密度为 9 针/cm^2。然后以莫来石溶胶为先驱体,采用溶胶-凝胶工艺制备复合材料,将莫来石纤维编织件置于莫来石溶胶中真空浸渍 4 h,干燥后在 800℃的空气中烧结 1 h,然后反复进行上述过程,直至复合材料的增重率小于1%,完成复合材料基材的制备。最后将所得复合材料加工至所需尺寸,并在介质层Ⅰ上制备预置孔。

② 按照 5.4.3 节中介绍的方法制备高温电阻涂料,为获取所需高温超材料的阻值,玻璃粉和 RuO_2 粉质量比选取 50 : 50。采用丝网印刷工艺,将高温电阻涂料按照设计尺寸印制在介质层Ⅰ上,干燥后 1 000℃恒温烧结 10 min,完成电阻型超材料的制备。

③ 介质层Ⅱ复合材料的制备。将莫来石纤维布层铺在电阻型超材料表面，并采用莫来石纤维通过介质层Ⅰ的预置孔以缝合的方式将织物与介质层Ⅰ复合材料连接成一个整体，制得介质层Ⅱ的预成型体，随后采用与①相同的复合材料制备工艺完成介质层Ⅱ复合材料的制备，并按照设计尺寸进行加工，即获得夹层结构高温电阻型超材料吸波结构材料。

制备的高温吸波结构材料样品照片如图 5.66 所示，测试的反射率曲线如图 5.67 所示。可以发现，制备的高温吸波结构材料在 4～18 GHz 频段范围内反射率基本都低于−8 dB，而材料厚度为 6 mm，相对传统电损耗型吸波材料以及高阻抗表面高温吸波结构材料在厚度以及吸波带宽方面优势显著。

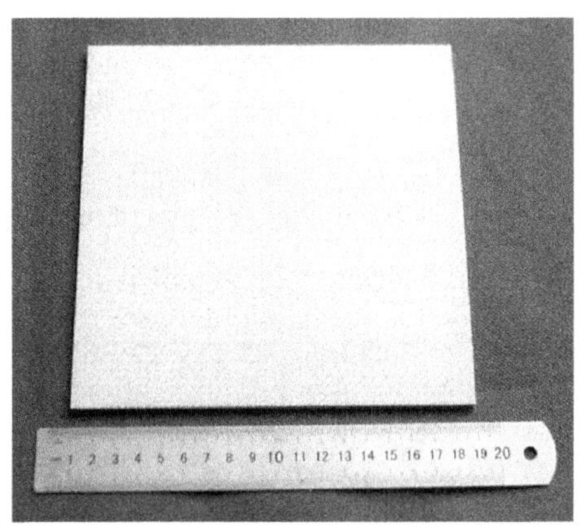

图 5.66　夹层结构高温电阻型超材料吸波结构材料样品照片

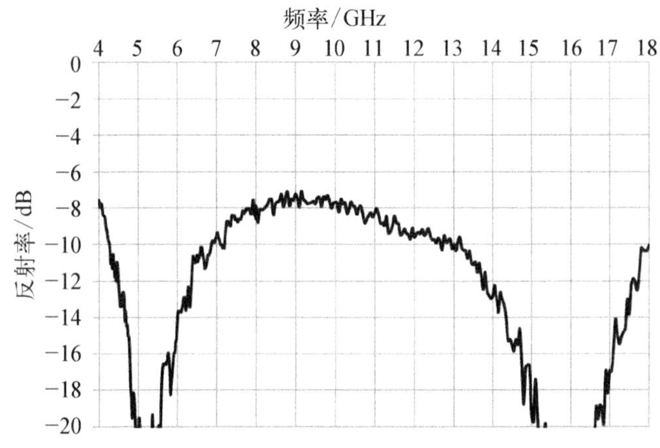

图 5.67　夹层结构高温电阻型超材料吸波结构材料反射率曲线

5.4.5 基于双层高温电阻型超材料的吸波材料

在本书 4.3.6 节中对基于双层电阻型超材料的吸波材料的吸波性能进行了分析,研究发现,采用双层电阻型超材料可以在单层超材料的基础上进一步拓展吸波带宽。本节重点针对两种宽频段的双层高温电阻型超材料吸波结构材料制备工艺以及吸波性能进行阐述。

1. 2~18 GHz 频段吸波材料

双层高温电阻型超材料吸波结构材料示意图见图 5.68。材料一共由五层构成,由内到外依次包括介质层 1、高温电阻型超材料 1、介质层 2、高温电阻型超材料 2、介质层 3。其中,介质层 1、2、3 均采用莫来石纤维增强莫来石复合材料,两层电阻型超材料均采用结构最为简单的方形容性周期结构,其中超材料 1 的周期单元为 20.3 mm,正方形贴片占周期单元的比例为 0.93;超材料 2 的周期单元为 20.3 mm,正方形贴片占周期单元的比例为 0.74,电阻型超材料的制备方法与 5.4.4 节中相同,导电相采用氧化钌,粘结相采用玻璃。

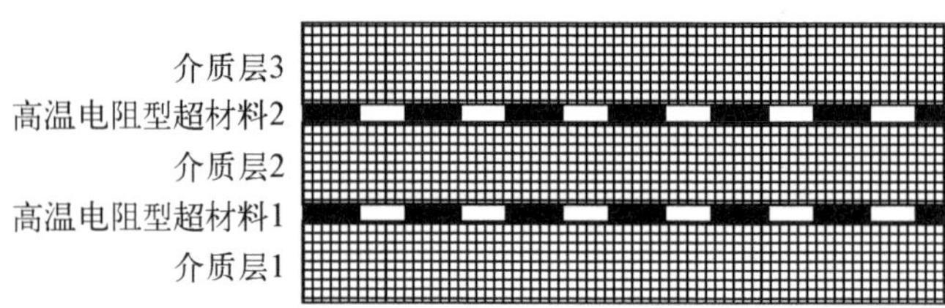

图 5.68 双层高温电阻型超材料吸波结构材料结构示意图

双层高温电阻型超材料吸波结构材料的典型制备工艺如下。

① 首先制备介质层 2,选取莫来石纤维布为增强体,采用 Z 向缝合的方式制备成纤维编织件,缝合密度为 9 针/cm^2。然后以莫来石溶胶为先驱体,采用溶胶-凝胶工艺制备复合材料,将莫来石纤维编织件置于莫来石溶胶中真空浸渍 4 h,干燥后在 800℃空气中烧结 1 h,然后进行反复致密化处理,直至复合材料的增重率小于 1%,完成复合材料基材的制备。最后将所得复合材料加工至所需尺寸,并在介质层 2 上制备预置孔(图 5.69)。

② 按照 5.4.3 节中的方法分别制备高温电阻型超材料 1 与 2 所需的高温电阻涂料。为获取所需的高温超材料的阻值,超材料 1 选用的玻璃粉和 RuO_2 粉质量比选取 48∶52,超材料 2 选用的玻璃粉和 RuO_2 粉质量比选取 50∶50,然后采

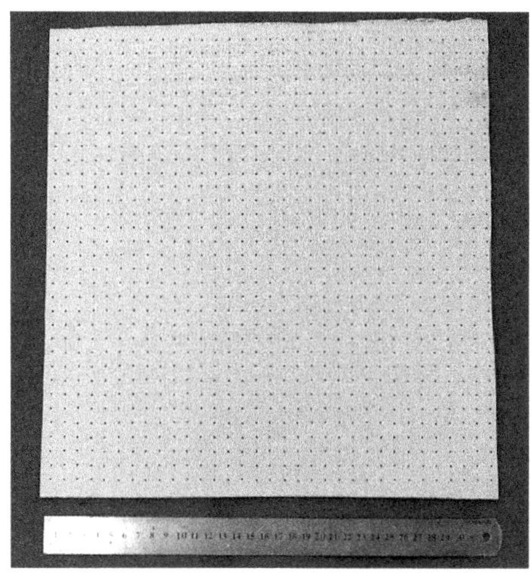

图 5.69　2～18 GHz 频段高温吸波结构材料介质层 2 样品照片

用丝网印刷工艺，分别制备高温超材料 1 和 2，1 000℃恒温烧结 10 min 后完成电阻型超材料的制备（图 5.70）。

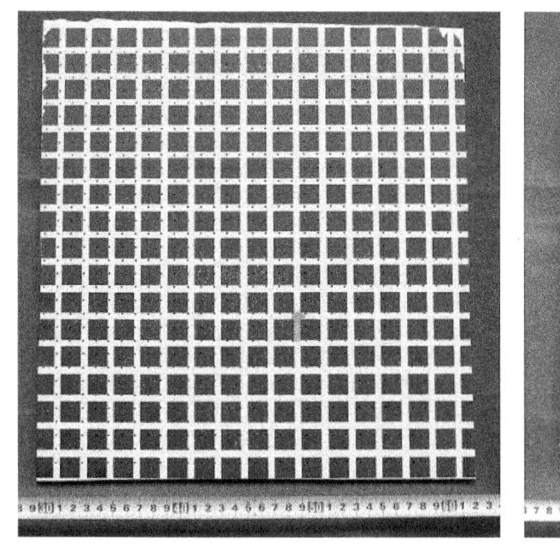

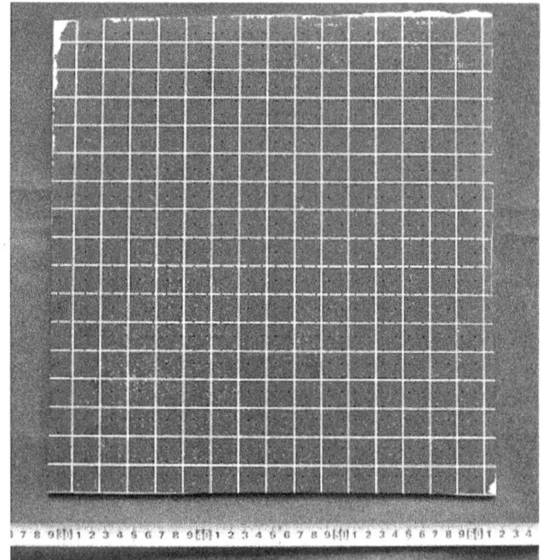

图 5.70　2～18 GHz 频段高温吸波结构材料超材料照片

③ 介质层 1、3 复合材料制备。在制备好电阻型高温超材料的介质层 2 上下表面按照设计厚度要求层铺好莫来石纤维布，然后利用介质层 2 的预置孔通过 Z 向纤维缝合方式将介质层 1 与 3 的莫来石纤维布与介质层 2 缝合连接成整体，采用与①中相同的复合材料制备工艺，直至复合材料的增重率小于 1%，完成

复合材料基材的制备。最后对复合材料进行加工,制备出双层高温电阻型超材料吸波结构材料。

制备的高温吸波结构材料的反射率曲线如图 5.71 所示。可以发现,高温吸波结构材料在 2.3~18 GHz 频段范围内反射率均低于-6 dB,相对传统电损耗型吸波材料以及基于单层超材料的高温吸波结构材料具有更好的宽频吸波性能。

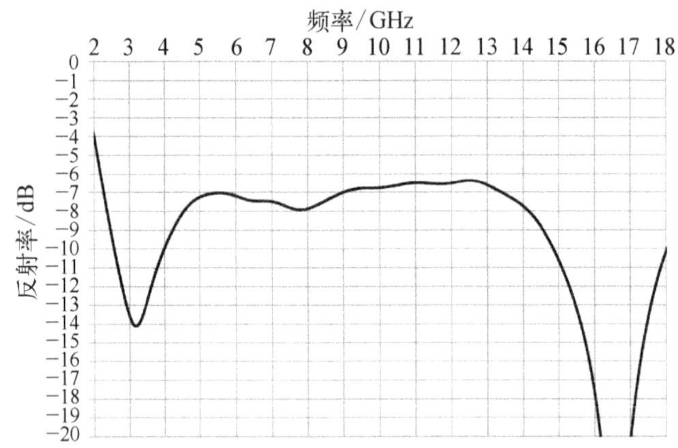

图 5.71　2~18 GHz 频段双层超材料高温吸波结构材料反射率曲线

2. 4~18 GHz 频段吸波材料

采用与 2~18 GHz 频段高温吸波结构材料相同的结构与材料体系,设计并制备 4~18 GHz 频段的高温吸波结构材料,其中超材料 1 的周期单元为 12.93 mm,正方形贴片占周期单元的比例为 0.92;超材料 2 的周期单元为 12.93 mm,正方形贴片占周期单元的比例为 0.65,电阻型超材料与前面相同,导电相采用氧化钌,粘结相采用玻璃。为获取所需的高温超材料阻值,超材料 1 和 2 选用的玻璃粉和 RuO_2粉的质量比均为 49 : 51,然后采用丝网印刷工艺,分别在带有预置孔的介质层 2 上制备高温超材料 1 和 2,1 000℃恒温烧结 10 min 后完成电阻型超材料的制备(图 5.72)。

制备的 4~18 GHz 频段的高温吸波结构材料的反射率曲线如图 5.73 所示,可以发现,高温吸波结构材料在 4~18 GHz 频段范围内反射率基本都低于-9 dB,材料厚度约为 6.5 mm,具有较好的宽频强吸波功能,相对单层高温超材料吸波结构材料吸波性能有进一步提升。

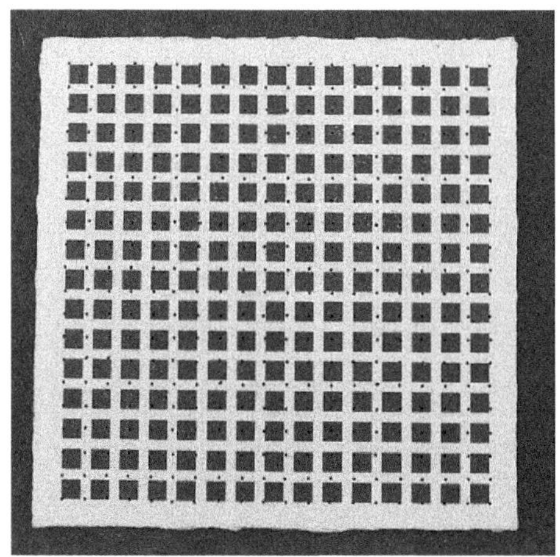

图 5.72　4~18 GHz 频段双层高温电阻型超材料照片

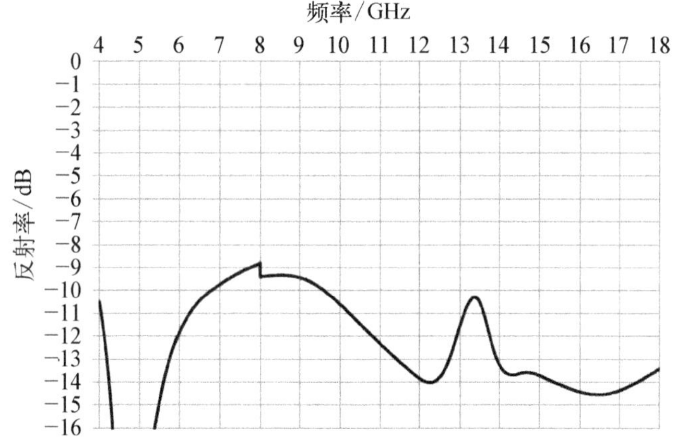

图 5.73　4~18 GHz 频段双层超材料高温吸波结构材料反射率曲线

5.5　高温导体型超材料吸波结构材料

本书 4.4 节中重点讨论了短切线导体型超材料吸波材料的吸波性能，通过采用无序化的方式，该类吸波材料可以具有宽频吸波功能。此外，此类吸波材料参数鲁棒性强，较易实现，不像传统吸波材料对介电常数、电阻型超材料吸波材料对超材料方阻那样有较高的精度要求，同时带来的好处是材料组分电性能随温度发生的变化对吸波材料的吸波性能影响较小，具有较好的吸波性能温度稳定性。另外，由于短切线超材料容易采用短切纤维的形式实现，易于制成高温吸波结构材料，因此本节重点针对短切线（短切纤维）超材料吸波材料的制备方法以及吸波性能进行讨论。需要说明的是，本节“导体型”的说法主要是为了与5.4节“电阻型”概念相区分，并不一定需要材料的电导率在导体范围内，特指具有较好导电性的材料。

本节将重点讨论两种类型的短切线超材料吸波材料，一种是多层均质结构，此时吸波材料各层的短切线参数相同，在电磁性能上表现为均质特性；另一种是多层梯度结构，类似于阻抗匹配结构，短切线参数在层间梯度分布，将重点讨论层间两种短切线配备参数的方案，旨在进一步拓展吸波带宽。

5.5.1 均质短切线超材料高温吸波结构材料

均质短切线超材料高温吸波结构材料的实现方式如下：以低介电常数的SiC/SiC复合材料为基材，充当材料的承载功能和短切线支撑，考虑高温抗氧化以及与基体的相容性问题，短切线采用长度与角度级配方式的高导电性碳化硅短切纤维来充当。

首先对选用的高电导率的碳化硅短切纤维进行说明。本书2.2.1节中对碳化硅纤维的电性能进行了详细讨论，目前高电导率的碳化硅纤维主要包括两种：一种是表面富有碳层的碳化硅纤维，但此类纤维在高温富氧条件下表面碳层易氧化，会造成纤维电导率急剧下降，对吸波材料的吸波性能会产生严重影响；另一种是表面无碳层、高游离碳含量的碳化硅纤维，此类纤维抗氧化性能好，经氧化后电性能相对稳定，因此本书中主要采用此类碳化硅纤维作为短切线开展相关研究工作。

基于碳化硅短切纤维超材料高温吸波结构材料制备工艺如下。

① 将电阻率高于 10^5 Ω · cm 的1.2 K连续碳化硅纤维编织成平纹布，经纬向的纤维编织密度均为5束/cm，每层布的厚度约为0.4 mm。

② 将电阻率为 $10^{-2} \sim 10^{-1}$ Ω · cm 的1.2 K碳化硅纤维制成短切纤维，短切纤维的长度采用级配方式。

③ 将碳化硅短切纤维采用角度无序的方式均匀的分散于每层碳化硅纤维布上，然后层铺，采用高电阻率的碳化硅纤维对分散了短切纤维的碳化硅纤维布进行缝合，制成碳化硅纤维编织件。

④ 以质量比为1∶1的PCS和二甲苯的混合溶液为先驱体浸渍溶液，采用先驱体浸渍裂解工艺对纤维编织件进行浸渍、高温裂解处理，其中裂解条件为

800~900℃的高纯 N_2保护下保温 1 h,反复进行浸渍-裂解过程,直至复合材料的增重率小于 1%,完成复合材料的制备。

⑤ 采用机械加工完成复合材料面内尺寸以及厚度的加工,制成高温吸波结构材料。

对制备的不同短切纤维中心长度的复合材料的吸波性能进行测试,结果如图 5.74 所示,材料厚度均为 2.8~3.0 mm。由图可见,随着短切线中心长度的增加,吸波带宽逐渐向低频拓展,这与 4.4.4 节中讨论的谐振频率关系 $\varepsilon_r l^2 \propto f^{-2}$ 相一致。同时可以发现,随着短切线中心长度的增加,即短切线含量因子 g 增大(详细讨论见 4.4.4 节),吸收强度逐渐减弱。

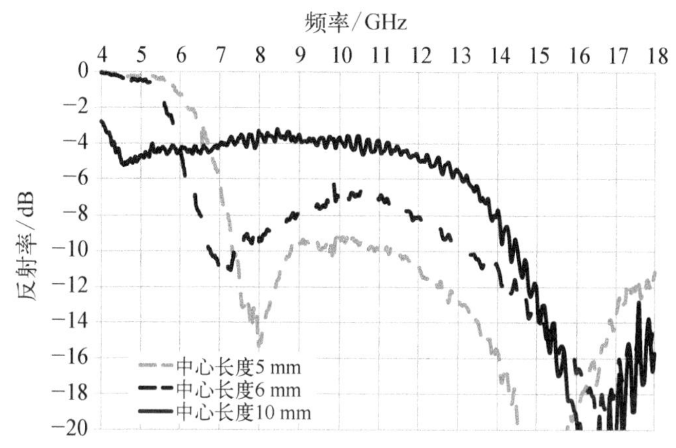

图 5.74　不同短切纤维中心长度的高温吸波结构材料反射率曲线

同时,从图 5.74 中可以发现,短切碳化硅纤维超材料吸波材料具有较好的吸波性能,当材料厚度小于 3 mm 时,短切纤维中心长度为 5 mm 的高温吸波结构材料在 7.2~18 GHz 反射率均可低于−8 dB;中心长度为 6 mm 的高温吸波结构材料在 6~18 GHz 反射率均可低于−6 dB;中心长度为 10 mm 的高温吸波结构材料在 4.2~18 GHz 反射率基本可低于−4 dB,具有较好的实用价值。

对中心长度为 5 mm 的短切线高温吸波结构材料 1 000℃条件下的反射率进行测试,结果如图 5.75 所示。由图可见,由于短切碳化硅纤维超材料吸波材料对各组分电性能随温度的变化并不敏感(详见本书 4.4 中的相关讨论),因此 1 000℃ 条件下吸波材料仍具有较好的吸波性能,在 8~18 GHz 频段范围内低于−8 dB 的带宽可维持不变。

同时,对中心长度为 5 mm 的短切碳化硅纤维超材料吸波材料吸波性能的

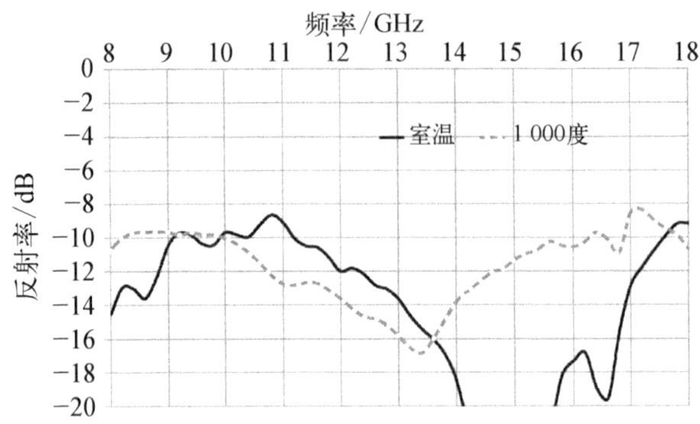

图 5.75 中心长度为 5 mm 的短切碳化硅纤维超材料高温吸波结构材料不同温度吸波性能

长时稳定性进行考核,考核条件为 700℃、1 h 为一个热震循环,不同循环时间的高温吸波结构材料反射率曲线见图 5.76。由图可见,短切碳化硅纤维超材料吸波材料的吸波性能具有非常优异的高温稳定性,经过 700℃、140 h 的热震循环考核后,在 8~18 GHz 频段范围内,反射率低于−8 dB 的吸波带宽可维持不变。

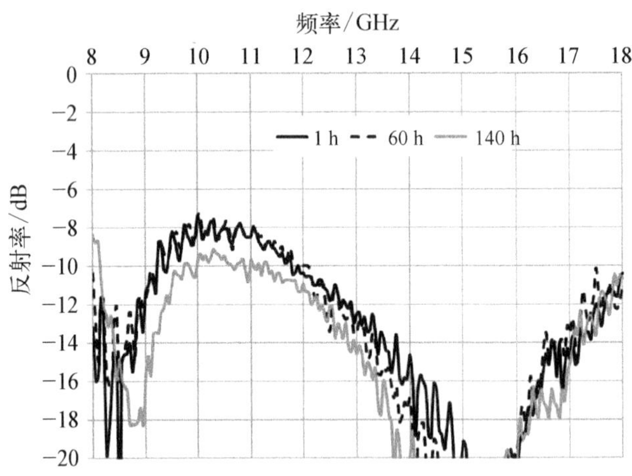

图 5.76 中心长度为 5 mm 的短切碳化硅纤维超材料高温吸波结构材料不同热循环次数吸波性能

为进一步阐述短切碳化硅纤维高温吸波结构材料具备宽频吸波性能的机制,在本书 4.4 节基于短切线超材料吸波材料理论讨论的基础上,采用 4.2.1 节中介绍的等效媒介理论对中心长度为 5 mm 的短切碳化硅纤维超材料高温吸波结构材料的等效电磁参数进行了测试。为更好的表征无序化材料的电磁参数,本研究采用自由空间法进行电磁参数测试，样品尺寸为180×180 mm^2，测试结果如图5.77所示，同时图中列出了材料厚度为3 mm、电损耗吸波材料反射率阈值低于-8 dB的介电常数通道。

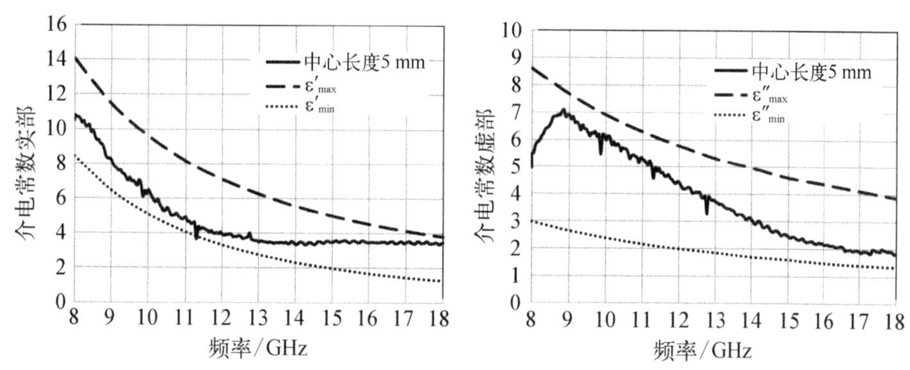

图5.77 中心长度为5 mm的短切碳化硅纤维等效介电常数

由图5.77可以发现，相对传统电损耗吸波材料，由于长度和角度的无序化使短切碳化硅纤维超材料吸波材料的等效介电常数具有较好的频散特性，这归因于不同长度的短切碳化硅纤维可实现不同频段电磁波的共振。进一步与反射率阈值低于-8 dB的介电常数通道对比发现，短切碳化硅纤维超材料吸波材料等效介电常数可以完全落在介电常数通道内，从而表现出较好的宽频吸波性能。

此外，短切线超材料吸波材料等效介电常数的提取还有一个重要应用，就是可以利用等效介电常数并采用传统吸波材料的优化设计方法对多层梯度分布的短切线超材料吸波材料的吸波性能进行优化，从而简化优化设计过程，并且可以利用阻抗匹配原理进一步拓展吸波带宽，相关内容将在下一节具体阐述。

5.5.2 双层梯度短切线超材料高温吸波结构材料

5.5.1节的研究发现，对于均质短切线超材料高温吸波结构材料存在着吸波频段与吸收强度的矛盾问题，即较宽的短切线长度分布范围可以覆盖较宽的吸波频段，但是吸收强度偏弱；而较窄的短切线长度分布范围可以具备较强的吸收强度，但吸波带宽较窄。为解决这一矛盾，设计了双层梯度短切线超材料吸波材料的结构形式，旨在利用阻抗匹配原理缓解这一矛盾。

具体设计方法是将不同中心长度的均质短切线超材料吸波材料等效为一种媒介，采用等效媒介理论，利用自由空间法测试其电磁参数，建立数据库，然后沿用多层吸波材料的优化设计方法，设计多层梯度短切线超材料吸波材料的结构参数。

通过优化，设计出一种双层梯度结构吸波材料，其中面层的短切线中心长度为7.5 mm，材料厚度为2.5 mm；底层的短切线中心长度为6 mm，材料厚度为1.2 mm。采用5.5.1节中类似的材料方案和制备方法，以碳化硅短切纤维为短切线，低介电常数SiC/SiC复合材料为基材，采用先驱体浸渍裂解工艺制备出双层梯度碳化硅短切纤维超材料高温吸波结构材料，并对其反射率进行测试，结果如图5.78所示。由图可见，相对5.5.1中的均质结构而言，双层梯度结构可以在一定程度上缓解吸波带宽与吸收强度的矛盾问题，具有更好的宽频吸波性能。在材料厚度为3.7 mm时，制备的双层梯度高温吸波结构材料的反射率在4～18 GHz频段范围内均可低于−6 dB，具有较强的实用价值。

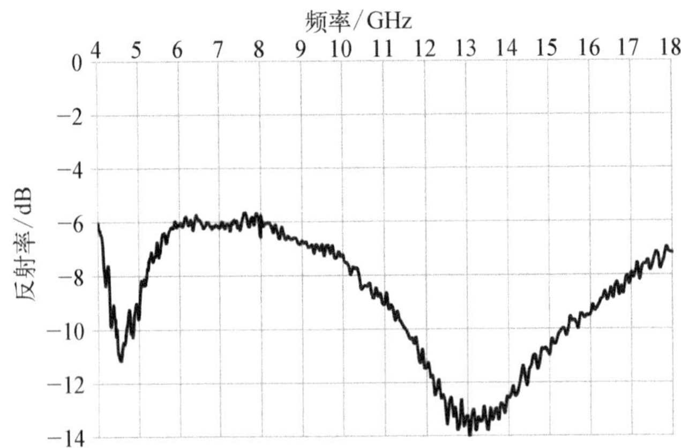

图5.78　双层梯度碳化硅短切纤维超材料高温吸波结构材料反射率曲线

5.6　典型构件制备以及性能验证

采用本章的研究成果，结合陶瓷基复合材料构件成型工艺，设计并制备了发动机隐身喷管与中心锥体组件，其中喷管和锥体均采用SiC/SiC复合材料体系，制备的喷管与中心锥体(外表面制备了抗氧化涂层)照片分别如图5.79、图5.80所示。

对制备的隐身喷管进行了发动机试车考核(图5.81)，发动机启动过程最高温度约为830℃，在发动机开车试验中，隐身喷管实现了与发动机的完好匹配，并承受住了发动机高温气流冲击与振动环境。发动机开车前后的RCS测试表明，隐身喷管电磁特征稳定。

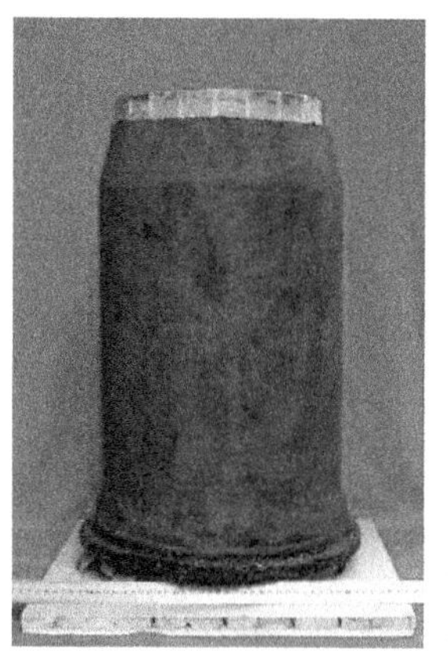

图 5.79　发动机隐身喷管编织件(左)及构件(右)照片

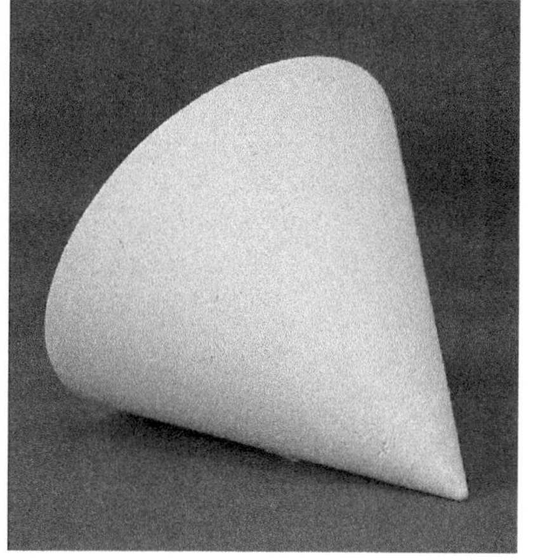

图 5.80　隐身锥体纤维编织件(左)以及构件(右)照片

图 5.81　隐身喷管发动机试车试验装配照片

进一步，对隐身喷管、锥体组件的 RCS 进行了测试，测试方位角度示意图见图 5.82，相对金属件的 RCS 减缩情况如图 5.83 所示（纵坐标每格为 10 dBsm）。

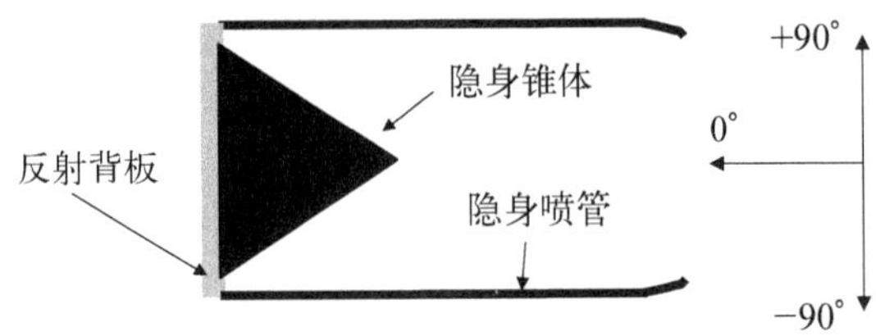

图 5.82　隐身喷管、锥体测试组件 RCS 测试方位角示意图

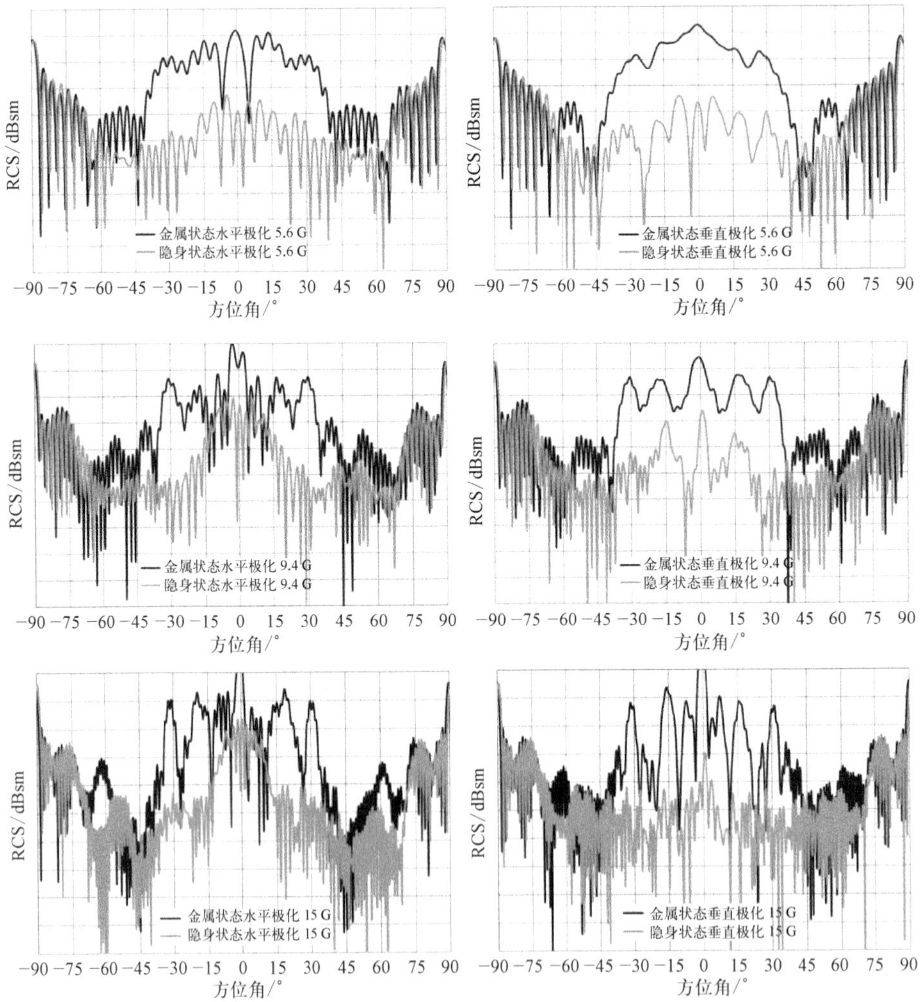

图 5.83　隐身喷管、锥体测试组件 RCS 相对金属件减缩情况

由图 5.83 可见，隐身喷管、锥体测试组件相对金属件的 RCS 减缩明显，在 C、X、Ku 频段，方位角±60°范围内，水平与垂直极化条件下的 RCS 均值缩减为 10~16 dB，具有较好的隐身性能。以上工作也验证了高温吸波结构材料耐受高温环境、结构强度、隐身等一系列性能，为工程化应用奠定了较好基础。

参 考 文 献

[1] Brazel J P, Fenton R. ADL-4D6: A Silica/Silica composite for hardened antenna windows [C]. Proceedings of the 13th Symposium on Electromagnetic Windows, Georgia Institute of Technology, Atlanta, Georgia, USA, 1976, 9-16.

[2] Zhang L, Jin H B, Cao M S. Investigation on high-temperature dielectric properties of SiO_2 composite materials [J]. Rare Metal Materials and Engineering, 2007, 36(S3): 515-518.

[3] Manocha L M, Panchal C N, Manocha S. Silica/silica composites through electrophoretic infiltration [J]. Ceramic Engineering and Science Proceedings, 2002, 23: 655-661.

[4] Cao M S, Jin H B, Li J G, et al. Ablated transformation and dielectric of SiO_2/SiO_2 nanocomposites dipped with silicon resin [J]. Key Engineering Materials, 2007, 336-338: 1239-1241.

[5] Zou G Z, Cao M S, Lin H B, et al. Nickel layer deposition on SiC nanoparticles by simple electroless plating and its dielectric behaviors [J]. Powder Technology, 2006, 168: 84-88.

[6] Zou G Z, Cao M S, Zhang L, et al. A nanoscale core-shell of β-SiC_P-Ni prepared by electroless plating at lower temperature [J]. Surface & Coatings Technology, 2006, 201: 108-112.

[7] Ghosha B, Pradhanb S K. Microstructural characterization of nanocrystalline SiC synthesized by high-energy ball-milling [J]. Journal of Alloys and Compounds, 2009, 486: 480-485.

[8] Hartnett J G, Mouneyrac D, Krupka J, et al. Microwave properties of semi-insulating silicon carbide between 10 and 40 GHz and at cryogenic temperatures [J]. Journal of Applied Physics, 2011, 109: 064107.

[9] Tian H, Liu H T, Cheng H F. Effects of SiC contents on the dielectric properties of SiO_{2f}/SiO_2 composites fabricated through a sol-gel process [J]. Powder Technology, 2013, 239: 374-380.

[10] Zhang B, Li J B, Sun J J, et al. Nanometer silicon carbide powder synthesis and its dielectric behavior in the GHz range [J]. Journal of the European Ceramic Society, 2002, 22: 93-99.

[11] Neo C P, Varadan V K. Optimization of carbon fiber composite for microwave absorber [J]. IEEE Transactions on Electromagnetic Compatibility, 2004, 46(1): 102-106.

[12] 刘海韬，程海峰，田浩，等.碳化硅微粉填料的石英纤维增强石英吸波陶瓷及其制备方法[P].中国发明专利：ZL201210139046.2, 2013.

[13] 刘海韬，程海峰，王军，等.不同炭黑填料含量 2D-SiC_f/SiC 复合材料介电及雷达吸波性能研究[J].航空材料学报，2009, 29(5)：56-60.

[14] Tian H, Liu H T, Cheng H F. Mechanical and microwave dielectric properties of KD-I SiC_f/

SiC composites fabricated through precursor infiltration and pyrolysis [J]. Ceramics International, 2014, 40: 9009-9016.

[15] Liu H T, Tian H. Mechanical and microwave dielectric properties of SiC_f/SiC composites with BN interphase prepared by dip-coating process [J]. Journal of the European Ceramic Society, 2012, 32(10): 2505-2512.

[16] 刘海韬,程海峰,王军,等.碳化硅复合材料的吸波陶瓷及其制备方法[P].中国发明专利: ZL201110052115.1,2013.

[17] 刘海韬,程海峰,王军,等.一种碳化硅复合材料的吸波陶瓷及其制备方法[P].中国发明专利: ZL201110053460.7, 2013.

[18] Tian H, Liu H T, Cheng H F. A high-temperature radar absorbing structure: Design, fabrication, and characterization [J]. Composites Science and Technology,2014, 90: 202-208.

[19] 简科.先驱体浸渍裂解工艺制备 2D Cf/SiC 复合材料及构件的研究[D].长沙: 国防科学技术大学,2006.

[20] Liu H T, Tian H, Cheng H F. Dielectric properties of SiC fiber-reinforced SiC matrix composites in the temperature range from 25 to 700℃ at frequencies between 8.2 and 18 GHz [J]. Journal of Nuclear Materials, 2013, 432: 57-60.

[21] 陈翰如,等.电介质物理导论[M].北京: 电子工业出版社,1990.

[22] 陈季丹,刘子玉.电介质物理学[M].北京: 机械工业出版社,1982.

[23] Son N T, Carlsson P, Gallstroma A, et al. Prominent defects in semi-insulating SiC substrates [J]. Physica B, 2007, (401-402): 67-72.

[24] 王超,张玉明,张义门.钒注入 4H-SiC 半绝缘特性的研究[J].半导体学报,2006, (8): 1396-1400.

[25] Song W L, Cao M S, Hou Z L, et al. High dielectric loss and its monotonic dependence of conducting-dominated multiwalled carbon nanotubes/silica nanocomposite on temperature ranging from 373 to 873 K in X-band [J]. Applied Physics Letters, 2009, (94): 233110.

[26] Chang H Y, Liu K S, Lin I N, et al. Electrical characteristics of $(Sr_{0.2}Ba_{0.8})TiO_3$ positive temperature coefficient of resistivity materials prepared by microwave sintering [J]. Journal of Applied Physics, 1995, 78: 423-427.

[27] Doo S J, Kun H A, Woo Y P, et al. Positive temperature coefficient of resistivity in paraelectric $(Ba,Sr)TiO_3$ thin films [J]. Journal of Applied Physics Letters, 2004, 84: 94-96.

[28] 朱新德.掺锶锰酸镧薄膜的制备及电性能研究[D].济南: 山东大学,2009.

[29] Kubový A. A percolation model of the conduction threshold in thick-film resistors: segregated structures [J]. Journal of Physics D: Applied Physics, 1986, 19: 2171-2183.

[30] 李耀霖.厚膜电子元件[M].广州: 华南理工大学出版社,1991.

[31] Pešić L. A review of thick film glaze resistors [J]. Microelectronics Journal, 1988, 4(19): 71-87.

[32] Chiang Y M, Silverman L A, Roger H F. Thin glass film between ultrafine conductor particles in thick-film resistors [J]. Journal of American Ceramics Society, 1994, 77(5): 1143-1152.

[33] Rudolf W, Wang C. Glasses for high-resistivity thick-film resistors [J]. Advanced

Engineering Materials, 2000, 6(2): 359-362.

[34] Gulmurza A. On the conduction mechanism of silicate glass doped by oxide compounds of ruthenium (thick film resistors) [J]. World Journal of Condensed Matter Physics, 2014, 4: 166-178.

[35] Jacoboni C, Angela R. Electrical conductivity of thick-film resistors [J]. Journal of Applied Physics, 1983, 54: 5852-5857.

[36] Nicoloso N, LeCorre-Frisch A, Maier J, et al. Conduction mechanisms in RuO_2-glass composites [J]. Solid State Ionics, 1995, 75: 211-216.

[37] Ewen P J S, Robertson J M. A percolation model of conduction in segregated systems of metallic and insulating materials: application to thick film resistors [J]. Journal of Physics D: Applied Physics, 1981, 14: 2253-2268.

[38] Carcia P F, Ferretti A, Suna A. Particle size effects in thick film resistors [J]. Journal of Applied Physics, 1982, 53: 5282-5288.

[39] Pike G E, Seager C H. Electrical properties and conduction mechanisms of Ru-based thick-film (cermet) resistors [J]. Journal of Applied Physics, 1977, 48: 5152-5169.

[40] Carcia P F, Suna A, Childers W D. Electrical conduction and strain sensitivity in RuO_2 thick film resistors [J]. Journal of Applied Physics, 1983, 54: 6002-6008.

[41] Roman J, Pavlik V, Flachbart K. Electronic transport in RuO_2-based thick film resistors at low temperatures [J]. Journal of Low Temperature Physics, 1997, 108: 373-382.

[42] Morten B, Masoero A, Prudenziati M, et al. Evolution of ruthenate-based thick-film cermet resistors [J]. Journal of Physics D: Applied Physics, 1994, 27: 2227-2235.

[43] Son R P, Atkmson J K, Turner J D. A novel model for the temperature characteristic of a thick-film piezoresistive sensor [J]. Sensors and Actuators A, 1994, 41-42: 460-464.

[44] Zheng Y L, John A, Sion R, et al. A study of some production parameter effects on the resistance-temperature characteristics of thick film strain gauges [J]. Journal of Physics D: Applied Physics, 2002, 35: 1282-1289.

[45] Sonia V M, Claudio G, Peter R, et al. Strain modulation of transport criticality in RuO_2-based thick-film resistors [J]. Applied Physics Letters, 2004, 85: 5619-5621.

[46] Ohira H, Ismail MGMU, Yamamoto Y, et al. Mechanical properties of high purity mullite at elevated temperatures [J]. Journal of the European Ceramic Society, 1996, 16: 225-229.

[47] Hrovat M, Dražič G, Holc J. Correlation between microstructure and gauge factors of thick film resistors [J]. Journal of Materials Science Letters, 1995, 14: 1048-1051.

[48] Yang Z J, Guo Y D, Li J, et al. Electronic structure and optical properties of rutile RuO_2 from first principles [J]. Chinese Physics B, 2010, 19, 077102.

[49] Kiełbasiński K, Jakubowska M, Młożniak A, et al. Investigation on electrical and microstructural properties of thick film lead-free resistor series under various firing conditions [J]. Journal of Materials Science: Matertials in Electronics, 2010, 21: 1099-1105.

[50] Chiou B S, Sheu J Y. Temperature Dependence of the Electrical Conductionin RuO_2-based Thick Film Resistors [J]. Journal of Electronic Materials, 1992, 21(6): 575-581.